戦略大全

孫子

海上知明
UNAKAMI TOMOAKI

STRATEGY
ENCYCLOPEDIA
SUN TZU

PHP

はじめに

世に兵書は数多く存在するが、その中でただ1冊を挙げよといわれれば、多くの人は『孫子』の名を挙げるのではないか。『孫子』は最も普遍性が高い戦略書であり、西のカール・フォン・クラウゼヴィッツ『戦争論』に対する東の『孫子』という対置関係になるだろう。『孫子』は戦略書の王者ともいえる。

では『孫子』とは、どのような目的で、なぜ書かれたのだろうか。

もし「一言で『孫子』の説明をしろ」といわれれば、「本の題名です」と答えることになる。「もう少し詳しく」といわれれば「今から2500年ほど前の中国で、孫武《そんぶ》が書いたとされる戦争についての本で、古来最も普遍性が高いとされている」と答えることになる。そして「孫子とは人の名前です。子というのは、男子とか先生の意味ですから、孫子とは孫先生という意味です。ちょうど孔子や老子と同じです」と。

『孫子』は、現存するものとしては最古の兵書である。最初の兵法は孫武よりも70～80年前、中国春秋時代の楚の公族・政治家で楚の荘王、後には晋に仕えた巣の申公巫臣《しんこうふしん》によるものではないかとされているが、現存していない。それどころか、漢の高祖・劉邦の命で韓信と張良が集めたとされる182種の兵書もほとんど残っていない。その中で『孫子』が残り続けた。

世界最古ということは、その価値が高いから残ったということになるかもしれない。『孫子』

を読めば名将になれるのか、筆者なども最初に『孫子』を読んだときには大いに期待した。結果的には読んでガッカリ、ともかく大いなる失望を味わったのである。こうした『孫子』を読む際の期待と読んだあとに味わう現実のギャップは、多くの人が経験するのではないだろうか。

『孫子』ではなく『六韜《りくとう》』についてであるが、『義経記』での兵法書の扱いは、読めばたちどころに名将になれるという錯覚に陥らせるものである。

『義経記』では、次のように書かれている。

「代々の御門の御宝、天下に秘蔵せられたりける太公望が六韜とて、十六巻の書あり。異朝にも我が朝にも伝へし人の一人として愚かなるはなし。異朝には太公望これを見て、八尺の壁に上りて天に上る徳を得たり。張良は一巻の書と名づけて、これを見て、三尺の竹に乗りて、魔伽陀国《かだこく》より契丹国《きつたんこく》へ渡る徳を得たり。樊噲《はんそう》はこれをしてんせしかば、甲冑をよろひ、弓箭を取つて、敵の陣頭をねめけるに、頭の髪兜の鉢を通り、髭《ひげ》胸板を貫く。さればこそ『樊噲怒りをなせば、髭鉄を通す』とぞ申しける。本朝の武士には、坂上田村麻呂これを見て、悪事の高丸をとる。藤原利人これを以て、赤頭の四郎将軍を取る。それより後は絶えて久しかりけるを、下総の国の住人、相馬小次郎将門これを読みて、わが身の性達者なるによつて、天命にそむきて、東海道をはるかに下りて、足柄山を越えて、下総の国相馬の郡に京をたてて、わが身をば平親王といへとて、古つかふ者に、百官の司をなす。されども天命にそむく者の、ややもすれば、世を保つもの少なし。当国の住人に、田原藤太秀郷、勅宣を先として、将門追討のために東国に下る。相馬小次郎これを聞きて、足柄の峠に馳せ向かひて、数万騎を率して防ぎ戦ふといえども、十二年の味方滅びにけり。最後の時は、六韜に誦してこそ、一張の弓に八の矢を矧げて一度にこれを放つに、八人の敵をば射けれ。それより後絶えて久しく読む人もなし。ただいたづらに代々の帝の宝蔵にうち籠《こ》めて置かれたりけるを、その此一条堀川のおんじやう寺法師に、鬼位置法眼とて、文武二道に達者あり。天下の御祈禱してありけるが、これを給はりて秘蔵して持ちたりける」

読む者を超人、名将としてしまうのが兵法書ということになっている。ところが実際はマニュアルではないから、書かれていることの応用は各人の創意工夫まかせということになる。戦略書と呼ばれるものでもマニュアル化されているのは、ボーフルの戦略論のような少数に限られる。『孫子』は、その中でもとくに具体策が提示されない書物である。

世界一普遍性をもった戦略書である『孫子』であるが、『孫子』のもつ普遍性は抽象性によってもたらされている。「戦争の様相は変化するが、戦争の本質は不変である」。戦争の様相を重視すると応用も簡単で実用的になるが、時代が変わると役に立たない。戦争の本質を重視すると普遍性・哲学性を有するが、抽象的な記述となり、応用が困難になる。

しかし抽象的な『孫子』に書かれている内容を、具体的な姿として実現できる者がいたら、それこそが真の名将なのである。

本書では、可能な限り本朝の名将たちの合戦の中で『孫子』の簡潔で抽象的に記されている文言が、どのような具体的な形となり現れたかを列挙してみた。

名将といっても全てが『孫子』的なわけではなく、他の戦略論が適合する例も多いため、『孫子』的名将は限られてきて、複数回登場することになっている。すんなりと『孫子』の100の文言を、100の名将の、100の合戦で実例となっているのは見場はよいが、それは困難なことなのである。各種『孫子』に載せてある原文、書き下し文、現代語訳は、各々に差異があるが、本書では『戦略論大系①孫子』（芙蓉書房出版）を基本として、若干ながら微修正したものである。「現代語意訳」の後に☆印がついている箇所は各種『孫子』原文における差異、○印がついている箇所は、各種『孫子』の解釈における差異である。

『孫子』は、古代に成立しているため分業が未発達で、一応は各篇を大戦略、戦略、戦術で分けてはみたものの、実際には各篇に大戦略、戦略、戦術が混在している。しかも同一の意味ながら文言が異なるものがある一方、同じような意味に見えて違っているものもある。また書き下し文についても、各篇で同一文言が重なるところが多々見られ、同じ文言でも強調点が異なるものがあるなど、それが註をつける人によって異なってくる。すべてではないが各篇の解説で、いくつかはその相違点や対立点なども挙げてみた。

なお、今回の本を書くにあたっては、すでに雛形を事前にいくつか持っていたことも付記しておきたい。第一章～第三章は、平成17年（2005年）1月に『年報 戦略研究 第2号』に掲載された「孫子研究のために」、及びその続編としてまとめながら発表しなかった「孫子と七書」、そして『皇帝ナポレオンのすべて』（新人物往来社）に載せた「ナポレオンは名将か？ 凡将か？ ヨーロッパの風雲児を『孫子』で切る」を利用している。それにグリフィスなどの著書から若干、付記した。もともと恩師・杉之尾孝生（宜生）先生から『戦略論大系①孫子』をまとめるに際して、『孫子』研究史についての論文を書くよう依頼されたところに端を発して作成したものである。

第四章～第二十一章までは、その杉之尾孝生先生の後を引き継いで、NPO法人孫子経営塾で担当した「孫子基礎講座」用に作成したレジュメ、そして私自身が書き込みをした『孫子』の本を元にしている。レジュメのほうは絶えずメンテナンスしつつ使っているが、書き込み用の『孫子』自体が3冊目で、其れ以前の2冊はボロボロで本の体を成していない。1冊目は小学生の頃に買ってもらった町田三郎訳『孫子』（中央公論社）で、2冊目、3冊目は金谷治訳注『孫子』（岩波書店）である。愛読書の域を超えてしまった3冊である。

戦略大全　孫子　目次

第一章

『孫子』についての基礎知識

孫子をめぐる論争

『孫子』は、成立以来のその長い歴史と、『孫子』の内容がもつ普遍性から多くの研究書を生み出してきた。それは研究史そのものが分析対象になるほどの量であり、すべてを把握すること自体が困難であるような規模を誇る。その研究の歴史は古い。

『孫子』研究は大別すると、「作者について」と「内容の解釈」になる。『孫子』の作者が誰で、いつの時代に書かれていたかの研究は、中国では唐時代（６１８～９０５年）から行われており、とくに宋時代（９６０～１２７９年）には盛んであったとされているから、千数百年の歴史を有していることになる。さらに解釈においては、魏の曹操、そして「十一家註」に代表されるように多くの注釈が付与されている。これは『孫子』の簡潔かつ抽象的な文章が、普遍性を与えるとともに、応用の難しさにつながっているためと思われる。

『孫子』の作者としては、①孫武説、②孫臏《そんぴん》説、③孫武・孫臏同一人物説、④孫武の名をかたった後人説、⑤孫武とその系列の兵家《へいか》による合作説等々が有力候補であった。とくに、①孫武説は最も可能性が高いものとされていた。というのも、司馬遷《しばせん》の『史記』の中の「孫子呉起列伝」には、『孫子』の作者として孫武の名前が挙げられていたからである。そこでは、孫武は兵法を好み、研究に励んだ結果、13篇からなる兵書を完成した、孔子と同年代と出ている。

ところが『孫子』の文体は戦国時代のものであるから、春秋時代に活躍した孔子とでは、時代にずれが出てくる。しかも孫武自体が謎の人であった。『史記』の他に孫武の伝記はほとんどなく、『史記』の「孫子呉起列伝」も伝記というにはほど遠いわずかな記述であった。

では、孫子（孫武先生）とはいかなる人なのか。孫武について『史記』の「孫子呉起列伝」では以下のように説明されている。

孫子武者，齊人也。以兵法見於呉王闔廬。闔廬曰：「子之十三篇，吾盡觀之矣，可以小試勒兵乎」對曰：「可。」闔廬曰：「可試以婦人乎」曰：「可。」於是許之，出宮中美女，得百八十人。孫子分為二隊，以王之寵姫二人各為隊長，皆令持戟。令之曰：「汝知而心與左右手背乎」婦人曰：「知之。」孫子曰：「前，則視心；左，視左手；右，視右手；後，即視背。」婦人曰：「諾。」約束既布，乃設鈇鉞，即三令五申之。於是鼓之右，婦人大笑。孫子曰：「約束不明，申令不熟，將之罪也。」復三令五申而鼓之左，婦人復大笑。孫子曰：「約束不明，申令不熟，將之罪也；既已明而不如法者，吏士之罪也。」乃欲斬左右隊長。呉王從臺上觀，見且斬愛，大駭。趣使使下令曰：「寡人已知將軍能用兵矣。寡人非此二姫，食不甘味，願勿斬也。」孫子曰：「臣既已受命為將，將在軍，君命有所不受。」遂斬隊長二人以徇。用其次為隊長，於是復鼓之。婦人左右前後跪起皆中規矩繩墨，無敢出聲。於是孫子使使報王曰：「兵既整齊，王可試下觀之，唯王所欲用之，雖赴水火猶可也。」呉王曰：「將軍罷休就舍，寡人不願下觀。」孫子曰：「王徒好其言，不能用其實。」於是闔廬知孫子能用兵，卒以為將。西破彊楚，入郢，北威齊晉，顯名諸侯，孫子與有力焉。

以上に述べられているのは、呉王・闔廬《こうりよ》に命じられて宮中の美女180人で兵法の実演をした、という逸話である。この逸話後の孫武についてわかっていることは、孫武を将軍に任命した呉では、西は強軍といわれた楚を撃破して郢の都に進撃し、北は大国の斉や晋に威勢を示したという内容にすぎない。

『史記』の他には、後漢時代に趙曄によりまとめられたといわれる『呉越春秋』には、孫武は兵法において優秀な才能を持っていたが、俗世間を離れて山中に住んでおり、人にあまり知られていなかったと書かれており、楚国から逃亡して同じく呉王に仕えた伍子胥の紹介で王に謁見したことになっている。単純に考えれば、孫武が『孫子』の作者で、その内容は13篇にまとめられていることになるが、史書にはこの後、もう1人の孫子ともいうべき孫臏が登場する。

二人の孫子

『史記』の100年後の戦国時代に、孫武の子孫として孫臏の伝記が載せられている。孫臏の伝記は、孫武よりも若干詳しく書かれている。孫臏が同門の龐涓《ほうけん》に騙されて足斬りの刑に遭い、後に斉の国で兵法の顧問となって龐涓の軍を倒すという内容になっている。

中国の現存する最古の書籍志、『漢書』（または『前漢書』ともいう）の中にある「芸文志」は現存する最古の図書目録で、600の目録中、兵書は53種類記載されている。この中で兵家は権謀、形勢、陰陽、技巧の4家に分類されているが、孫子は権謀の範疇に入り、正法によって国を治め、奇法によって戦争に勝利するものとされている。そして形勢、陰陽、技巧の働きを内部に有し、形勢を兼ね、陰陽を包み、技巧を用いる存在とされている。

そして「芸文志」の「兵権謀家類」に孫武、孫臏二人の兵法「呉孫子兵法」「斉孫子兵法」が各々記録されている。「芸文志」によれば「呉孫子兵法八十二篇。図九巻」「斉孫子兵法八十九篇。図四巻」とある。

しかし問題なのは、この「斉孫子兵法」（孫臏の兵法）が記録の上だけの存在で、書物として82篇の孫子が残っていないことであった。しかも『史記』では呉王闔廬が読んだ『孫子』は13篇となっており、82篇とでは大きな開きが存在する。曹操も『魏武注《ぎぶちゅう》孫子』や「孫子兵法序」で孫臏について触れていないし、13篇でまとめている。

そもそも『孫子』の原典、今流にいえば初版本は現存していない。後世の人たちが、書き写したもののみである。すなわち現在、我々が手にすることが可能な『孫子』とは原典『孫子』がそのまま伝えられた形のものではなく、注釈者が各自の註釈の前につけた原典『孫子』からの引用文である。しかし数千年の歳月を経ることによって引用文そのものにも相違が生まれており、「十一家註」のように11人の註釈者を経由したものさえある。

一般に流布している『孫子』のおおもとが魏の曹操が注釈を付与した『魏武注孫子』であることについては意見の対立も少なかったようである。

曹操は『孫子』を書き写し、それに注釈をつけた。そのため、曹操が書き写した『孫子』の文章を『魏武注孫子』とか『現今版孫子』とか呼んでいる。それが、『孫子』として流通していた。しかし、さらにその原典ともなる『孫子』が、何時代の、誰の作で、何編にまとまっていたのかは不明のままであった。宋時代の『太平御覧』の「兵部一」には「孫子兵法序」が登場するが、「兵書を観るに、戦策は孫武探し」と出ているだけで、その戦策が書かれた書物は出てこない。このため前述した5説が登場していた。

当初は有力であった孫武説であるが、時代が後になればなるほど孫臏説が台頭してくるようになる。顧頡剛などは孫臏の可能性を示唆していた。また、現在と同様に原典が13篇であったかどうかも議論の対象であった。実際に原典が何篇あったかも、各種情報が存在していたため、意見が一定していなかった。さらに、13編説と仮定したとしても、原典通りの13編が現在まで残ったのか、それとも82編が圧縮されて13編になったのかで大きく意見が分かれていた。

晩唐の代表的詩人であるとともに、孫子の解釈者で「十家註」の註者の1人であった唐時代の杜牧《とぼく》は「注孫子序」の中で、総じて数十万言あった孫武の書を、曹操が13篇に圧縮したという説を述べている。杜牧によれば、曹操は本文の削除はせず、後世に加わった余分な部分の削除をして『史記』通りの13篇の簡略な註解を行なったという。この説は宋時代の晁公武『郡斎読書誌』や陳振孫『直斎書録解題』によって支持されている。

それに対して、『史記』通りの13篇のままという説も根強く存在していた。清時代の畢以叙の『孫子叙録』や孫星衍の『孫子兵法序』が代表的で、『四庫提要』でもこの説が支持されており、『史記』が13篇と銘記している以上、後世の筆削は存在しないとしている。日本における山鹿素行や佐藤堅司も13編説である。この説の根拠としては、筆削の痕跡が見られないことで、このことからも原典通りの13篇説ではないかと推測されている。こうした13篇に対する見解の相違に対して、82編説も様々な形で論じられていた。

『史記集解』『史記索隠』と並ぶ『史記』三家註の一つである『史記正義』を著した唐時代の張守節は、『孫子』13篇は上巻にすぎず、実際は中、下巻があったと『史記正義』の中で述べている。この根拠は梁時代の『七録』に掲載されていた「孫子兵法三巻」という記述である。張守節によれば中、下巻に残り69篇が書かれていることになる。前漢時代の『七略』でも「孫子兵法三巻」である。

現存している『孫子』が13篇であり、『史記』にも13篇と出ていながらも、82篇説が根強く主張されたのは、後漢時代の『潜夫論』、『周礼』、梁時代の『文選』、唐時代の『通典』、そして宋時代の『太平御覧』の中に、『魏武注孫子』に載せられている以外の『孫子』の文言が登場していたからである。したがって、『魏武註孫子』13篇以外に、何かしらの『孫子』が存在していた可能性が捨てきれなかった。またサミュエル・B・グリフィス（元米海兵隊准将・軍事史家）は『七略』に出ている3巻と、82巻の違いは、絹布に書かれていたのではないかという可能性を示唆していたこともある。以上のような13編説、82編説の論争と複雑に絡み合う形で、作者をめぐる論争が展開されていた。

宋時代の政治家で文人であり、『新唐書』の編纂にも加わっていた盧陵学案の開祖・欧陽修や、南宋時代の人で『子略』6巻『史略』3巻をまとめ上げ、孔明八陣について具体的解説を入れた硯學家の高似孫、あるいは北宋時代の文人で唐宋八大家に数えられ、老蘇と呼ばれた蘇洵なども孫武直筆説ではある。

ただし、各々に所論には相違が見られている。とくに『孫子』の評価については大きく意見を食い違えているから、同じ学派と見なすことには無理があるようにも見える。欧陽修が『孫子』を高く評価するのに対して、高似孫は儒教的視点から批判し、蘇洵は『呉子』に比べて『孫子』は言行不一致と見なして批判しているからである。

蘇洵は呉子を高く評価し、稀なることながら孫子よりも上位に置いている。というのも呉起は魏に仕え、その後、戦国中期まで存続する強国・魏の基礎を固めた。蘇洵はこの点を根拠に、孫武よりも呉起のほうを高く評価する。なぜなら孫武は常勝を実現できなかったが、呉起は魯・魏・楚と渡り歩きながらも、常に勝利しているからである、と『嘉裕集』巻三「孫武」に記している。

偽作説

こうした作者に対する研究は、とくに宋代になると盛んになっていく。宋時代の思想家で水心先生とも呼ばれ、陳亮とともに功利学派（永康学派）の代表的な存在であった葉適《しょうせき》などは『習学記言』の中で孫武の名前が春秋時代の史書『春秋左氏伝』に載っていないことなどから実存を疑い、様々な人の言を集めたものと仮定している。なお葉適は実利・経済を重視し、朱子学と異なり道統概念を重視せず、曹操を高く評価していることに特徴があり、朱熹の朱子学派とは激論を繰り広げて激しく敵対し、後の陽明学派形成に大きな影響を与えている。

この後人による偽作説に比較的近い考え方は様々な形での論証が行われているが、とくに内容面からの指摘が多い。著名なものとしては、清時代の『惜抱軒文集』の中に掲載されている桃姫伝の「読孫子」、『鮚埼亭』の中にある全祖望の「孫武子論」、あるいは『古今偽書考』や『古今偽書考捕証』などである。このうち全祖望は『明儒学案』を完成した明代の儒学者・黄宗義の弟子で、黄宗義の後を受け、宋元時代の儒学思想史を学統に従って編集した思想家である。

清時代の姚際恒の著書で、史料批判の古典ともいうべき『古今偽書考』や『古今偽書考捕証』は『孫子』以外の兵法書にも疑いの目を向けている。『古今偽書考』は歴代の偽書（とされるもの）を集めている。『古今偽書考』によれば、「武経七書」は『孫子』を除いて全部偽書、儒教経典も多くは偽書とされており、兵書についても偽書の指摘が多い。『孫子』もまた作者の問題が指摘されていた。「十家註」の1人、北宋時代の詩人で宛陵先生と呼ばれ、多様な題材を平易で理知的な表現で歌い、宋の詩風を形成するのに力があった梅堯臣《ばいぎょうしん》（梅聖）も後人偽作説の立場である。

孫臏説は、比較的近代において強まった説である。日本においては昌平黌《しょうへいこう》（昌平坂学問所）で古賀精里に学び、24歳のとき津の藩校・有造館講師に任ぜられ、天保12年（1841年）には郡奉行、在職1年で藩校の督学参謀となり、弘化元年（1844年）、3代目の藩校督学に就任。中国の古典に詳しく、藩校で刊行した『資治通鑑』の出版に尽力した儒者で、斎藤拙堂がその代表であるが、銭穆らも孫武を架空の人物と見なし、実在した「孫子」は孫臏のみと考えていた。

一方、清時代から中華民国にかけて活躍した思想家であり、政治家でもある梁啓超は、孫武は実在の人物であるが『孫子』自体は『斉孫子兵法』からの抜粋と見なしていた。梁啓超は康有為の万木草堂に学んだ変法派の理論家であり、戊戌変法を積極的に推進した。戊戌政変により日本に亡命し、より多くの近代思想に触れ、『清議報』『新民叢報』などを発刊し、精力的に西洋近代思想の紹介を行い、「新民説」によって中国の封建専制政治を痛烈に批難し、中国人一人ひとりに生存競争の世界に生き残るための国民としての自覚を喚起させた。急進的な革命には反対し、中国再興のためには現存の政治機構を温存した形での穏健な改革を最良として、終始一貫して立憲運動を推進した。晩年は著作に専念し、『中国歴史研究法』や『清代学術概論』などを著している。

成立年代が特定できれば、作者も絞り込めるのであるが、これも春秋時代説と戦国時代説とに分かれていた。『史記』に従えば、成立は春秋時代ということになる。しかし春秋時代には『孫子』は成立しないという意見も強かった。

春秋時代成立否定説の一つの根拠は、『孫子』に登場する戦争規模や用語が、戦国時代に該当することであった。しかし、春秋時代に該当する内容も部分的には存在していたため、判断は困難であった。戦国時代成立説の根拠となっているのは以下の通りである。

①「始計篇」などの記述で、君主を「主」としているが、春秋時代では「主」は大夫のことを指している。②「勢篇」では戦国時代に入ってから使われだした「弩」が、また「用間篇」では戦国時代の官名である「謁者」「門者」「舎人」などの語が見られている。③「始計篇」で述べられているような、専業の将軍が登場するのは戦国時代以降の話である。④「作戦篇」で述べられている「馳車千駟、革車千乗、帯甲十万」というような大規模の戦争は、春秋時代にはなかった。⑤「勢篇」や「虚実篇」に見られる五行思想は、戦国時代の鄒衍が唱えた説である。⑥『論語』など古い書では、篇名は冒頭の語を取ってつけられており、とくに篇の内容を表したものではない。ところが『孫子』では「始計」「作戦」など、篇名に明らかに1つの書として体系づけて編纂しようとしている。

これに対して、春秋時代成立説の根拠は以下のようになる。①「作戦篇」で述べられている車戦は春秋時代の特色である。②孫武が仕えたとされる呉は、春秋時代に拡大した国である。卿・大夫が将軍となり、戦争に参加できるのは士だけという身分制が強い中原に対して、蛮異と見なされていた呉では、従来の常識にとらわれない戦いを行なっていた。また、戦車を主力としていた中原に対して、呉では戦車を補助的に使うなど、戦術においても先進的な考え方を持っていた。しかも春秋時代末期の呉は大規模な長期持久戦と長期遠征を行なっている。『孫子』に登場する戦争形態は、比較的この呉の戦い方に近い記述がある。③「勢篇」に登場する「五味」「五声」「五色」などの概念は『春秋左氏伝』などの古い書物にも見られ、春秋時代すでにあった思想である。

さらに、老荘思想や法家思想の影響などが混在して見られているため、成立年代の特定はますますもって困難とされ、このために成立年代から作者を特定することも不可能であった。このように「作者について」を中心にして、成立年代をめぐる諸派の議論では様々な新説や根拠が出されるものの、決定的な根拠が存在しないために、ほぼ平行線を辿っていた。しかも、これは各種注釈書や文献に掲載されている引用文の問題とも結びついていたため、結論は簡単には導けるものではなかった。

では、作者についてなぜこれほど揉めたのかといえば、やはり原典（初版）が存在しなかったからである。どうも唐時代までは存在した可能性が大なのだが、宋時代にはなくなっていた。そのため『孫子』の原文そのものがわからなかったのである。伝わっていた『孫子』は、あくまで後世の人が注釈をつけるために書き写したものであった。

したがって『孫子』の作者論争は千数百年以上も続くことになり、近代では一種の折衷案として「孫武が原本を作って、孫臏が完成させた」という説が一般論的にかなり有力であった。

決着のついた作者論争

ところが1972年、中国山東省臨沂《りんぎ》県の銀雀山漢墓《ぎんじゃくざんかんぼ》から、『孫子』を記した竹簡《ちくかん》と同時に、『孫臏兵法《そんぴんへいほう》』と思われる竹簡が発見されたことにより、事態は急展開する。『史記』に載っている伝記と同じような内容の孫武と孫臏の伝記を書いた竹簡も発見されたので、孫武と孫臏の兵法が別に存在したことが明らかになり、原典『孫子』の作者は孫武だろうということになった。したがって今の『孫子』は、孫武作13篇をほとんど修正しないままで、それに『三国志』の雄・魏の曹操が註を付けたものとするのが一般的な解釈となっているが、それにも異論はあるようである。竹簡本は現存する最古の『孫子』ではあるが、漢時代のものにすぎない。完全な形での原本が発見されていないため、まだ推論の余地は残されているからである。

銀雀山漢墓からの出土された資料は『銀雀山漢墓竹簡 孫子兵法』『銀雀山漢墓竹簡 孫臏兵法』にまとめられているが、その構成は以下の通りである。

現行本と内容がほぼ一致する形で、内容は重複しないが、孫武と深く関係すると思われる諸篇(「見呉王」「呉問」)。同じく内容は重複しないが、『孫子』13篇と関係する諸篇(「四變」「黄帝伐赤帝」「地形二」)。この諸篇中の「見呉王」「呉問」「四變」「黄帝伐赤帝」「地形二」が『孫子』逸篇と考えられている。そして、13篇に逸篇と見なされた5篇を加えて『銀雀山漢墓竹簡 孫子兵法』とされた。

一方、『孫臏兵法』に関係してくるのが5篇(「擒龐涓《きんほうけん》」「見威王《けんいおう》」「威王問《いおうもん》」「陳忌問塁《ちんきもんるい》」「強兵」)、さらに篇首に「孫子曰」とあるものの、『孫子』の逸篇とは書体・内容共に異なっており、孫武とも孫臏とも決めがたい10篇（「月戦」「勢備」など）、孫子の名前すら登場せず、孫武や孫臏と関係するかどうかも不明な15篇（「客主人分」など）である。これらが『銀雀山漢墓竹簡・孫臏兵法』としてまとめられたのである。孫武『孫子』に対する孫臏『孫子』の特徴は、①騎兵についての記述と攻城戦の記述が大きな比重を占めだしたことと、②陣形の記述が登場している点で、背景に戦国時代の戦争形式が存在しているなどが挙げられる。

なぜ原典『孫子』がないにもかかわらず『孫子』を読めてきたのかというと、長らくは曹操のおかげであった。曹操が『孫子』を書き写し、それに注釈をつけたのである。これが『魏武註孫子（魏武帝註孫子）』とか『現今版孫子』とかいわれるものである。大体、「官渡《かんと》合戦」〜「赤壁《せきへき》合戦」期に執筆したものと見られている。

曹操によれば、曹操以前の『孫子』は、原典に様々な修正や付加が入り、文章が雑多になってしまったらしい。曹操はそれを整理し、余分なものを省いて原典に近づけようとしたという。さらにこの『魏武註孫子（魏武帝註孫子）』が、後代の人によって書き写され、様々な注釈が付け加えられた。有名なのが「十一家註」である。しかし1972年までは、存在する『孫子』の最古のものは三国時代に曹操が書き写した『孫子』であったため、多くの場合に引用されたのは『魏武註孫子』であった。

しかし1972年に、現存としては最古の『孫子』、竹に書かれた『孫子』、いわゆる『竹簡孫子』が見つかり、より原典『孫子』に近いものを目にすることができるようになった。しかも『孫臏兵法』が見つかることにより、作者や成立時期についての論争は、ほぼ落ち着いた。しかし『魏武註孫子』と『竹簡孫子』とでは一部の内容に違いがあり、新たな研究テーマを与えている。内容以外に構成面でも、「虚実（『竹簡孫子』では「実虚」）篇」と「軍争篇」の順番、「火攻篇」と「用間篇」の順番が各々逆になっている。さらに発見されたのが欠損の多い不完全な「竹簡」であったため、様々な推論がなされていて、「形篇」のあとに「行軍篇」を入れるのではないか、という説もある。

いずれにせよ、現古版とも呼ばれる『魏武註孫子』は、曹操が改変した可能性が強い。改編の理由は『李衛公問対』に出ているように、諸将に与えるためであり、それゆえにより軍人向けになっている。郭化若《かくかじゃく》は、曹操の時代にはすでにいくつもの『孫子』の版本が出ていて、その中から善本が選ばれたのではないか、と述べている。また、原典でなく『魏武註孫子』のほうが残ったというのは、それだけ有用性が高かったからではないだろうか。『魏武註孫子』が大戦略→戦略→戦術という理路整然とした構成をしているとすれば、『竹簡孫子』は戦争前から戦争開始、そして軍の動きといった戦いの順番に沿って構成されているように思われる。『竹簡孫子』は『魏武註孫子』に比べて、より慎重で防衛的であり、やはり配下の将軍がそれでは困るという曹操の意図が見えている。

銀雀山漢墓で竹簡の形で発見された『孫子』は、その制作年代からして、現存する最古の『孫子』ということになる。現在、竹簡本以外に伝わっていた『孫子』は大別すると、「武経七書」「宋本十家註」「魏武註」の三系統に分かれる。しかし、そのすべてが「魏武註」に端を発し、その先で「武経七書」「宋本十一家註」に分かれているとされていた。そして竹簡本発見以前に『孫子』とされていたものは、「武経七書」「宋本十一家註」「魏武註」各々の注釈部分を削除したものなのである。

「武経七書」の『孫子』とは北宋の神宗皇帝の命により、軍人に読ませる基本の兵書を7冊定めたものの1冊、「宋本十一家註」の『孫子』とは、後述するが、やはり北宋時代に11人の著名な『孫子』の注釈者の註をまとめたものの中で書かれている『孫子』で、11人の中には曹操も入っている。

他にも劉虎の『孫子直解』、趙本学の『孫子書校解引類』、桜田景迪の『古文孫子正文』などが「九変篇」などに独自の解釈を施している。とくに『古文孫子正文』は、一般には『桜田本孫子』と呼ばれ、桜田家に秘伝の書として『魏武註孫子』よりも古いものと書かれ、「五事七計」の「これを経るに五事をもってし、これを校ぶるに計をもってして、その情を索む」の「計」の前に「七」を入れて「七計」にした始まりとされている。

しかし、本書はほぼ『魏武註孫子』の構成を取っている。というのも、『魏武註孫子』の構成は非常に優れたもので、各篇の位置が、大戦略―軍事戦略―作戦戦略―戦術という流れとなっていて、その意味で論理的な組み立てとなっているからである。これは、さすが曹操というもので、政治も戦略も戦術も知り抜いた人物の業である。

ただ、『魏武註孫子』は簡潔すぎるという欠点もある。もし自分が修正するとすれば「虚実篇」を「軍形篇」と「勢篇」の間に置き、「作戦篇」の補足として「火攻篇」を組み込み、「謀攻篇」の付録として「用間篇」を付加するが、そうすると13篇が11篇になってしまうだけでなく、曹操も含めて誰もしなかった改造になってしまうので、先人に敬意を払い、やめておいた。なお『魏武註孫子』も原典はなく、宋時代に刊行されていた『魏武帝註孫子』を、清時代の孫星衍が『平津館叢書』にまとめたものが主流となっているが、日本には室町時代に伝わったものが残っている。

『孫子』についての基礎知識

さて、すべて書物には書かれた目的があるが、『孫子』とは、どのような目的で、なぜ書かれたのだろうか。そもそも孫子とはいかなる人なのかは、前述したとおり謎に満ちているが、兵家であることがわかっている。そして君主への献上品として書かれたことも推測できる。

中国には「張良伝説」というものが伝わっている。黄石公によって『三略』という秘伝書を授けられた張良は、『三略』を読むことで名将になったとするものである。この焼き直し版は日本にもあり、室町時代に成立した物語『義経記』では、『六韜』を読んだものがことごとく名将となること、源義経もまたその流れの中にあり、『義経記』の「義経鬼一法眼が所へ御出での事」では奥羽に下ったのち、わざわざ再び義経を都に戻らせて、関白より鬼一法眼が拝領し秘蔵されていた『六韜』16巻を7月上旬から11月10日までかかって昼に書き写し、夜に暗記するという方法で盗み学んだと書かれている。

兵法書が一般に出回る前、貴族や寺院などの秘伝として伝わっていた。イメージとしては、兵法書は読む者を超人にする神通力取得の奥義が書かれたもの、合戦に必ず勝利する秘伝が書かれていると考えられていた。

しかし、期待を込めて読んでみると失望する。『孫子』は、勝利するための手法を具体的に書いたマニュアルではない。当たり前のようなことが書かれ、しかも、その当たり前を達成するための具体的な回答は出てこない。13篇あるが、そのすべてを400字詰め原稿用紙に置き換えば、17~18枚にしかならないという分量である。それこそ、書き下し文や現代語訳を読むだけならば、数時間もかからないだろう。

だが、その『孫子』は、世界一普遍性をもった戦略書といえる。その普遍性をもたらすのが抽象性である。

戦争の様相は変化するが、戦争の本質は不変である。戦争の様相を重視しての記述は応用も簡単で実用的になるが、時代が変わると役に立たない。『孫子』のように、戦争の本質を重視すると普遍性・哲学性を有するが、その半面、抽象的な記述となり応用が困難となってくる。平易な文章で、当たり前のことを書いている『孫子』は、ドイツ観念論の流れを汲《く》んだ難解な文章でクラウゼヴィッツの著した『戦争論』と比較される。『孫子』が抽象的なのに対して、『戦争論』は理路整然としている。どちらも哲学的だが、相当に対照的でもある。

『孫子』で述べられているのは、当たり前のこと。当たり前のこととは根本的なこと、この当たり前のことを守れるか、根本的なことから逸脱しないかは、言うは易く、行うは難しである。加えて思想書、哲学書としても価値が見出せるのであるから、戦争の技術書とは、かなり異なる。抽象的で平易で当然なために、かえって様々な解釈が可能になってくる。『孫子』に書かれている内容の真意は、孫武のみが知るものだろう。

具体的な手法を知るために戦史がある。名将達の行動がどう『孫子』に合致したか、どのように当てはまるか、戦史に『孫子』の文言の適用を見れば、その具体的な姿が見えてくる。

第二章

『孫子』の成立過程と基本構造

『孫子』の各篇の概要

『孫子』13篇は「竹簡本孫子」と「魏武註孫子」では構成が違っている。以下は「魏武註孫子」に従った形での各篇の展開である。

第1篇が「始計《しけい》篇」で、「竹簡本孫子」「魏武註孫子」ともに同じである。勝敗の客観的予測について、「始計篇」では「前半で勝敗の客観的予測、後半で詭道」と書かれている。有名な「孫子曰く、兵は国の大事なり。死生の地、存亡の道、察せざる可《べ》からざるなり」から始まり、国家の一大事である戦争を考える際に、五事（道、天、地、将、法）七計で客観的に分析し、「未だ戦わずして廟算《びょうさん》するに、勝つ者は算を得ること多きなり」「算多きは勝ち、算少なきは勝たず」と続けられる。その後、今度は戦争とは相手を偽《いつわ》り謀《はか》るものとして、「兵は詭道なり」と続いていく。

第2篇が「作戦篇」で、ここでは「戦争の疲弊と拙速の強調」が記されている。戦争の弊害が長期化により顕在化するということで、ともかく戦争は早く終わらせろと「兵は拙速を聞くも、いまだ巧の久しきをみざるなり。それ兵久しくして国を利するものは、未だ之れ有らざるなり」と記される。本国の疲弊を減らすために、遠征軍などは現地調達が望ましいというわけで「故に、知将は務めて敵に食む」と続いていく。

第3篇が「謀攻《ぼうこう》篇」で、ここでは「不戦屈敵が上策」とされている。単純な戦勝を望むのではなく、「孫子曰く、凡そ用兵の法は、国を全うするを上と為し、国を破るはこれに次ぐ」だから、かえって「百戦百勝は善の善なる者に非ざるなり。戦わずして人の兵を屈するは、善の善なる者なり」と続く。ではどうするかということで、目標を敵の計画、意図、目的などに絞るという。だから「上兵は謀を伐《う》つ。その次は交を伐つ。その次は兵を伐つ。その下は城を攻む」となる。戦争をしないで戦争目的を達成せよ、ということで「善く兵を用うる者は、人の兵を屈するも、戦うにあらざるなり」と記される。

戦闘における無謀を戒める「小敵の堅《けん》は、大敵の擒《きん》なり」も記される。そして勝てるかどうかの判断として「故に、勝を知るに五あり。以て戦う可きと、以て戦う可からざるとを知る者は勝つ。衆寡の用を識る者は勝つ。上下欲を同じうする者は勝つ。虞《ぐ》をもって不虞を待つ者は勝つ。将、能にして、君御せざる者は勝つ。この五者は、勝を知るの道なり」。まさに「彼を知り己を知れば、百戦して殆《あや》うからず」が生きている。

第4篇が「軍形篇」で、ここでは「不敗体制と守備」の問題が論じられている。負けないかどうか、勝てるかどうかについて「孫子曰く、昔の善く戦う者は、先ず勝つ可からざるを為して、以て敵の勝つ可きを待つ。勝つ可からざるは己に在り、勝つ可きは敵に在り」とある。

これは守勢と攻勢につながり、「勝つ可からざる者は守りなり。勝つ可き者は攻なり」となる。「すでに敗るる者に勝てばなり」「勝兵は先ず勝ちてしかる後に戦いを求め」であるから「古の所謂善く戦う者は、勝ち易きに勝つ者なり」、それゆえに「故に、善く戦う者の勝つや、知名なく勇功なし」となる。

ここで「竹簡本孫子」と「魏武註孫子」では、全く逆の表現が書かれている。「竹簡本孫子」の「守は即ち余りあり、攻は即ち足らず」に対する、「魏武註孫子」の「守るはすなわち、足らざればなり。攻むるすなわち、余り有ればなり。善く守る者は、九地の下に蔵れ、善く攻むる者は、九天の上に動く。故に、善く自ら保ちて、勝ちを全うするなり」である。

第5篇が「勢篇《せい》」で、とくに「奇正と勢い」について書かれている。組織の運営問題として「孫子曰く、凡そ衆を治むる事、寡を治むるが如くなるは、分数、是なり」、指揮系統の問題として「衆を闘わしむること、寡を闘わしむるが如くなるは、形名、是なり」。そしてその戦略的手法として「三軍の衆、必ず敵を受けて、敗ることなからしむ可きは、奇正、是なり」「兵の加うる所、石を以て卵《たん》に投ずるが如き者は、虚実、是なり」と続き、「凡そ戦いは、正を以て合い、奇を以て勝つ」とする。奇と正という2つしかなくても、奇と正の組み合わせは無限にあるということで、「戦勢は奇正に過ぎざるも、奇正の変は、勝げて窮む可からざるなり。奇正の相生ずるは循環の端なきが如し。誰か能《よ》く之を窮《きわ》めんや」とする。

さらに「勢いの利用」が加わり、蓄積したエネルギーを一気に放出しろというわけで「勢は弩を張るが如くし、節は機を発するが如くす」とする。「乱は治に生じ、怯は勇に生じ、弱は彊に生ず」とある。「勢に任ずる者の、其の人を戦わしむるや、木石を転ずるが如し。木石の性たる、安ければ則ち静に、危ければ則ち動き、方なれば則ち止まり、円なれば則ち行く。故に、善く人を戦わしむるの勢い、円石を千仭の山に転ずるが如き者は、勢なり」は、組織における勢いの利用を示す言葉である。

第6篇が「虚実篇」で、一言でいえば「勝利の原則」を記している。具体的には「詭道の具体的解説」で「敵を自在に操り、味方の優位を保ち、相手の弱点を突く」方法である。敵に対する有利な体勢として「凡そ、先に戦地に処りて、敵を待つ者は佚し、後れて戦地に処りて、闘いに趨く者は労す」とされ、さらに敵を自在に操るために「能く敵人をして自ら至らしむる者は、之を利すればなり。能く敵人をして至るを得ざらしむる者は、之を害すればなり」とされる。

もちろん、それは固定された決まった型ではない。「故に、善く攻むる者は、敵、其の守る所を知らず。善く守る者は、敵、其の攻むる所を知らず。薇なるかな薇なるかな、無形に至る。神なるかな神なるかな、無声に至る。故に能く敵の司命を為す」。味方が優位を保つためには、「人を形して我に形無ければ、則ち、我は専らにして敵は分る。我は専らにして一と為り、敵は分れて十と為れば、是れ十を以て一を攻むるなり」で数の優位を保ち、「戦いの地を知り戦いの日を知らば、則ち、千里にして会戦す可し」とする。臨機応変に動き、「策《はか》りて得失の計を知る」「作して静動の理を知る」「形して死生の地を知る」「角れて有余不足の処を知る」と続き、改めて「故に、兵の形の極みは、無形に至る」とする。

また無形な存在である水について、「兵形は水に象《かたど》る。水の形は高きを避けて下きに趨く。兵の形は実を避けて虚を撃つ」と、そこにも法則性があることを指摘しつつ、「兵には常勢なく、水に常形なし。能く敵の変化に因って勝を取る者、之れを神と謂う」とする。

第7篇が「軍争篇」で、「軍の運用」についてである。『孫子』は「軍争より難きはなし。軍争の難きは、迂《う》を以て直《ちょく》と為し、患を以て利と為すにあり。故に、其の途を迂にして、之を誘うに利を以てす。人に後れて発し、人に先んじて至る」という。これが有名な「迂直の計」のもとである。しかし、単純な距離の問題でも時間の問題でもない。「軍に輜重《しちょう》なければ則ち亡ぶ。糧食なければ則ち亡ぶ。委積なければ則ち亡ぶ」と兵站《へいたん》の問題が絡んでくる。

そこで、地理的の条件の把握と軍に求められる理想像が浮かび上がる。軍に求められる姿とは、「其の疾きこと風の如く、其の静かなること林の如く、侵掠すること火の如く、動かざること山の如く、知り難きこと陰の如く、動くこと雷震の如し」で、時に応じて変化する。戦うにもタイミングがあり、状態を把握して行動するということで、「善く兵を用いる者は、その鋭気を避けてその惰帰を撃つ。これ気を治める者なり」「治を以て乱を待ち、静を以て譁を待つ。此れ心を治める者なり」「近きを以て遠きを待ち、佚を以て労を待ち、飽を以て飢を待つ。これ力を治める者なり」「正々の旗をむかうることなく、堂々の陣を撃つこと勿し。これ変を治める者なり」と続く。

第8篇が「九変篇」で、「指揮官の資質」が描かれる。様々な条件下での将軍の判断で、シヴィリアン・コントロールの問題にもつながる「君命も受けざる所あり」も出てくる。指揮官の条件として「将、九変の利に通じる者は、兵を用いることを知る」「兵を治めて九変の術を知らざる者は、他利を知ると雖も、人の用を得る能わず」「知者の慮は、必ず利害に雑う」「用兵の法は、その来らずを恃むことなく、吾が以て待つ有るを恃むなり。その攻めざるを恃むこと無く、吾が攻む可からざる所有るを恃むなり」等が挙げられる。陥りやすい危機としては「将に五危あり」として、「必死は殺す可し。必生は虜とす可し。忿速《ふんそく》は悔る可し。廉潔は辱しむ可し。愛民は煩わす可し」の5つが挙げられているが、『孫子』の全篇の中で見ると、結果論的には相互矛盾をするところもある。

第9篇の「行軍篇《こうぐん》」は「敵情を見抜く」ということで、敵情分析は、まさに「彼を知り」の具体例ともなってくる。戦ってはいけない場所、陣をひく場所、近寄ってはいけない場所など様々な条件を提示し、たとえば「敵が水を絶りて来らば、之を水内に迎えうること勿れ。半ば済らしめて之を撃てば利あり」、一方で、敵の状態を様々な要因で予測するうえでは「敵、近くして静かなる者は、其の険を恃むなり」とか「鳥、起つ者は、伏なり」が出てくる。そして兵士の統率と「道」を打ち出し、「令、素より行わるる者は、衆と相得るなり」となってくる。

　第10篇の「地形篇」では「地形と兵種」について書かれているが、本来、『孫子』にあったかどうかの議論もある。6種類の地形というか、その地の特色が挙げられる。「地形には、通なる者有り、挂なる者有り、支なる者有り、隘なる者有り、険なる者有り、遠なる者有り」、そして「地の道なり。将の至任、察せざる可からずなり」、さらに6種類の敗兵パターンが挙げられ、「走なる者有り、弛む者有り、陥る者有り、崩る者有り、乱るる者有り、北《に》ぐる者有り」となるが、それは「天の災に非ず、将の過なり」として、責任を指揮官に求めている。「六者は、敗の道なり。将の至任、察せざる可からざなり」。

　しかし反面で「地形は、兵の助けなり」、そして「卒を視ること嬰児の如し、故に之と深谿に赴くべ可し。卒を視ること愛子の如し、故に之と倶に死す可し」となる。「彼を知り己を知らば、勝ちあやうからず。天を知り地を知らば、勝ちを全うすべし」との関連で見る必要がある。

　第11篇が「九地《きゅうち》篇」で「九種類の地形と兵士の心理」についてである。用兵から見た地形「散地」「軽地」「争地」「交地」「衢《く》地《ち》」「重地」「圮《ひ》地《ち》」「囲地」「死地」があり、各々の場所での軍隊の行動が必要とされる。

　それは「九地の変、屈伸の利、人情の理、察せざる可からざるなり」ということになるので、「所謂、古の善く兵を用いる者は、能く敵人をして前後相及ばず、衆寡相恃まず、貴賤相救わず、上下相扶収めざらしむ。卒、離るれば而ち集まらず、兵、合すれば而斉わさらしむ。利に合すれば動き、利に合わざれば而ち止む」とする。

他の篇と連動して考える箇所も多く、「善《よ》く兵を用うる者は、たとえば卒然の如し。卒然とは、常山の蛇なり」、指揮官のあり方としての「将軍の事は、静を以て幽、正を以て治む」、外交力を問われる「夫れ覇王の兵、大国を伐たば、則ちその衆を聚《あつ》めるを得ず。威を敵に加うれば則ち其の交わり合わすを得ず」、軍隊の力を発揮させるための「之を亡地に投じ然る後に存し、之を死地に陥れて然る後に生く。夫れ、衆は害に陥りて然る後に能く勝敗を為す」、敵を操る「故に、兵を為すの事は、敵の意を順詳するに在り」などがある。

第12篇が「火攻《かこう》篇」で、「火攻めと水攻め」について書かれている。「作戦篇」と連動するところも大きい。「火を以て攻を佐《たす》くる者は明なり、水を以て攻を佐くる者は強なり」、そして「水は以って絶つべく、以って奪うべからず」とする。戦勝との絡みで重要な一文は「夫れ戦えば勝ち攻むれば取るも、其の功を修めざる者は凶なり。命《な》づけて費留《ひりゅう》という」である。故に曰く「利に非ざれば動かず、得るに非ざれば用いず、危うきに非ざれば戦わず。主は怒りを以て師を興す可からず、将は慍《いきどお》りを以て戦いを致す可からず。利に合して動き、利に合せずして止まる。怒りは以てまた喜ぶ可く、慍りは以てまた悦ぶ可きも、亡国は以て復た存す可からず。死者は以て復た生く可からず」。「国を安んじ軍を全うするの道なり」。

第13篇の「用間《ようかん》篇」は「スパイ活用法」についてで、最小の費用で敵を倒す大本は間者（スパイ）の活用にある。したがって、この点においては「謀攻篇」に関係してくる。5種類の用間があり、「郷間」「内間」「反間」「死間」「生間」である。この活用はあらゆる所に及び、「彼を知り」の基本である。『孫子』は、「微なるかな微なるかな、間を用いざる所は無きなり」「故に、名君賢将の、よく上智を以って間を為す者は、必ず大功を成す。これ兵の要、三軍の恃みて動く所なり」と述べている。

時代特性と地域特性

「いかなる思想も、それを生み出した社会の時代・地理的拘束性を脱することはできない」というが、『孫子』についてもそれは当てはまる。

まず、時代背景がある。現在のように分業が進んだ時代は、戦争、軍事における役割分担も細分化されている。大戦略—戦略—戦術、そして政略の区分は明確である。しかし『孫子』の書かれた時代背景は古代であるから、当然、社会における分業は未発達で混然一体化している。今は細分化し、応用も進む。戦争に於ける役割分担も一人の指導者が時には政治家であり、戦略家であり、戦術家であることもあった。現代の大まかな区分は、大戦略（国家戦略）—戦略（軍事戦略、作戦戦略）—戦術となっていて、それとは別に政略（権謀術数）がある。『孫子』13篇の各篇と該当区分を無理に分ければ、以下のようになるだろう。杉之尾孝生氏の案である。

大戦略……始計篇、作戦編、謀攻篇
戦略………軍形篇、兵勢篇、虚実篇
戦術………軍争篇、九変篇、行軍篇
地形と地域……地形篇、九地篇
天の時………火攻篇
情報…………用間篇

また、中国の思想的な特徴としての陰陽思想が『孫子』にも見られている。それは陰と陽という2つの対極をもちながら、その2つを表裏一体化したものとして、対極の陰から陽へ、陽から陰へと変動し、波がうねりを描くように交互に現れるものとして結んでいる。後述する攻守に対する李靖の見解も、それを示唆している。また彼我の比較への対応のように、それは戦争・国家戦略レベルから戦略・戦術での各篇において対照を成すもので、以下のような流れとなっている。

〈戦争・国家戦略〉　〈戦略・戦術〉

「己を知る」「五事七計」「不敗」　「守」「余」　「正」「実」

「彼を知る」「詭道」　「勝」　「攻」「不足」「奇」「虚」

陰陽を基本とする中国思想の中でも、とくに『孫子』が興味深いのは、「勝」に対応するのが「敗」でなく、「不敗」となっていることである。兵家である孫子にとり、負けることは許されざることであり、勝利よりもさらに重視しなければならなかったのだろう。これが「己を知る」や攻守の問題にもつながってくる。勝利につながる「詭道」も単独で使用するのではなく、「五事七計」という不敗態勢と一体化して存在するものである。

もう1つ、中国の考え方として大変大きな影響を与えているのが、「時の概念の欠如」である。これは『戦国策』などにも見られるし、中国の歴史を見ていくと、しばしば感じられる特徴である。数十年、甚だしくは数世代がかりの隠謀は、まさに「時の概念の欠如」がもたらすものである。

もちろん『孫子』の中に、「時の概念の欠如」がストレートな表現で記述されていることはない。しかし、それは行間に隠れていて、あまりにも忠実に『孫子』通りの行動をしていると、やがて表面化してくる。『孫子』の体現者であった武田信玄か天下を取れなかったのは、その万全で計画的な行動の中に、自分の寿命という要素がなかったからである。万全の態勢を整えて、チャンスを待つという姿勢には、スピード重視がない。

すると「兵は拙速」が強調されているではないかという疑問が浮かんでくるかもしれない、しかし、後述するが、それは始まってしまった戦争は早く終わらせろということであり、むしろ戦争を早く終わらせるために、その前の準備はいくら時間をかけてもよいということにつながってくる。戦争回避を基本とする中、それでも開戦するならば、万全の準備が整う絶対の状態にするためにはいくら時間をかけてもよいし、戦争が始まったらともかくすぐに終わらせろ、というのが『孫子』なのである。だから戦争準備においては、「時の概念の欠如」が顕著となる。

『孫子』の限界

「時の概念の欠如」は、クラウゼヴィッツやマキァヴェリに比べて『孫子』の限界を提示するものである。「時の概念の欠如」から『孫子』を考えていくにあたって特筆すべきは、『孫子』をもって天下統一を成した者はいない、ということである。ただ覇者にはなっているし、亜流の徳川家康は天下を取っている。

しかし『孫子』を最も体得した2人の人物、曹操と武田信玄は天下を統一できなかった。曹操は三国を統一できなかったし、武田信玄は上洛もできなかった。とくに、信玄は「動き出した孫子」といえるほどに『孫子』を体得した人物である。

戦前の中世史の泰斗・田中義成氏は、上杉謙信、北条氏康と比較しつつ、武田信玄を高評価した。「東国に三雄あり、曰く武田信玄（中略）。顧みるに、武田氏は実利を尊び、（中略）其の尊ぶところは即ちその長ずるところなり、信玄は深謀遠慮、計成り機熟し、然後《しかるのち》に動く。然からば尺進ありて寸退《すんたい》なし……云々」。この一文ほど、武田信玄の本質を表したものはない。

信玄は「寸退」をすることはなかったが、半面、「尺進」しかしていない。信玄の最終目標は、上洛して覇者になることである。そのために上洛に足る軍事力を作り上げ、京都までの距離の二乗に反比例するとされる経済力の充実のために、富国強兵と財政政策に努めた。新田開発・治水・金山・特産品・荒地対策・農兵の比重拡大・共同体確立・軍事訓練・侵略と、生涯を通じて、ひたすら力を拡大した。侵略のやり方は信玄の慎重さと手堅さを示すもので、小さな城を落とすにも万全を期し、小さな村を治めるにも細心の注意を払っている。これは、多くの人々の絶賛を集めている。しかし、このやり方での天下統一には何年を必要とするのか?

信玄の手堅さと慎重さは、最小の費用と損失で獲物を手に入れるものであった。元亀3年（1527年）、二俣城攻略を行う際、信玄は2万2000人の大軍を率いていた。二俣城は浜松城の北北東20㎞に位置する北遠江の要所であり、天竜川と二俣川に三方向を守られた天然の堀をもった城塞でもある。

この二俣城攻略においては、城兵が天竜川から水を汲み上げていることを知って、天竜川上流から筏を流して井戸櫓の釣瓶を壊して水の手を断ち、落城させている。この攻略は遅くとも10月19日に開始されたというから、12月上旬に陥落させるまでの期間は約2カ月となる。天正元年（1573年）1月3日に「藪の中」にあった小さな野田城を発見したあとは、金堀人夫を使って水脈を断つという方法で、約1カ月をかけて陥落させている。これがまだ国力の少ない甲斐国を率いていた青年期ならばともかく、上洛の途上、病魔に冒され、しかも「人間50年」の時代の53歳のときの話である。

信玄最後の遠征は、明らかに上洛戦であるが、信長の上洛戦を知っている者にとっては、とうていそうとは思えないだろう。信長の場合には上洛までの期間はわずか20日程度、なにしろ永禄11年（1568年）9月7日に開始し、26日には上洛しているのだ。南近江では本城・観音寺城を中心に18の支城に兵力を分散させた六角氏に対し、大軍をもって力攻めにし、かたっぱしから撃破して短期間に征服してしまった。

それに対して信玄は、元亀3年（1527年）4月7日付の福寿院・善門院宛の願文の中で、ここ1年間は謙信が信濃、上野で軍事行動を取らないようにという祈願がされているから、上洛までに1年間という期間が設定されている。二俣城攻略中の11月19日に出された朝倉義景宛の条目では、「来年五月に至り、御張陣の事」と書かれていることである。つまり翌年の5月には、信長を打倒する決戦が朝倉義景との連合によって遂行されるというのである。

それでいて元亀3年12月28日付書状で、12月3日に帰国した朝倉義景を非難している。元亀3年10月の西方への出陣から5月の信長打倒までの行動は連続しているのであるが、義景は、今回の信玄の行動は打倒信長というよりも、信玄が遠江・三河を領有するための戦いにすぎず、そのために多大な戦費をかけながら出陣している自らの役回りをそんなものと解釈した。発後2カ月たっても国境から数十㎞しか進んでいない。その間に、兵力の損失を最小に抑えながら、二俣城や野田城を攻略しているのである。

信長を義景と挟撃するのが出立から7カ月後、もし野戦で信長を破ったとなれば、その後で岐阜城攻略が開始され、長期の包囲戦を展開したにちがいない。上洛はその後の話になる。下手すれば1年以上の歳月がかかった可能性すらあるのである。もちろん、信長と野戦で決戦する場合、信長が全兵力を集中できないようにし、信玄自身は率いている兵力を出立時とほとんど変わらないよう温存し、「三方ヶ原合戦」同様に「拙速」に、瞬時に勝敗を決したろうが、そこに至るまでに膨大な時間を費やしていくのである。

信玄の鈍足ぶりは、上洛戦に限ったことではない。永禄3年（1560年）の「桶狭間合戦」で、よく整備された情報網を持っていた信玄は即座に今川氏の敗戦を知ったはずである。ちょうど川中島合戦の佳境であり、大規模な動員を怪しまれずに行うことができる状態にあった。上杉謙信は定められた境界線を侵さない限り信玄を攻撃することはなく、北条氏康は謙信の大規模な関東出兵を前にしていた。信玄が即時動員をかけ、東海に兵を入れれば敗走する今川軍は壊滅し、駿河国・遠江国はむろんのこと、三河国も、そして今川勢力圏となっていた尾張国の一部までをも瞬時にして併合することが可能であった。当時の信玄の保有する軍事力から見て、それは十分にできたはずである。そうすれば信玄の領土は一気に2倍以上になったにちがいない。

しかし信玄が南下作戦に転じるのは、8年後、それも三国同盟を遵守したうえ、大義名分までも準備しようというものであった。『甲陽軍鑑』によれば、永禄11年（1568年）5月、信玄は今川氏真に父の弔い合戦として信長と同盟する家康の三河に攻め入り、戦勝後の領土分割をもちかけた。氏真がこれを拒絶するところから駿河国侵攻が開始され、永禄11年12月6日の第1次駿河侵攻から元亀2年（1571年）1月の第6次駿河侵攻まで約2年間、7度の遠征でようやく平定しているのである。「桶狭間合戦」からは、実に11年間を経由している。

「時の概念の欠如」は『孫子』に限らず、広く中国の政略に見られるところで、『戦国策』などを読んでも、美女を送り込んで、その後数十年がかりで敵国を衰退させる話が出ている。

逆に『孫子』の成功例としては、毛沢東の持久戦やボー・グエンザップの人民戦争の例が挙げられる。「ベトナム戦争」の例をみてみれば、北ベトナム側からみて、「いつまでに何をしなければない」という拘束がない。すなわち時の制約がない。むしろ長引かせるということが肝要となる。グエンザップ自身の言葉を借りれば、「ベトナム戦争ほど楽な戦いはない。なにしろ来襲してくる敵を撃退し続ければいいのだから」ということになる。

そして、軍事以外の他の分野（心理・政治など）を総動員して敵を倒す。ベトナムでの戦いは、単なる抵抗運動ではない。最終的には「解放」をめざすものである。したがって正規軍の戦いは想定されているが、当初は非対称の戦いから出発しており、「長期間の革命戦争を規定する法則によれば」「通常三つの段階、すなわち防衛、勢力均衡、反攻の三段階を経る」とされており、最後は「拙速」になる。

しかし軍の戦いとともに「解放地区」と「ゲリラ戦区」の拡大という面の重視が取られており、あくまで「点と線」的な発想とは一線を画している。敵の正規軍が決戦に適した軍だとしても、決戦すべき軍が存在しなければ占領に振り向けられ、分散を余儀なくされる。まさに長期の持久戦のうえで、最後は決戦なのである。『孫子』は攻勢よりも守勢に、大国よりも小国に適するのではないかと思われる。

『孫子』の前提

こうした古代の中国の思想的な特徴を持った『孫子』は、同時に春秋・戦国時代という時代背景から、3つの前提の上に成り立っている。

1つ目は「戦争は続く。なくならない」ということである。

2つ目は、しかし「戦争は悪である。してはならない」ということがある。

では3つ目に、「どうするか」ということである。

戦争があるのは、戦争目的があるからである。ならば戦争をしないで戦争目的を達する、ということが肝要ではないか。ここから「戦わずして、人の兵を屈する」という独特の展開が出てくる。ただし『孫子』は、そのやり方は教えてくれないから、意訳すれば「各人が戦争をせずに戦争目的を達成することを考えろ」ということであり、目的を明確化し、それを達成するための方策を各種方面から考えるという戦略になってくる。マーケティングとして見ると情報・計算による損得勘定や戦争目的と手法の関係を明確にする、ということになるだろう。それはVA（バリューアナライシス）的な思考ともいえる。

クラウゼヴィッツの『戦争論』は、ドイツ観念論の流れを汲んだわかりにくい文体をしている。対して『孫子』は平易な文章で、当たり前のことを書いている。しかしかなり抽象的であるため、理路整然とした『戦争論』に比べて解釈などが分かれ、さらに具体的な応用が難しくなっている。まさに「言うは易く、行うは難し」が『孫子』である。当たり前のこととは根本的なことであるが、これを守れるか、これから逸脱しないかは各人に委ねられた課題となる。加えて合戦についても思想書、哲学書としても価値があるものだから、百家争鳴になりかねない。

中国語の難しさは日本語とは異なる。日本語の難しさは、たとえば「科学者は飛行機から降下するパラシュートを観察している」という文章があったときに「科学者が下から、飛行機から降下するパラシュートを観察している」と「科学者が飛行機の中から、降下するパラシュートを観察している」という2通りの解釈が成り立つ。句読点の1つで全く違ってしまうというのが、日本語の難しさである。対する中国語の難しさは、表意文字であるから、複数の意味を兼ね備えることで、「兵」は「戦争」「軍隊」「戦略」「戦術」「兵隊」等、実に多岐な意味を持っている。しかも平易、抽象的、簡潔ときているから、『孫子』は実に多くの解釈が成り立つ。

「十一家註」杜佑、李筌、張預

『孫子』には様々な解釈が成り立つ。劉寅の『孫子直解』、趙本学の『孫子書校解引類』等様々にあるが、とくに名高いのは11人の著名な識者による注釈である「十一家註」である。『宋本十一家註孫子』は、曹操の註に加えて、さらなる註釈を試みた内容であり、宋時代の吉天保が編集したものである。註釈者は、魏の曹操、梁の孟氏（名は不明）、唐の李筌《りせん》、杜牧《とぼく》、陳皥《ちんこう》、賈林《かりん》、宋の梅尭臣《ばいぎょうしん》、王晳《おうせき》、何氏《かし》（何延錫ともいわれている）、張預《ちょうよ》の10人となっている。さらに唐時代の『通典』中の杜佑の注を合わせて、一般にはこれで十一家註とも呼ばれているが、定説化している10人以外の注で「十家註」とする記録もあり、最初からこの10人だったのかは議論がある。

『通典』では、148巻~162巻までの「兵典」15巻に『孫子』の文章が引かれ、解説が加えられている。その引用文は13篇のほとんどに及び、曹操註と杜佑註を並記した上で関連する制度や戦史例が挙げられている。

杜佑は唐代の政治家で、御史大夫や節度使などを歴任したのちに皇帝憲宗から厚い信頼を得て宰相になる。正直で人情の厚い性格とされており、民の困窮を上書して盧杞に憎まれて蘇州刺史に遷されたこともある。死後は太傅の位を贈られた。十家註本の注者の一人であり、唐時代の詩人としても有名な杜牧の祖父にあたる。学問では唐代最高の進歩的学者とされている。しかし『通典』での文の順番は現行13篇の通りではなく、また文章もかなり異なっている。そのために「十一家註」でなく「十家註」とする識者も多い。郭化若は、『太平御覧』『通典』は校勘《こうかん》の役には立たない、と見なしている。

『宋史』の中の「芸文志」には「吉天保十家會注十五巻」とある。この「十家」の中で、杜牧や梅尭臣は詩人として名高いのに対して、李筌と張預は兵書研究家である。李筌は字を少室山達観子といい、「少室の書生」と名乗ったとされている。生没年月も本籍地も不明であるが、唐の粛宗から代宗の治世に活躍している。『集仙伝』には「任官して荊南節度副使、仙州刺史となり、『太白陰経《たいはくいんけい》』を著す」と記されている。道教方面でも活躍しているが、その生涯については謎が多い。『神仙感遇伝』に「李筌は将略があり、『太白陰符』10巻を作る。山にこもって修行し、その後は不明である」と述べられている。伝説によれば、李筌は嵩山虎口岩石壁のなかから『黄帝陰符経』を手に入れ、驪山の老婆に出会い、奥義を指し示し、精髄を窮め尽くし、兵書を編纂して、『太白陰経』と名づけたとされている。

この李筌の著書『太白陰経』（正式な名称は『神機制敵太白陰経』）は、唐末の著名な総合的な兵書の一つとされていて、李筌から朝廷に献呈されている。『太白陰経』は兵法家の要素と儒家の要素を併せ持ち、『司馬法』的な内容になっている。最初に君主には道徳があるべきことを言い、後に国家には富強あるべきことを言い、内外を兼ね収めている。内容は多岐に富み、軍典礼儀、各種の兵器、宿営と行軍、戦陣隊形、公文程式、屯田、人馬の医療などの問題についても、部門別に分けて論述している。

『新唐書』「芸文志」と『宋史』「芸文志」などの書名目録によると、李筌はさらに『孫子注』2巻をはじめ、『通幽鬼訣』2巻、『軍旅指帰』3巻、『彭門玉帳』3巻など数々の兵書を著している。『太白陰経』は唐末以前の軍事状況を全面的に反映した総合的な兵書であるが、迷信・占い的な要素も多々含まれている。

しかし内容を精読すれば、人間こそが戦争の勝敗を決める決定的な要因であるとされている。すなわち陰陽の術は戦争の勝敗を決定づけることはできず、ただ人によってこそ戦争の勝利を獲得できるという見解が述べられているからである。「人無勇怯」ということで、人間は勇敢な者も臆病な者もいるが、勇敢と臆病は天性のものではなく、生まれ育った場所とも関係なく、培養、鍛錬とその人間の使い方が妥当か否かという点にある。兵書の編纂の様式からいえば、『太白陰経』はすでに軍事の項目ごとの特徴を分類して論述している。これは古代兵書が単一の兵法理論を論述したものから、兵法理論と軍事技術の理論を互いに合わせて論述したものになる過渡的なものであり、以後の百科事典的な兵書の編纂を行うにあたっての手本となった。

なお、『神仙感遇伝』に載っている『太白陰符』は『太白陰経』の表記間違いだといわれている。『唐書』「芸文志」と『宋史』「芸文志」は、すべて「『太白陰経』十巻」としているが、実在しているのは8巻だけである。兵乱などで一部が失われたと推測されるが、天地陰陽険阻に始まり、雑占に終わっており、完成された形となっているから、これも後世に修正を施された可能性が高い。『太白陰経』は君主の道徳について書き出し、さらに国家に富強あるべきことを強調している。残念ながら李筌は、「七書」の作者と称されている兵家達、孫子・呉子・太公望・尉《うつ》繚《りょう》・司馬《しば》穰苴《じょうしょ》・李靖《りせい》などが名将として戦場で活躍したのに対して、地方での生活に甘んじていたため、一般には評価は低いものになっている。

杜裕の『通典』の「兵類」では、二家を取り上げて通論する形を取っているが、その二家のうちの一つは李靖の兵法で、もう一つは『太白陰経』となっている。とくに「攻城具篇」では攻城兵器を取り上げ、「守城具篇」「築城篇」「鑿濠篇」「弩台篇」「烽燧篇」「馬鋪土河篇」「游変地聴篇」では防衛の方法を取り上げ、「水攻具篇」では水戦の道具を、「済水具篇」では軍隊の渡河について取り上げ、「火攻具篇」「火戦具篇」では火を使う兵士を、「井泉篇」では水源を見つけることを取り上げ、「宴娯音楽篇」では音声が人を感じさせることについて取り上げ、やはり多岐にわたって論述している。

杜裕が「兵類」の中の具体例として『太白陰経』の記述を採用したのは、『太白陰経』に李靖の兵法書と同等の高い評価を与えたからであろう。李靖の兵法は宋の時代にはすでに散逸が見られ、しかも偽書の類もまぎれ込んでいる。たとえば、阮逸が伝えたものは偽書であった。

それに対して、『太白陰経』は現存しているわけであり（ただし「陰陽総序」と「天地無陰陽篇」は目次にはあるが、本文は存在していない）、しかも本物である。その点も考慮すれば、杜裕が高い評価を与えたのも首肯されよう。『太白陰経』には内容だけでなく構成においても『孫子』の影響が色濃く見られる。「戦わずして人の兵を屈するは、善の善なるものなり」。「善く兵を用うる者は、道を修めて法を保つ」「古の所謂善く戦う者は、勝ち易きに勝つ者なり」「軍の将たる事は、静を以って幽し、正を以って治む」などが様々な文言でより詳細に語られている。こうした実際の戦例や名将の事績で『孫子』を説明する方法は十家註でも見られており、李筌、杜牧、梅堯臣、何氏らはとくに多くの実例を挙げている。

『太白陰経』では、兵士をうまく使う方法について、勇敢と臆病は「策謀」に関係があり、強いと弱いは「勢い」に関係がある。策謀がうまくいき、勢いがもてれば、臆病も勇敢に変わる。しかし、策謀が逆手にとられ、勢いがなくなれば、勇敢も臆病に変わる。そして勇敢と臆病は法律に関係があり、成功と失敗は知恵に関係がある。臆病な人は刑罰を使えば勇敢になり、勇敢な人は恩賞を使えば必死になるとされている。また、人の策謀の最もすぐれた効果は戦わずして敵軍を屈服させる勝利であることが述べられている。

さらに「善師」ということで、将軍の各種の優秀さを述べている。賢明な将軍は、自ら戦場に行って軍隊を動かしたりせず、策謀をめぐらせて敵を屈服させるとか、布陣の上手な将軍は、みずから敵と戦わず、巧妙な陣法を使って敵に勝利するとか、作戦の指揮にたけた将軍は機先を制する戦法を使って自分を有利な立場に置くとか、失敗をもたらす隠れた原因となるものを事前に察知して排除できる将軍は、敗北して破滅することを回避できるといったことが説明されている。

作戦を指揮するときにおいて、将軍が巧妙な計画を立て、抜かりない配備を行い、敵の油断に乗じ、敵の手薄なところを攻め、こちらの得意なことをするようにし、こちらの不得意なことはしないようにし、有利と見れば進み、不利であれば退くということができれば、有利な立場に立てる。そしていわゆる大戦略レベルの話としては、戦争の勝利を獲得するため、国内にいる優秀な専門家を集め、策を講じて敵国の人材もこちらのために使えばいっそう素晴らしいことが述べられている。

信賞必罰についても強調されており、「刑賞」では人材を使うときの賞罰は公平でなければならず、「個人的な功績を賞することなく、個人的な罪悪を罰することなし」としている。その一方で、『呉子』的な要素も見られている。たとえば温厚で知恵のある将軍は、兵士を大切にすることに心がけ、兵士と安危を共にし、苦難を同じくし、兵士を命令に従わせ、作戦のために命を投げ出すことも付け加えられている。

一方、宋時代の張預が著したのが『十七史百将伝』全10巻であり、これも『孫子』に依拠するところが大きい。発行された時代によって名称に若干の差異が見られている。現存しているものは『張氏集注百将伝』（全100巻）と名付けられているが、明代に刊行されたものは『正百将伝』といわれている。張預は宋時代、東光の人で、やはり経歴は不明である。張預は孫武を推賞し、『孫子』の思想に基づいて、五代以前の史書のなかから100人の名将の伝記を選択して本書を編集した。

登場しているのは、周時代の太公望から五代時代の劉詞までとなっている。張預が『十七史百将伝』で注意したのは、兵家に有用であることであった。したがって修飾語のような言葉が氾濫しがちな史書に対して、余計な言葉を削除した形を取り、また兵略でなくても有用と思われるものは残した形を取ったとされている。そして名将の履歴を明白なものにし、戦略や戦術の記述の後に註釈を入れる形を取っている。『十七史百将伝』の構成は、まず『孫子』の文言をつけ、『孫子』の用兵原則を引用できるようにしてある。それから名将の実績を解説して、『孫子』の軍事思想の指導意義と名将の用兵の原則とが一致していることを説明している。

『孫子』の重要な論点を解釈し、さらに名将の用兵の得失を評論しており、実戦と理論の適合を見るうえでの良書といえるが、李筌以上に「机上の兵学」と見なされがちである。宋時代は、兵乱が少なかった上、文芸が盛んな時代であったから、兵法もまた空論になりがちであったのだろう。ある意味では、日本における江戸時代の『孫子』研究と類似した側面も見られるようである。

第三章

『孫子』と兵書

兵書への影響

『十七史百将伝』には不備も多いということで、のちに『百将伝続編』が登場している。『百将伝続編』は明時代の何喬新（字は廷秀）が、北方国境に出征し、提督雁門関兼巡撫山西都察院左副都御史だったときの著述である。何喬新は張預の『百将伝』には欠けたところがあるという見解をもち、そこで明の成化18年（1482年）に、五代史・宋史・元史を踏まえて、王彦章以下40人の名将を取り上げ、修飾を取り払い本当の事跡を取り上げている。『百将伝』で欠けているものは、その他の書から取って補っており、4巻本の『百将伝続編』を編集したものである。

『百将伝続編』は、『十七史百将伝』と同じく、将軍の事跡を記述し、戦闘の謀略と戦法の運用に着目し、将軍の事跡を述べたあとに評論を加えている。『百将伝続編』もまた『孫子』の影響が色濃く、実質的に『孫子』の具体的解説になっている部分が多い。

内容は、まず『孫子』の用兵の原則を引用し、さらに将軍の用兵の実績を解説して、『孫子』の軍事思想における意義と名将の用兵の原則とが一致していることを説明していくという形式である。そこでは『孫子』の重要な論点を解釈し、さらに名将の用兵の得失を評論しており、しかも編集者の軍事思想まで反映している。

なお、「十家註」よりもだいぶ後の時代になるが、『十七史百将伝』と類似した試みが明時代の劉基（1311〜1375）によって『百戦奇略』として著されている。

劉基は元時代末から明時代初期の文学者であり、政治家でもあった。青田出身で、はじめ元朝に仕えたが、のち朱元璋のもとに投じ、明の建国に大きな功績を挙げた人物である。天文、数学、詩文にもすぐれ、文は宋濂に次ぎ、詩は高啓に次ぐといわれた。代表的著書には『郁離子』『春秋明経』などがあり、詩文とともに『誠意伯劉文成公文集』に収められている。朱元璋は劉基を尊重し、張良に例えたといわれている。また諸葛孔明の再来ともいわれた。この点では、戦闘の指揮と無縁であった李筌や張預と異なり、実戦での活躍が見られている。

そして朱元璋による「建国の功臣」たちの粛正が行なわれていく中で、一貫して太祖・朱元璋の厚い信任を受けた。しかし丞相の李善長、胡惟庸らと合わず、辞職して故郷に帰り、そこで没した。一説には胡惟庸に毒殺されたともいわれている。

『百戦奇略』は、全部で100項目が登場し、各々2項目ずつ対になっている。各項目は『孫子』以下、様々な兵書の文言と実例が挙げられているが、とくに『孫子』の文言は多々登場している。『孫子』文言のそのままの引用、及び類似の表現は、100項目中59項目に該当しており全体の約6割を占めている。他の兵法書の引用に対して比較にならないほど多いから、『十七史百将伝』と同様に、具体例を挙げた『孫子』解説書にも見える。

たとえば「謀戦」では「上兵は謀を伐つ」、「間戦」では「間を用いざる所なきなり」、「利戦」では「利して之を誘う」と『孫子』の言葉がそのまま使われているが、挙げられている具体例が適切かどうかは議論も分かれるところである。かなり強引な形でのこじつけも多いように思える。なお『百戦奇略』にも偽書説は存在し、北宋時代の『百戦奇法』を、清代の人が題名を変え、劉基著としたという説がある。

『太白陰経』『十七史百将伝』『百戦奇略』も含めて、いわゆる兵書が中国にどの程度存在していたかは明確ではない。前述したように、漢の高祖に従えた張良と韓信とが収集した兵書は182

種とされている。しかし、この中の大多数は散逸してしまった。「桓公」や「韓信」の名を冠した兵法もあったらしいが、今日残っているものはほとんど存在しない。しかし、その後に新たな兵書が書かれ、追加されている。清時代、乾隆帝のときに完成した『四庫全書総目提要・巻九十九・子部九・兵家類』には以下の書物が紹介されている。

『握奇経』『六韜』『孫子』『呉子』『司馬法』『尉繚子』『黄石公三略』『三略直解』『素書』『李衛公問対』『太白陰経』『武経総要』『虎鈐経』『何博士備論』『守城録』『武編』『陣紀』『江南経略』『紀効新書』『練兵実紀』『雑集』

また、『中国歴代兵書』に紹介されている兵書は以下の通りとなっている。

『孫子兵法』『呉子』『司馬法』『孫臏兵法』『六韜』『三略』『太白陰経』『武経総要』『守城録』『歴代兵制』『紀効新書』『練兵実紀』『籌海図編』『海防図論』『江南経略』『陣紀』『武編』『神器譜』『兵録』『武備志』『車営扣答合編』『西法神機』『火攻挈要』『広名将傳』『読史方輿紀要』『海国図志』『防海新論』『兵学新書』

さらに『中国兵書集成』により各時代の兵書とされているものは、以下の分類となる。

①宋時代の兵書：『武経総要』『行軍須知』『百戦奇法（百戦奇略）』『虎鈐経』『何博士備論』『翠

微北征録』『兵籌類要』『素書』『権書』『美芹十論』『守城録』『歴代兵制』『十一家註孫子』『施氏七書講義』『十七史百将伝』

②明時代の兵書：『百将伝続編』『武経七書直解』『孫子書校解引類』『孫子参同』『武編』『籌海図編』『海防図論』、『火龍神器陣法』『続武経総要』『紀効新書』『練兵実紀』『登壇必窮』『運籌綱目』、『決勝綱目』『陣紀』『草廬経略』『投筆膚談』『救命書』『武備志』『車営叩答合編』『城守籌略』『兵ルイ』『兵鏡』『八陣合変図説』『郷約』『塞語』『兵略対』『大同鎮兵車操法』『広西選鋒兵操法』『兵機要訣』『火攻要略』『制火薪法』『選練条格』『黄帝御夷界法』『火攻挈要』『三十六計』

③清時代の兵書：『兵法百言』『乾坤大略』『兵跡』『兵謀』『兵法』『武経七書彙解』『戊笈談兵』『四翼附編』『防守集成』『海国図志』『太平条規』『太平軍目』『行軍総要』『兵要四則』『練勇芻言』『曾文正公水陸行軍練兵志』『長江水師全案』『火器略説』『直隷練軍馬歩営制章程』『海防要覧』『籌洋芻議』『北洋海軍章程』『洋防説略』『淮軍武毅各軍課程』『新建陸軍兵略録存』『自強軍創制公言』『自強軍西法類編』『兵学新書』『兵法史略学』『訓練操法詳晰図説』『曽胡治兵語録』

七書

これらの中でも、とくに質の高い兵法書とされているのが「武経七書」である。七書とは、七種類の兵法書という意味である。『孫子』以下、『呉子』『尉繚子』『六韜』『三略』『司馬法』『李衛公問対』が「武経七書」に収められている。また、『孫子』『呉子』『六韜』『三略』『司馬法』

を指して中国五大兵法書ともいわれている。

「武経七書」とは、北宋の元豊年間に『孫子』を筆頭にした兵書七種を武学博士・何去非が校勘し、国子司業・朱服が審定した欽定本であるに由来する名前である。この七書各々についても、様々な形で出版されているし、各種の解釈や研究書も出ている。

『武経七書彙解』は、清時代、康熙帝の治世期間に朱墉によって編集された七書である。康熙27年（1688年）に刊行された『武経彙纂』8巻本が初期の出版である。さらに康熙38年、39年に前後してさらに『武経七書講義全彙合参』『増補武経七書彙解』『武経七書彙解』などの多くの本が出版されている。いずれも書名こそ違えど、内容は基本的に同じである。朱墉は書目85種を引用し、先賢83人の注釈を集めて編纂し、異同を考察し、併せて7書について分けて評価している。これは「武経七書」を研究するのに重要な参考価値をもっている。

それから170年後、光緒年間に国英が武備を推賞し、『武経七書彙解』を手に入れて読み、その内容の素晴らしさを絶賛した。そして天下の智能の士に兵家の利害を理解させ、国家のために内憂を静めて外患を抑えるためにと、光緒2年（1876年）に再刊した。全部で9巻10冊で、書名は『重刊武経七書彙解』となっている。

原書各巻は、武経七書の節目を考えて、段落を分けて最初に原文を連ね、さらに各家の注釈・箋解・疏義を集めて並べ、国英が時代順にしている。『孫子』『六韜』については、さらに多くの説を集めたあとに、国英の註釈を加えている。

一方、『施氏七書講義』は、中国最初の「武経七書」にまとまった統一的な注釈をした兵書である。施子美の註となっている。施子美は、正史に記録がなく、経歴は不明である。江伯虎は序言のなかで簡単な紹介をしているが、それによると三山の施子美は、儒学者の一派で、兵家のことを語り、若い頃に右庠に入学し、数年もしないうちに優秀な成績となり、呉子や孫子を学ぶ学者にとっての第一人者になったとしている。

日本の文久3年（1863年）に刊行された『施氏七書講義』の江伯虎の序文には「貞祐壬午」とのちに記してあるが、それは宋時代の嘉定15年（1222年）のことである。もし江伯虎がこの年に序文を書いたのなら、本書は当然この年より前に出来上がっていることになるが、明確ではない。『施氏七書講義』は、施子美が朝廷の武学において教えた講義で、内容は『孫子』『呉子』『司馬法』『尉繚子』『黄石公三略』『六韜』『李衛公問対』など7つの兵書の原文と注釈である。各書ごとに最初に解題を載せており、作者・書かれた年代・現存と損失などの情況を概論している。

本文については段落に分けて解説しており、その後に史実を挙げて例証し、理論と史実が一緒になっている。宋時代以来、著名な軍事家や学者は「武経七書」の学習・研究・注釈について、本書を重要な参考文献としているようである。

『施氏七書講義』の出版は、江伯虎が原稿を手に入れてから製版しての刊行である。ところが原典は宋時代の出版ながら、中国では失われて残っていなかった。それが残ったのは、日本に輸出されていたからである。現存する『施氏七書講義』は日本に輸入されたものの、逆輸入という形を取っている。すなわち、『施氏七書講義』は日本の建治2年（1276年）に北条実時が息子の北条顕時に命じて写させたものがあり、「金沢文庫」の抄本として伝わっていたが、その後、日本において多くの抄本が作られた。そのなかの文久三年版が中国に逆輸入され、国内数箇所の大図書館に所蔵されたのである。

「武経七書」については、その読み方なども教授したものがある。明時代、劉寅が書いた武経七書の解説書『武経直解』には以下のような前書きがあるとされている。「武経直解序」（劉寅の序文）、「読兵書法」（兵書の読み方）、「武経直解凡例」（劉寅の兵書の編集の仕方）、「武経直解引用」（劉寅が参考にした兵書の紹介）、「武経所載陣図」（七書に出てくる陣法の説明）、「武経所載国名」（「七書」に出てくる国々の解説）、「兵法付録」（主要な古典に出てくる兵法に関する言葉の紹介）、「武経直解目録」（七書の目録）。

『孫子』には「宋本十家註」「魏武註」以外に、この「七書」での註釈もある。『孫子』は「七書」の編集者によって様々な註がつけられているが、『孫子』以外の「七書」そのものにも、『孫子』の解説的な部分が多々見られている。

『呉子』は、中国の戦国時代初期に魏の文候と武候に従えた呉起の著作で、『孫呉』と『孫子』と並び称されている兵書である。『漢書芸文志』には「呉子48篇」と記載されているが、現存するのは「図国」「料敵」「治兵」「論将」「応変」「励士」の6篇のみである。普遍性では『孫子』に劣るが、人間洞察においては『孫子』を凌駕しているといわれており、とくに軍のあり方については「死中生あり」のように、単なる「死地」を述べる『孫子』を上回るものが見られる。

この「死中生あり」は『尉繚子』にも述べられている。『孫子』に比べて具体的解説も多い。謀についての定義、戦争の分類、さらに相手や場所、国民性に応じた戦い方の区分などを詳細に行なっている。そのために時が推移すると時代遅れの記述にもなりかねないが、半面、歴史資料としての面白みも持っている。『司馬法』などに強く見られている聖戦論は、この『呉子』以降の傾向で、義と道の解説、それの兵法への転用が見られている。
また、国家論として冒頭に「必ず先づ百姓を教へて、しかして萬民に親む」と述べてもいる。クラウゼヴィッツなどが強調している三位一体論についても、「国に和せざれば、もって軍を出すべからず」と先取りしている。大軍よりも軍規と志気を重視しているため、教育と兵士のあり方の強調されている。信賞必罰の原則も強調し「進めば重賞あり、退けば重刑あり。これを行ふに信をもってす」としている。

にもかかわらず、尉繚などに比べると信賞必罰内での比重は異なっているようで、武侯が「刑を厳にして賞を明かにすれば、もって勝つに足るか」と問いかけると、「しかりといえども恃むところにあらざるなり」と答え、部下が喜んで命令を聞くように「有功を挙げて、進めてこれを饗し、功なきはこれを励ませ」と述べてもいる。信賞必罰は教育とともに精兵を作るものとされている側面もある。

軍事教練はかなり重視しており、「用兵の法は教戒を先となす」と述べるとともに、1人が戦を学べば10人に教え、さらに10人が100人に教え、そうして全軍が教育を受けることになると考えている。国全体に兵制を敷く際の、ドイツのフォン・ゼークト的な組織と教育法も述べられていて、近代の先取りといえるのかもしれないが、これについては『尉繚子』も述べている。こうした軍事教練が十分な軍隊は、臨機応変な素早い対応が可能になり、さまざまな状態に戦いうることになる。

たとえば突然敵に遭遇しても、各種の旗で軍を素早く状況に応じた隊形に変えられる、と武侯に答えている。勝敗は兵数の大小にあらずと「法令明らかならず、賞罰信ならず、これに金するも止まらず、これに鼓するも進まずば、百萬ありといえども何ぞ用に益あらん」と述べている。そして、少数の兵が大軍を相手にする具体的な方法として平坦な野戦を避け、山岳地帯の狭隘地にて邀撃することを提唱する。とはいえ「暴寇の来る、必ずその強をおもんばかり、よく守って応ずるなかれ」と、基本的に大軍が有利であることは認めているのだが。

中国思想の影響下にあるから、基本的な不戦思想や時の概念の欠如は明確に述べられてはいなくとも、影がちらついているように見える。竹簡本の出現以来、議論が果てない攻守の問題について「要とは業を保ち、威を守るゆえんなり」と防御を第一とし、「戦って勝つは易く、守って勝つは難し」と述べている。そして「それ国家を安んずる道は、先づ戒むるを寶《たから》となす。いま君すでに戒む、禍それ遠ざからん」と、平時の防衛と危機管理を強調する。

また、李靖などが述べた司令官の資質について「およそ人の将を論ずるは常に勇に観る、勇の将におけるは、及ち数分の一のみ」で、理、備、果、戒、約の5つを将軍が慎むべきものとしている。したがって、当時としてはかなり実践的な兵法書だったのかもしれない。しかし李靖は『呉子』に低い評価を与えていて、「孫武の所謂正を以て合するに非るなり」と述べられている。ただ「足法」では『呉子』を引用している。

『司馬法』は、斉の景公の時代の大司馬である田穣苴《でんじょうしょ》の著書とされている。田穣苴は、田完の末裔とされている。晏嬰《あんえい》の推薦によって景公に従えている。当時、斉は晋軍と燕軍に攻撃を受けており、これを心配した景公が田穣苴を将軍に採用した。軍の整備と規律によって斉軍を強化し、晋と燕の軍隊を撃退。田穣苴さらに追撃して失地をすべて回復、その後、軍隊を率いて帰還したが、その際、首都に入る前に武装を解除し、軍法を停止し、誓いをしてから首都に入ったことでも名高い。この功績によって景公は田穰苴を大司馬に任命し、以後田司馬穰苴と呼ばれるようになった。しかし名声に対する有力者からの反発があり、様々な中傷を浴び、景公もそれを信じたため、田穰苴は罷免され、憤死したといわれている。

しかし、実際は周時代の太公望の書物『周の大司馬の兵法』が伝わり、それは田穰苴が編纂したものとも、斉の威王が司馬の兵法に司馬穰苴の兵法を加えて編纂させたものともいわれている。いずれにせよ、1冊の本なのに、太古の時代から伝わる大司馬の兵法の部分と、田穰苴が付け加えた部分の2つに分かれている。『漢書芸文志』には155篇と記されているが、現存の『司馬法』は仁本篇、天子之義篇、定爵篇、厳位篇、用衆篇の5篇からなっている。成立は5、6世紀が通説である。

『司馬法』は仁本篇、天子之義篇、定爵篇に対する厳位篇、用衆篇と大きく二分された観がある。徳治と古代ユートピア、非現実的理想が描かれる（ただし民のため農繁期の非戦を主張するなどの側面は見られる）。『司馬法』の最大の特徴は聖戦論的色彩である。七書も『呉子』以降は多かれ少なかれ聖戦論の色彩を持っているが、『司馬法』は最も色濃く出ている。

「仁本篇」の冒頭から「古は仁を本となし、義をもってこれを治む」と述べられ、次善の策として戦争が挙げられていく。したがって、戦争は義に基づくものでなければならない。この聖戦論は「定爵篇」でも強調されており、「属を滅ぼす道は、一に曰く義、これに被らしむるに信をもってし、これに臨むに強をもってす。其を成して天下の形を一にす、人説ばざるなし、これをその人を兼用すといふ」と述べられている。古代の伝説的な戦い方と聖人の支配など『孫子』『呉子』には見られない特質が多い。

「古は、奔るを逐ふも遠からず、退くに従ふも及ばず。遠からざれば則ち誘ひがたく、及ばざれば則ち陥れがたし」として、敗走する敵は追わないとか、敵が隊列を整えるまでは攻めない等、古代ユートピア的戦争を理想にするところは『孫子』でも『呉子』でも想像できないような世界観である。徳の治世では賞罰もなかったため、戦勝にも「賞せず」とされているが、「定爵篇」は以後、現実的展開になり、「功罪を著し」と記すようになり、聖王→賢王→王→覇者と推移した結果、「権」が必要になったとしている。「天子之義篇」に載っている信賞必罰を無用とする古代の徳治と、「定爵篇」に載っている「功罪を著し」の矛盾こそは、『司馬法』が二つの体系が混ざっていることを象徴しているように見える。

『司馬法』が戦略論としての特質や優秀さを示すのはそこからで、近代的要素として、政治と軍事の分離と集団安全保障が見られ、組織作り（人材登用、情報収集、賞罰基準）、乱の治むる7つの道（仁信直一義変専）として君主に権力を集中、軍陣での心得を詳細に記したりしているということである。戦争は「謀」に始まることも強調されている。戦争における謀の重視も『孫子』以来の伝統であり、クラウゼヴィッツなどには見られないことである。これは古代に成立することによって大戦略・戦略・戦術のすべてが網羅されていたという理由とともに、中国兵法の特質でもある。

近代になっても、毛沢東は「戦争は血を流す政治、政治は血を流さない戦争」と述べて戦争と政治を渾然一体として捉えている。毛沢東は人民の心を支配することに革命戦争の成功の鍵を見て取り、紅軍5大原則を設けた。『司馬法』にも非常に類似の内容が強調されている。「仁本篇」に「罪人の地に入りて、神祇を暴するところなかれ、田猟を行ふなかれ、土功をこぼつなかれ、牆屋《しゅうおく》を焼くなかれ、林木を伐るなかれ、六畜、穀物、器械を取るなかれ、その老若をみては奉帰して傷ふなかれ、壮者に遇ふといえども、較せざれば敵することなかれ、敵もしこれを傷つければ医薬してこれを帰せ」とある。

これは仁義的な意味もあるが、同時に心の支配のための側面もあるように思える。そして民の心の支配と仁義礼の関係を考えると「禮をもって固めとなし、仁を以て勝ちとなす」とされ、礼や仁を防衛と結びつけている。

しかし兵学書でもある『司馬法』は単純な仁だけを強調せず、「仁に親あり、仁ありて信なければ、反つてその身を敗る」とも述べ、軍隊には信賞必罰が必要なことが述べられてもいる。狩りの効用と農閑期の関係を述べているのは李靖は評価している。

『尉繚子』は、秦の始皇帝に従えたとされる尉繚の説を収録したものである。尉繚は二人存在している。魏恵王に政策を説いた尉繚と、秦の始皇帝に仕えた尉繚である。したがって、作者も「秦」の尉繚と「梁」の尉繚の二説がある。ともに魏の国の人であるため（始皇帝に仕えた尉繚は周の国の人とも魏の国の人ともいわれ、謎の多い人物である）、『尉繚子』が書かれたのは魏であるともいわれているが、一般には「秦」尉繚の作といわれている。

秦の始皇帝に仕えた尉繚は、秦が天下を統一する16年前に始皇帝（当時の名は政）を訪れ、諸国の対秦同盟を防ぐ策を説き、厚遇を受けたが王の人品を見て去ろうとするも、引き留められて軍事官に登用されたとされている。始皇帝を「山犬のような声」としたのは、この尉繚の評価である。

『漢書芸文志』によれば、『尉繚子』は元来は31篇あったとされているが、現在は24篇しか伝わっていない。人間本位の兵法書で、戦争は悪であり人間にとって好ましくないとしながらも、大義名分が明らかな場合は先制攻撃を主張している。

『尉繚子』を特徴づけるのは、訓令・規律・制度といった軍の組織運営に関わる部分の強調であり、7書の中でもとくに組織としての軍隊に注意を払っている。『孟子』『孫子』『呉子』『韓非子』などの文章をそのまま用いている部分も多く、冒頭で尉繚よりはるか以前の梁の恵王との問答形式を取っている（ただし『孟子』の流れを模しているなら、梁の恵王との問答形式は自然と見なせる）。銀雀山漢墓からも出土し、戦国兵家の思想を示す貴重な資料とされている。

『孫子』だけでなく『呉子』の影響も強く表れていて、賞罰と訓練重視に強調点が置かれ、精兵を作るのは法制としている。その精兵主義は、同じ精兵主義の『呉子』をも凌駕し、『孫子』や『六韜』はむろんのこと、『呉子』も重視する地形や自然についてほとんど考慮されず、合戦での勝利は精兵によるものとして、兵談篇では地形的弊害など障害にならないとしている。

刑罰については、現存24篇のうち、13篇重刑令、16篇束伍令、17篇経卒令、19篇将令、21篇兵教、24篇兵令などにまたがり、敵よりも上官を恐れるようにすることとの強調はマキァヴェリを彷彿させる。命令の絶対化を図るために、軍令の場合は、あとで過失がわかったとしても「小過は更むるなく、小疑は申ぬるなし」と述べられている。逆に部下が命令違反を犯した場合は、呉起の例を出しながら、たとえ軍功があっても処刑して軍令を徹底化すべきだと考えている。制度が重視され、「およそ兵は、制必ず先に定む。制定まれば則ち士乱れず」とする。

このように、『尉繚子』には全体的に法家思想が色濃く滲み出ている。しかしこうした法家思想的色合いにもかかわらず、政治的には老荘思想的に「太上は神化し」と述べられているし、徳治的な側面も見せている。そのためだけでもないだろうが、聖戦思想も強調されている。聖戦論は『司馬法』の特徴であるが、尉繚もまた聖戦論を述べている。

とくに興味深いのは、戦略理論家のテーマの1つである「戦争とは何か」「戦争目的は何か」に対する尉繚の意見で、戦争目的も聖戦に求めている。8篇「武議」では「故に兵は暴乱を誅し、不義を禁ずるゆえんなり」と述べられている。そして義戦であれば能動的に動くべきだとも述べている。これは『孫子』には見られない部分といえる。その半面、本質論も重視されており「曲げて勝つとは全きにあらざるなり」と、理由なき勝利に懐疑的である。

愚策も勝利すれば賢策と見なされることが多い。わが国の「戦史に学ぶパターン」はほとんど結果論の羅列であるが、さすがに尉繚は勝利の本質を見極めようとしている。これは「愚策も勝利すれば賢策と見なされる」ということを喚起させると同時に、「可能的作戦」の想定をする意味につながる。したがって奇兵の捉え方も本質論的である。また中国の兵法らしく、謀を重んじてもいる。この点では『孫子』などに近いものがある。

さらに、必勝の策をもってすれば「則ち敵国戦はずして服すべし」であり、また「戦ふに必ず勝たずんば、以て戦を言ふ可からず」と、基本は戦わずして屈しめすことを上兵としていることも中国兵法の特徴である。そして『孫子』同様に、戦うのであれば「ゆえに兵は、先づ此れに勝つを尊ぶ」と、勝利する状態を会戦前に作っておくべきことも力説されている。

経済の重視も『尉繚子』の特徴で、商業などに対する計画経済（戦時管理、資源配分→大戦略）により国を富ませることを強調している。「戦権篇」で戦いの法則性である「道」を究めることが説かれているのは社会科学的であり、多くの戦略論にも見られる特徴である。陣形などの記述も詳細にされている。また、勝利の方策を3種類に分けたり、天地人において最も重視すべきを人事に置いたり、古代の聖人の治世を引き合いに出したりと、かなりユニークである。そして、士卒の統制などは『孫子』に比べて具体的な内容を持っている。半面、『尉繚子』が具体的で記述が多いことは抽象性を失わせ、そのために普遍性を遠ざけている側面もある。

『黄石公三略』と『六韜』はともに周王朝を建国した太公望呂尚の兵書とされており、同じ太公望の兵法書ということで『六韜三略』とも呼ばれている。「太公望兵法」と呼ばれることもある。『六韜』は、内容や文献研究から魏時代以降約200年間の作と推定されている。韜とは弓や剣を入れる袋のことで、文韜、武韜、竜韜、虎韜、豹韜、犬韜の兵書6巻を意味しているのが『六韜』の名の由来である。前3篇は、政治との関連や戦略を、後の3篇は戦術論となっている。

有名な「虎の巻」という言葉は、虎韜の名から生まれた。『孫子』ほどの独創性はなく、『尉繚子』ほどの一貫性はない。太公望と文王・武王との問答形式を取っている。導入部では、釣り糸をたれた太公望のもとを文王が訪れる逸話が紹介されている。最初は君主のあるべき姿が描かれているが、興味深いのは、仁・義・忠・信・勇に加えて謀が君主の「六守」の中に加えられているることである。古代であるから大戦略と戦略が渾然一体化されていることもあるのであろう。謀は重視されており、15篇「文伐」では武力以外の方法での敵の妥当が述べられており、17篇「三疑」にも、武力戦以外の方法が紹介されている。

さらに49篇「少衆」では、戦争指導の中に外交的な要素も入れられている。同様な部分は『孫子』などにも見られており、しかも前述したように、毛沢東によっても「戦争は血を流す政治、政治は血を流さない戦争」と述べられているから、古代という時代性とともに中国兵学の特徴であるのかもしれない。国防問題は7篇の「守土」から論じられていく。自然の摂理を重視し、農業を商工業よりも重んじている。自然の摂理・法則に従うのが天命であり、そのままに支配するのが善政であり人々に幸福をもたらすが、それから逸脱すれば人心は乱れ、支配は失われるとされている。聖戦論がここから導かれているが、これは『司馬法』などよりもスムーズな形での導入のように思える。「兵は国の大事」のように『孫子』を受け継ぎ、『孫子』をより具体的に解説した部分が多い。

たとえば長期戦の愚を避けるために述べられた巧遅と拙速について、具体的な戦争での応用が述べられている。また奇策と正攻はともに無窮より生ずるとされている。19篇の「論将」から23篇までは将軍の資質についても論じられている。君主のあり方として「仁義忠信勇」、そして「謀（＝知恵）」、それらの根本には民を愛するということがあり、民心の団結を国防に結びつけている。天下の乱れは自然がもたらすものではなく、君主の能力によるものとしている。

伝統的な不戦思想は『六韜』でも強調されており、26篇「軍勢」において「上戦はともに戦ふなし。故に勝を白刃の間に争ふ者は良将に非ざるなり」と述べられている。組織と兵器を重視しているため、時代拘束性が強く、龍韜の幕僚組織のように現在は時代遅れになってしまった部分も大きい。

七書中、最も具体的な記述が多く、とくに33篇以降は様々な状況に応じた具体的対応策が詳細に述べられている。敵の陣中の音に対する注意、敵の強弱の見分け方、山地や平地、大軍との対峙などが続き、中には31篇「軍用」のように時代遅れとなってしまった例もあるが、34篇「必出」のように応用できる面も多い。また、武器に対する記述が多いことも特徴の一つである。残りの6書に比較すると騎馬の記述も多いようであり、このために成立年代が戦国時代との説も出ているほどである。たしかに『孫子』だけでなく、『韓非子』や『論語』の影響も見られているから、成立は太公望の時代よりもかなり後代なのかもしれない。

『六韜』が持つ具体性は時代的・地理的拘束により普遍性を失わしめすが、半面、その当時としてのマニュアルとしては有功性も高くなり、読み手に対しても親切であったろう。また古戦史の分析にはかなり有功であるように思える。

『黄石公三略』は高祖を助けて漢帝国を建国した軍師・張良が黄石公という不思議な老人から与えられた兵法書とのことと されているから、太公望の兵法を黄石公がまとめ、張良が実行したということになるのだろう。張良の謀の才能は、陳平とともに「平良」と呼ばれるもので、「帷幄のなかに謀をめぐらし、千里の外に勝利を決した」として漢建国の三傑の一人に数えられている。

上略、中略、下略の3篇で構成されており、内容的には『老子』の影響を受けている。上略、中略、下略の三部構成のために『三略』という名前になっている。自然の摂理と人間界とを重ね合わせて、その視点から秩序と法制とを眺め、国家論や君主のあるべき姿を論じている。全体的に老子の影響が強いように見える。軍事的記述は少ないが、戦争が定型をとらないことを指摘し、相手次第で対応を変える等の指摘は、毛沢東的である。補給と兵糧は詳細に記述され、自給原則の内政に関係するとされている。小利を捨て、入手したものに固執しないという態度は、地政学の要地のみ保守するということにつながる。

政治家の心得と軍事組織のあり方は、政治家の治世と戦争指導として考えられ、民心を摑み、人材を集めるということの強調（＝呉子）、君民一体を政道にてなすべきという主張が見られる。「上略」は待遇・報償、邪道の識別、成功と不成功について書かれていて、上略は一種の国家論より始まっている。「微を守らば、乃ちその生を保たん」と述べられており、微（＝文）を守り、徳化によって敵国も服従させられるという。「中略」は君主の徳行の差（＝司馬法）、権謀応変について、「下略」は道徳心の普及、国家安危の判定、賢者の活用の問題についての記述があり、自然の理法と人間とを重ね、その中で秩序と法制を眺め、国家論を構築するという点では司馬法に類似している。戦争における勝利は英雄の働きが大きいとされ、英雄を集める工夫が述べられてもいる。

『六韜』と重なるのは、将軍のあるべき姿についてである。さらに戦争を行う際、敵の食糧や軍需品の備蓄状況であるとされているのも特徴的である。そして世襲化された家臣による悪事について國奸と呼んでおり、政治の観点からの記述が続いていく。徳の高い政治への評価は中略でも強調されており、「地を廣むるを務むるものは荒み、徳を廣くするを務むるものは強し」とされている。

『李衛公問対』は、正式には『宋太宗李衛公問対』と呼ばれている。唐の皇帝・太宗が問いかけ、その臣下の名将・李靖が答える形式を取っている。李衛公とは李靖のことを指す。李靖は李勣とともに唐帝国の柱石といわれた名将である。はじめ隋に仕え、唐の高祖の挙兵を察知し、煬帝に通報しようとしたところを捕らえられ、危うく処刑されるところを太宗・李世民に認められ、許された。以降は太宗に忠誠を誓い、王世充、蕭銑ら隋末の群雄を討伐し、江南を平定して国内統一に尽力した。太宗の即位後は、突厥の討伐の総司令官として、その本拠を粉砕して、唐の西域支配の道を開き、また吐谷渾を討伐して西北辺の安泰と唐の版図拡大をもたらした。衛国公に封ぜられる。貞観の名臣の一人王珪は自らと比べて「才能は文武を兼ね、出《い》でては将軍となり、入りては宰相の任を立派にこなす点では李靖におよばない」と述べたといわれている。

しかし『孫子』研究の中にも見られたように、後世の偽書説はいずれの兵書においても存在している。『呉子』は、魏・晋・南北朝の時代に兵家の一派が著した偽書という説もあるが、『漢書芸文志』にも「呉子48篇」が記載されている。『尉繚子《うつりようし》』にも『孟子』『孫子』『呉子』『韓非子』の文言をそのまま載せている部分があるから、偽書説もある。『六韜』は、魏時代以降200年の間に作られたもの、『三略』は後漢時代〜隋時代までの間に成立したものではないか、とされているから、太公望よりはるかに後の時代の成立である。また『李衛公問対』は唐時代の図書目録『唐書芸文書』にも記載されておらず、やはり偽書とされているが、唐末〜宋時代の初頭にかけて李衛公の名に託して作られたという説が有力である。しかし、その半面、『六韜』『尉繚子』などは前漢前期の墓から出土しており、偽書か否かの結論は早急には出せないものである。

『孫子』との共通点

『孫子』を含めた「七書」において、とくに大きな共通点として「不戦思想」や「時の概念の欠如」はすべて一貫して流れている思想である。それは中国思想の特徴とさえいえるものかもしれない。同時に一度戦争になったら「拙速」とすべきことも、様々な文言で述べられていることである。これらは中国思想全般に見られる特徴であるとともに、『孫子』の存在が与えた影響ともいえる。

『孫子』は数ある兵法書の先頭に来るものであるから、残る兵法書には『孫子』抜きには語れず、『孫子』の延長上での「兵法」になってくる。すなわち『孫子』を受けていかに理論を発達させるかが、あるいは『孫子』の文言の具体的な解説、そして『孫子』に対する独自性といったもので特徴が語られるようになってくるのである。そうした視点で『孫子』で重視された内容、記述が各兵法書でどのように扱われているのかを見れば、興味深い考察ができる。

その最も普遍的な思想である不戦思想については、『六韜』では「軍勢」で「上戦はともに戦ふなし。故に勝を白刃の間に争ふ者は良将に非ざるなり」、『尉繚子』では「兵令」で「兵は凶器なり」、『司馬法』では「仁本」で「戦い好めば必ず滅ぶ」と多用な表現ながらも一貫していることがわかる。それでいて、一度戦争になったら拙速にすることの強調も『孫子』と同じである。

占いの弊害の指摘も差はあるが、共通している。『呉子』は一種利用する形を取っているが、戦いになったら口ださせず、『司馬法』はお告げの否定、『尉繚子』は「黄帝は人事のみ」、李靖は『尉繚子』を引用しながらも「詭道」として利用すべきであるとしている。

信賞必罰も差はあるが強調されている。『司馬法』には矛盾した記述もあるが、『呉子』は「進めば重賞あり、退けば重刑あり。これを行うに信をもってす」としている。しかし各兵法書も『尉繚子』に比べると信賞必罰内での比重は異なっている。たとえば、武侯が「刑を厳にして賞を明かにすれば、もって勝つに足るか」と問いかけると「しかりといえども恃むところにあらざるなり」と答え、部下が喜んで命令を聞くように「有功を挙げて、進めてこれを饗し、功なきこれを励ませ」と『呉子』にはある。対して『尉繚子』は、はるかに厳罰主義である。ところが李靖は厳罰よりも愛情を上位にしている。

　大軍のみに価値を置かないことは『呉子』や『六韜』に見られており、『呉子』には「法令明らかならず、賞罰信ならず、これに金するも止まらず、これに鼓するも進まずば、百萬ありといえども何ぞ用に益あらん」と。そして少数の兵が大軍を相手にする具体的な方法として平坦な野戦を避け、山岳地帯の狭隘地にて邀撃することを提唱する。とはいえ「暴寇の来る、必ずその強をおもんばかり、よく守って応ずるなかれ」と呉子にあり、基本的には孫子同様に数が多いことの利は認めている。

　各兵書の構成も含めて『孫子』との類似点を見ていくと、『呉子』の第五篇「応変」は、『孫子』の「正奇」に相当している。また、これは李靖の指摘ではあるが、「四機は気機を以て上とす」は「朝の気は鋭」と同じ意味となる。

『六韜』は実質上、『孫子』の解説書なので、類似点というよりも『孫子』文言の補足説明が多い。文言そのものを孫子からそっくり取り解説した部分もあり、将軍の資質として五材十過を論じた後に「兵は国の大事、存亡の道なり」「命は将に在り。将は国の輔」と続けるが、『尉繚子』の将軍の12条と比較してみると興味深い。

「兵を号して凶器と為し」は『孫子』における不戦思想につながり、以下、「之を用うるは機にあり、之を顕すは勢いに在り」は勢いの利用に、また「外は乱れて内は整い」は敵将釣り出す罠に、「全勝は闘わず、大兵は創つくるなし」は「完全な勝利は闘わずしての勝利」に、「軍中の事は、君の命を聞かず、皆、将より出ず」は「君命受けざるものなり」に、「将は大を誅するを以て威と為し、小を賞するを以て明と為し」は「信賞必罰」に、「奇正は無窮の源に発す」は「奇正」に、「兵徴」は「彼を知る」に、「騎に十勝・九敗」は「鋭気を避け、その惰・帰を撃つ」に、各々つながる。

とくに「善く戦う者は、軍を張るを待たず。善く患を除く者は、未だ生ぜざるに理む。敵に勝つ者は、形無きに勝つ。上戦は与に戦うなし」は「上兵は謀を伐つ」につながるが、そこからさらに武力以外の敵の討伐法（文伐）を具体的に12種類列挙（用間篇の要素も）している。この12条が完成したら武力戦を行なってもいいわけで、戦う前に勝利する体勢につながる。

『三略』では、「戦うこと風の発するが如く、攻むること河の決するが如し」が勢いの利用に、「将は国の命」は将軍は国の宝につながり、さらに将軍の資質を軍識を引用して箇条書きにしている。その中でも「能く国俗を知り、能く山川を図し、能く険難を表し」と強調し、「必ず先ず敵状を察し、其の倉庫を視、其の糧食を図り、其の強弱をトし」は「彼を知る」の具体的な例である。

『尉繚子』においても戦争は悪と見られ、「富みて治まる者は、兵、刃を発せず～威、天下を制す」という君主による勝利、「道を以て勝つあり」、そして政治による勝利が、いずれともに不戦屈敵となっている。また「兵を治むる者は、地に秘するが若く、天にはるかな若く」は「九地の下に蔵れ」「九天の上を動く」に近い表現であり、「患い百里の内にあれば、1日の師を起こさず」は、遠征距離から拙速を述べたもので、『呉子』にもつながる。

「勝を見れば則ち興ち」「兵は、先づ此れに勝つを尊ぶ」は、勝利した状態で戦うということ、「則ち敵国戦はずして服すべし」と「戦ふに必ず勝たずんば、以て戦を言ふ可からず」は「戦わずして人の兵を屈する」に近い。そして国力が充実して政治が安定していれば軍を使わずとも勝てるということで「国富み、民多くして制あれば、則ち国治まる。富みて治まる者は、兵、刃を発せず、甲、睾を出でずして、而も威、天下を制す。故に曰わく、兵、朝廷に勝つ」と書いている。「重き者は山の如く林の如く、江の如く、河の如し」は『孫子』「軍争篇」を意識しているように見える。「戦いで必ず勝たずんば、以って戦いを言うべからず」は、勝利する戦いについては当たり前のように勝つ、「将兵は水に似たり」は、『孫子』同様に水のたとえを使っている。また信賞必罰と賞罰の公正さは『孫子』以上である。

『司馬法』では、「戦いは権なり」は「詭道」とほぼ同じ意味である。「財を豊かにするは敵に因る」は、五慮で補給よりも財政の意味であるから力点は違うが、「知将は務めて敵に食む」を彷彿させる。「密静にして内力多し」は、『孫子』「軍争篇」に近い。「寡を用うるは固く、衆を用うるには治む」も力点は違うが、兵力の大小による戦い方であり、「奔るを追うこと遠からず」は、李靖によれば「堂々の陣を撃つことなく」はとなる。

『李衛公問対』では、『孫子』の論評に多くがさかれ、『孫子』の真髄については、太宗が「孫武十三篇は虚実に出るはなし、それ兵を用いて虚実の勢を識れば、則ち勝たざるはなし」と語っている。

李靖は虚実の前段として奇正を知るべきと指摘し、「奇をもって正となし、正をもって奇となすを知らず、かつ安んぞ虚はこれ実にして、実はこれ虚なるを知らんや」「戦の勢は奇正に過ぎず、奇正の変、勝げて窮むべからず」と述べているが、これは奇正2種しかなくとも組み合わせは無限にあるということになる。また「分合の出づる所、ただ孫武これを能くす」とし、分散集中については孫子が最高と絶賛している。「前代の戦闘は、多くはこれ少術を以てして無術に勝ち、片善を以てして無善に勝つ」は、「算多きは算少なきに勝つ」ということで、同時に『尉繚子』の「曲げて勝つ」の注意にも通じる。旗や金鼓《きんこ》についてては『春秋左氏伝』から引用、異民族と漢民族の合同的な戦い方に「無形に至る」を見て、さらに奇正をつなげ、陰陽も奇正と見なして、正は山の如し、奇は雷の如しとする。陣形のところで、「その勢は険、その節は短なり」、歩行では「地は度を生じ、度は量を生じ、量は数を生じ、数は称を生じ、称は勝を生ず」と語らせている。そして主導権（「主客の勢」）について、「遠く輸れば、則ち百姓貧し」、「糧は敵に因る」とつなげ、不戦に対して、戦いを欲するならば「善く敵を動かす者は、これに形すれば、敵必ずこれに従い、これに予《ため》うれば、敵必ずこれを取る。利を以てこれを動かし、卒を以てこれを待つ」としている。

さらに『孫子』を抜かした七書では、『孫子』で述べられていることの解釈や発展的説明も試みられている。

『孫子』解釈とその発展

訓令を強化することは『呉子』や『尉繚子』が重視するところであるから、孫子伝の女官の話は全面的に首肯するところであろう。また『呉子』の「敵の必ず撃つべきの道」、『六韜』の「十四変」、『尉繚子』の「威、天下に加うるに」は、孫子の行軍篇の詳細化に近い。他に、各兵書での『孫子』各文言の解説や詳細化を見ていくと、以下のようになる。

『呉子』は内政の重要性を指摘しているが、この徳治の強調は『呉子』以降の傾向である。「必ず先づ百姓を教へて、しかして萬民に親む」とか「国に和せざれば、もって軍を出すべからず」

とか『呉子』には記されているから、クラウゼヴィッツの三位一体を先取りしている。しかし「国に和せざれば、以て軍を出すべからず」という記述からも明白なように、『孫子』の「道とは、民をして上と意を同じうせしむるなり」と同じ根をもっている。根本には、安定した国こそが戦争に勝利するということであろうか。謀についての定義、戦争の分類、戦争原因、軍の性質、敵国、敵将、さらに相手や場所、国民性に応じた戦い方などの分類が詳細にわたっているのも『呉子』の特質である。それに従って対応策が具体的になっている。

『呉子』では撤退と進撃の条件、自国の状態についての記述も多いが、これは「彼を知り、己を知れば」の具体的説明ともいえる。「攻城」についても「国を全うする」に近い意味合いがあり、『司馬法』にも通じるものがある。『司馬法』では「罪人の地に入りて、神祇を暴するところなかれ、田猟を行ふなかれ、土功をこぼつなかれ、牆屋《しゅうおく》を焼くなかれ、林木を伐るなかれ、六畜、穀物、器械を取るなかれ、その老若をみては奉帰して傷ふなかれ、壮者に遇ふといえども、較せざれば敵することなかれ、敵もしこれを傷つければ医薬してこれを帰せ」と記されているからである。これは、心の支配を重視する毛沢東に通ずる思想である。

また、「四機」の中でも「気機を以て上とす」は「朝の気は鋭」と同じことである。また『呉子』の全体構成上、第5篇「応変」が「正奇」に相当しているなど、『孫子』との相関性のようなものが窺える。しかし、それでも『呉子』は、最も独自性を有しているといえる。逆に、『六韜』と『李衛公問対』とは『孫子』の解説書としての側面が大きい。

『六韜』も内政と国防との関係を述べており、『呉子』とも同じ見解である。『孫子』の文言を具体的に解説した部分は他の七書よりも多く見られている。たとえば、金鼓・旌旗については詳細に分類して解説を試みている。分類の細かさは『六韜』の特徴の1つでもあり、「虎韜」と「豹韜」では、各条件下の戦い方を述べ、「犬韜」では武器についても解説している。『孫子』に比べて、具体的政策や対応策も多い。選将のための問いかけや敵の強弱を知る法が「兵徴」として述べられている。さらに「高地に陣する」理由なども解説しており、『孫子』の抽象的な記述をだいぶ補っている。

『三略』は兵法書といっても、実際の軍事的記述は少なく、人間の求心力の高め方や、組織の人材活用で具体的記述が多い。『三略』を『孫子』との関係でいえば、指揮官のあり方についての解説がある。「士衆欲一（士衆一ならんことを欲し）」「将謀密則好心閉（将の謀密ならんことを欲す）」などは、将のあり方を具体的に述べているともいえる。

『尉繚子』は、戦わずして勝つを具体的に解説した部分がある。また「天の利、地の利、人の和」の優先順位がつけられており、人が最上位（人事）となっている。「権敵」（敵を権り）、「五者先料敵而後是動」（五つは、先ず敵を料りて後に動く）が、『尉繚子』における「彼を知り」である。また「衆夜撃者驚（衆、夜撃つは驚くな）」は、敵状の具体的測り方であり、『孫子』における「鳥、起つ者は伏なり」に近い表現である。金鼓鈴旗については、具体的な使用法を示している。奇兵の捉え方は本質論的で、通常は正兵に始まり奇兵に終わるとされているが、その定石にとらわれないことにより奇兵は奇兵たりうると考えている。

『司馬法』では『孫子』「勢」の補完のように、具体的な志気の高め方が「書親絶（書親絶つ）」、「良を選び兵を次す」と述べられている。「彼を知り」に該当するものは、「およそ戦いは、衆寡以てその変を観」や「およそ戦いは、衆寡以てその変を観」である。この部分は、慎重さにもつながっており、「およそ奔るを追うに息むことなかれ」とも述べられている。構成上、『司馬法』における「勝心」と「畏心」、「王道」と「権道」の組み合わせが、『孫子』における「奇正」、「虚実」と類似している。「およそ戦いは、風を背にし、高きを背にし」では守勢重視の布陣が述べられており、やはり『孫子』の具体的解説ともなっている。

『孫子』を第一等に評価し、様々に論評している『李衛公問対』では、奇正、虚実、攻守を詳細に論じている。『司馬法』も、組み合わせを好む傾向は見られるが、『李衛公問対』では具体的な解説も多く、「正を先にし奇を後にす」は「前向を以て正となし、後却を以て奇となす」と述べて、わざと後退して罠にかけると解説する。またそれ以外にも、奇正について、「大衆の合する所を正となし、将の自ら出だす所を奇となす」という解釈も見せている。各兵書には奇正の組み合わせが時々登場している。

興味深いことに、『李衛公問対』は、「奇正の相性ずること、循環の端なきが如し」「奇正の別を分かたんや」など多くの文面が割かれている。ところが「分合の出づる所、ただ孫武これを能くす」と述べていて、前述のように分散集中は孫子が最高と評価しながらも、奇正に直接は結びつかないと指摘もしている。

『李衛公問対』では『呉子』の評価は低く、『呉子』は奇正ではないと指摘する。『呉子』に濃厚に見られる訓練は正のみであるという。「前代の戦闘、多くはこれ小術を以てして無術に勝ち、片善を以てして無善に勝つ」とは「算多きは算少なきに勝つ」ということであり、『尉繚子』で述べられている「曲げて勝つ」に通じる部分であろう。また諸葛孔明の八陣は、もともとが一つの陣であったのを、便宜上の区分で分けたのにすぎないこと、六花陣は、この八陣に基づいたもので、「内円外方」であるとみなしている。『李衛公問対』では、太公望の『謀』81篇、『言』71篇、『兵』85篇の三門、漢の任宏が権謀・形勢・陰陽・技巧の4つに分類した四種（三門四種）を評価し、『六韜』、『三略』、『司馬法』、そして『孫子』以上の評価を与えている。

なお、『李衛公問対』の『孫子』への高い評価は、太宗のいうような「朕、諸兵法書を観るに孫武に出づるはなし」という兵書としての評価に加え、孫武の実践面での評価もあるようである。『李衛公問対』の将の評価は、「道を知る、天地を知る、将士を知る」という3種類の区分でみており、道を知る者として、張良、范蠡、孫武の3名を挙げ、功を成し遂げた後、現世への関心を断って身を隠す、これは道を知る者の態度と最大級の評価を与え、続いて楽毅、管仲、孔明は、「天の時」「地の利」を把握し、戦えば必ず勝利したとし、さらに王猛、謝安は人材を登用し、よく国を守った将法の達人とされている。

兵法を自分の生き方に応用し、人生にも兵法を応用して天寿を全うしたことが高く評価されるのは、13回も『孫子』を読了しながらも、君命を受けて戦死した楠木正成が名将として評価されることとの対照となっている。

『孫子』との相違点

しかし、各兵書には『孫子』との相違点や強調点の違いも出ている。

分類の詳細さと具体策という点で『呉子』は実用的である。そのために、抽象的でない半面、普遍性を欠くきらいがある。また、『呉子』以降の傾向として「聖戦論」が現れている。これは徳治の延長線上に現れているのかもしれない。『三略』と『司馬法』ではとくに顕著になっていて、『三略』では「義を以て不義を誅するは~其の克つこと必せり」、『尉繚子』では「およそ義を挟みて戦う者は、我より起こすことを貴ぶ」、さらに戦争目的も「故に兵は暴乱を誅し、不義を禁ずるゆえんなり」とされ、「戦いを以て戦いを止むれば、戦うと雖も可なり」と愛民の不戦思想に連動、そして『司馬法』では「義を相守れば、則ち人勉む」となっている。ちなみに『六韜』は自然の摂理の逸脱から説明している。

『六韜』では太宗が聞いたように、「丘陵険阻に依る」と「丘墓故城には兵処るべからず」とする『孫子』とは正反対の主張をしている部分がある。これについて、李靖の解釈では、戦車や騎兵で戦うのと大軍で戦う違いということになっている。『尉繚子』は場所の不利にもかかわらず勝利する含みがあり、『孫子』のみならず、『呉子』『六韜』とも見解を異にしている。

『尉繚子』では場所の不利にもかかわらず勝利するということが前面に出ていて、『孫子』だけでなく、『呉子』や『六韜』とも違っている。大軍を自在に動かすのは法制であることも『孫子』、『六韜』と違っている。たしかに『孫子』も規律や法制は重視しているが、金鼓・旌旗《せいき》も強調しているし、それ以上に「死地」に入れるなど「詭道」の側面が存在している。逆に『尉繚子』も伝令として金・鼓・旗・鈴を挙げてはいるが、各々の強調点の強弱が違っている。

また『尉繚子』は、軍規と訓練への比重が高すぎるため、『孫子』『呉子』『六韜』ほどには地形や自然を重視していない。それでも敵状や領土や城の条件は調べているが、やはり強調点の強弱は異なったものになっている。「虚実」も異なった意味で捉えられている。すなわち「虚、実、秘は、兵の体なり（虚実秘者兵体也）」とされており、むしろ「彼を知る」の側面が強いように見える。具体的侵攻作戦として、交通網の観点、都市の孤立化、そしてスピードなどが『孫子』に見られぬ点である。

『司馬法』では「天・地・人」に代わって、戦いの条件として「天・財・善」が登場している。「天」とはタイミング、「財」とは生活保障のことで、『尉繚子』なども強調した点である。「善」とは訓練と準備のことで、『尉繚子』『六韜』とも類似している。軍法を七区分し、その中に身分制を服装で表す、また「その国を攻めてその民を愛すれば、これを攻むるも可なり」も『孫子』に見られぬ点である。

『孫子』を第一級の兵法書として評価する『李衛公問対』ではさすがに『孫子』そのものへの批判や相違点は見出せないが、代わりに曹操の問題点を指摘している。曹操はあえて「奇正」を知らせないようにしているとして、「新書は諸将に授くるゆえんのみ、奇正の本法にあらず」と述べられている（「新書」については216ページに後述）。また『孫子』が「用間」を重んじているのに対して、「用間最為下策」と述べている。「兵卒制あれば、庸将と雖もいまだ敗れず」は、後のナポレオンの言葉と比較すると興味深い。

なお、その後の『孫子』の応用、とくに戦争の進化に合わせての修正は停滞気味とはいえる。実戦において2000年以上も前の書物内容がそのまま有効であるはずがない。にもかかわらず文面通りの表面的な内容を実施すれば、有効性の欠如に遭遇することは必然である。

それに対して、内容をより深く理解して応用させたのが、近代においては毛沢東である。毛沢東は『持久戦論』の中で「戦争は、他のどんな社会現象にもまして、見通しを立てにくいものだ。（中略）しかし、戦争も人間の思い及ばぬ神秘なものではなく、やはりそれなりの法則性をもつ社会現象である。したがって、孫子の彼を知り、己を知れば百戦殆うからずという命題は、やはり科学的な真理といってよい」と述べている。ただし毛沢東にはクラウゼヴィッツの影響も大きく、とくにゲリラ戦はクラウゼヴィッツの国民総武装の延長線上にあると見ても支障はないと思える。一般に毛沢東に『孫子』の影響を見ることには否定的な見解も多い。

『孫子』と『戦争論』

兵家である孫子は勝つことを重んじるが、同時に『孫子』は、戦争を嫌う。戦争があるのは、戦争目的があるから、だから相手の戦争目的を喪失させる、それが無理なら戦争計画を破壊する、そうして「戦わずして、人の兵を屈する」。そのためには本質から物事を見つめ直す、そこから逆算して解決法を考えるという手法も存在する。

孫呉と称される『孫子』と『呉子』であるが、各々の評価は一律ではなく、『孫子』は『李衛公問対』に代表されるように中国では高い評価ながら、日本では嫌われることも多く、『闘戦経』などでの評価は低い。逆に『闘戦経』では『呉子』が高く評価されている。

近代ヨーロッパにおいては、カール・フォン・クラウゼヴィッツの『戦争論』が不動の地位を占めていた。

『孫子』は小国の生き残りを第一とし、勝利が疲弊をもたらし、敗北につながることさえあるのを危惧し、勝利の程度もほどほどで考えているのに対して、『戦争論』が書かれたのはナポレオン戦争時代で、クラウゼヴィッツは決戦によって敵兵力を殲滅《せんめつ》し、自分の政治要求を押しつけるナポレオンの手法を目の当たりにしていた。

『孫子』も『戦争論』も哲学的で思索的であるが、孫子は戦争の要素を抽出しているのに対し、クラウゼヴィッツが戦争の本質は何かを問いかけ分析している。古代に生きた孫子に対し、クラウゼヴィッツは近代の人で、分業の発達を受けて戦略と戦術の区分を定義している。『孫子』は抽象的だが、『戦争論』は具体的で理路整然としている。『孫子』は平易な文体で短いが、『戦争論』はドイツ観念論の流れを汲んで難解な文体で、しかも長文である。内容的にも「戦わずして人の兵を屈する」『孫子』と決戦をもいとわない『戦争論』、情報重視の『孫子』と「戦場の霧」に代表される情報観の『戦争論』、兵数の大小に関する『孫子』と『戦争論』の記述の違いなど、相違点が多々見られる。

東の『孫子』、西の『戦争論』と、ともに普遍性を有した戦略論の王者といえるが、その評価については識者によって差が生じている。

クラウゼヴィッツの権威に対抗するために、バジル・リデルハートは『孫子』を高く評価したが、それは戦略と戦術に特化されており、直接、正面衝突する戦闘よりも、相手が心理的な敗北感に陥るよう仕向けるという名高い「間接的アプローチ」という心理的な勝利方法を提唱する。これは「戦わずして、人の兵を屈する」につながっている。

『サンデー・タイムズ』の元記者ジェイムズ・アダムスも、『孫子』を高く評価する者の一人である。アダムスは『21世紀の戦争』の中で「彼を知り、己を知れば」を取り上げ、「戦時において、あらゆる指導者の直面する課題をこれほど簡潔明瞭に表した言葉はない。孫子の言葉、『知る』や『知らず』は情報の知識と理解しているという概念にそのまま当てはまる。軍のアナリストは常にこの前提から出発し、新しい能力や技術が登場しても、さらにそれを包含する形でこの前提に立ち戻ってきた」「情報戦と取り組むためには、孫子の言葉がいまもそのまま当てはまる」

と絶賛する一方で、「クラウゼヴィッツの戦争論については、現代に当てはまらない例が多い」と評している。

一方、『孫子』とは名指しはしていないものの、中国の兵書に低い評価を下す者としては、ジョージタウン大学戦略国際問題研究所のエドワード・ルトワックがいる。インタビューでルトワックは、「中国には膨大な戦略文献が残されていますが、不運なことに、そうした貴重な遺産は、今の国際環境ではとても使えるものではありません。それは古すぎるからではなく、同じ中国文化を共有する者にしか有効ではないからです。つまり、自分とは考えが異なる相手（他国）が何を考え、どう反応するのかという戦略の論理が中国人には理解できない」と述べている。

両者の整合性を図ろうとする試みもあり、米国海軍戦略大学教授マイケル・ハンデルは、対立しているように見える『孫子』と『戦争論』について、「二つの表面的には異なって見える戦略研究が、実際には基礎的な戦略論理がしばしば同じであったり、一般的な戦争に対する東洋と西洋のアプローチの『論理』や『理性的な計算』には実は共通点がある」「比較されるべきは、体系、方法論と文体、戦略的な政策の確立および戦争に至る決心の最優先政策のあり方、そして政治的リーダーの責任と野戦指揮官の責任の比較分析」と述べ、差異と見えるのは視点と立ち位置の違いにすぎないこと、『孫子』が政治的リーダー、『戦争論』野戦指揮官に近い位置にあり、孫子は戦争において比較的上部の政治的側面から発言することが多いのに対して、クラウゼヴィッツは戦争において、より下部の局面である戦場からの考察が多く、そのために一見異なったことをいっているように見えるだけと結論づけている。

また戦前に武藤章は『戦争論』にその原理を究め、『孫子』に応用の妙諦を得ることが必要であると論じたが、これはなかなかの慧眼である。『孫子』と『戦争論』の別な形での整合性は、平清盛という一個人による「平治の乱」鎮圧の中に見事に融合している。それはクラウゼヴィッツが考えているように、政治とその延長線上の戦争という流れで理路整然と進みながら、同時に『孫子』の言葉が各局面で適合する、という形を取っていた。

『孫子』とナポレオン

ナポレオン・ボナパルトが『孫子』を読んでいたというのは、一時期は中国の事典にさえ載っていたほどに流布した話であるが、今日ではほぼ否定されている。ヨーロッパに『孫子』が伝わったの自体は、1722年にイエズス会宣教師の一人ジョセフ・マリー・アミオ（銭徳明）がフランス語で出版したのが最初といわれているが、ナポレオンが読んだという記録は、どの正史にも載っていない。1922年に、フランス軍のショレ大佐が著書に載せたのが初めてだといわれている。

実際に平成21年（2009年）に『皇帝ナポレオンのすべて』（新人物往来社）の中で「ナポレオンは名将か？凡将か？　ヨーロッパの風雲児を『孫子』で切る」と題してナポレオンの戦い方を検証したことがあるが、ナポレオンの戦い方には『孫子』の影響はあまり見られない。

ナポレオンの勝率は50戦中38勝12敗と、「戦上手」と呼ばれる人達の中で見れば決して高くもない。では、戦い方にどんな特徴があるのかを『孫子』というツールで分析してみたものである。

ナポレオンが『孫子』を読んでいたというのは、カイザー・ヴィルヘルム二世が敗戦の後に『孫子』を知ったことを悔やんだという話とならぶ逸話である。史実として、本当に読んでいたのかどうかは別にして、ナポレオンの軍事行動や戦争観から類推すると、読んでいなかった、あるいは読んでいても拾い読み程度で、『孫子』全般についての理解度は低いといえる。

まず『孫子』の優等生の武田信玄と比較してみた。

これは『孫子』をよく理解した「名将」と比較すれば明らかである。『孫子』の優等生・武田信玄は極力戦闘を避けながら「戦わずして勝つ」ことを心がけている。未曾有の高い勝率を誇る上杉謙信は「天才的戦術家であるが、戦略はなかった」という評価がなされることが多いのだが、それは「善く戦う者の勝つや、知名も無く勇功も無し」(『孫子』「軍形篇」)そのもので、戦略が見事にカムフラージュされて覆い隠されているからであり、実際には戦いの前に毘沙門堂に籠《こも》り、戦略を練りに練り抜いた。閃きによる戦術は最後の詰めの戦闘段階で使われるにすぎない。2人ともナポレオンとは対称的である。

最も駄目なのは、国の指導者としてのナポレオンである、として「『孫子』の中でも大戦略(国レベルの戦争指導)に関わる最初の3章『始計篇』『作戦篇』『謀攻篇』はナポレオンには片鱗も見えない。それどころか「百戦百勝は善の善なる者に非ざるなり。戦わずして人の兵を屈するは、善の善なる者なり(『孫子』「謀攻篇」)」「善く兵を用うる者は、人の兵を屈し、而も戦うに非ざるなり(『孫子』「謀攻篇」)」を強調する孫子に対して、ナポレオンはひたすら戦闘を追い求め、モスクワ遠征のときなどは「我が戦役の全計画は会戦にあり」とまで言い切っている。これはクラウゼヴィッツが「狭義」として限定した戦略の定義に一致しているが、あくまで「狭義」にすぎず、孫子とは相反するものになっている。

同時代の人物で、戦争に対する考え方では「戦争はできるだけその期間を短くするために、あらゆる手段を尽くすべきだ」と述べたカール大公のほうが、孫子の本義を的確に理解している。ナポレオンの戦いでは、「ウルムの戦い」に軍事戦略にあたる「虚実篇」と戦術にあたる「軍争篇」の該当箇所がありそうなぐらいである。もちろん、最も普遍性の高い戦略書『孫子』であるから、年中戦争をしていれば1つ2つは該当することもあるが、その程度である。

ここで大きな疑問として、クラウゼヴィッツがなぜナポレオンを評価したのかということが浮上する。「では孫子的視点では低い評価にしかならないナポレオンを、『孫子』と並ぶ普遍的書物『戦争論』の中で、クラウゼヴィッツはなぜ評価したのだろうか。これは孫子とクラウゼヴィッツとジョミニの整合性を試みた米国海軍大学教授マイケル・ハンデルの示唆が参考になる。「孫子が主として、最も高い戦略レベルにおける戦争の遂行に関心を示しているのに対して、クラウゼヴィッツは、より低いレベルの戦略／作戦的な戦闘に焦点を当てている」。つまり孫子が多くは「戦争」遂行の観点から眺めているのに対し、クラウゼヴィッツは戦場により近い位置での分析を中心にしている。ナポレオンの高い評価は、戦術と、せいぜい軍事戦略レベルにおけるものなのである。戦術分析は、戦前に石原莞爾と伊藤政之助が行なっているが、たしかに戦術家としてのナポレオンまでも否定するのは困難である。

しかし、詳細に検討していけば、勝利した戦いにも、「ボロジノの戦い」「ワグラムの戦い」

「リュッツエンの戦い」「グロースの戦い」「グロッシェンの戦い」「バウツェンの戦い」など問題を含んでいるものが意外に多いように見える。とくに「マレンゴの戦い」は、『孫子』とはあまりにかけ離れている。これは源義経などにも該当するが、愚策も勝利すれば賢策とみされるが、勝利したから作戦そのものが正しいとみなすのは危険である。

「ウルムの戦い」とともに、半ばこじつけて『孫子』と結びつけられているのが、遠征軍における兵糧調達である。

よく孫子的なるものとして誤解されているのは、フランス革命戦争がもたらした略奪による現地調達方式である。『孫子』はたしかに『智将は務めて敵に食む（『孫子』「作戦篇」）』と述べているのだが、一種の理想論として述べているのであって略奪を奨励しているわけではない。もちろんナポレオンも略奪のみに頼っていたわけではないが、戦争目的が『国を全うする（『孫子』「謀攻篇」）』とすれば、略奪は致命的な失策となる。戦場における分散離合も『孫子』的とされているが、ナポレオンは、しばしば戦場に到着する直前にそれを行なっており、『戦いてしかる後に勝ちを求む（『孫子』「軍形篇」）』となっている。

結局のところ、ナポレオンの成功は『孫子』とは別次元のところで形成されていたとみるべきである。それでもナポレオンが勝ち続けることが可能であったのは、フランス革命の成果を一手にしていたからである。ナショナリズムが生み出した安価で命知らずの大軍がナポレオンに与えられ、少ない制約で思うがままに行動できた。ところがナポレオンが戦った相手は制約を幾重にも課せられていたのである。ナポレオンほど有利な条件、つまりナショナリズムと国民軍などもたなくともウイーン防衛の制約をはずされたカール大公は「アスペルンの戦い」でナポレオンを破り、モスクワ防衛の制約をはずされたクトゥゾフはナポレオンを全滅一歩手前まで追いつめている。ナポレオンのライバル達は、手持ちの兵にすら制約が多かったが、ナポレオンは頭に思い浮かぶ作戦を実施可能であった。たとえば「アウステルリッツの戦い」は機動力と突撃力がなければ不可能な戦術で、見事である半面、かなりきわどいものがあった。これはナポレオンが率いていたのがフランス国民軍であったから可能であったとみなすべきではないか。「リュッツエンの戦い」でも中央を攻撃しているが、急遽集めた新兵であったためにうまく事は進まなかった。

第四章

日本における『孫子』の受容

戦略論のない日本

かつて、日本人には戦略的思考がないという問題提起がされ、いわゆる戦略論争と呼ばれるものが起こったことがある。もちろん、戦国時代や南北朝時代を学んだ者なら、日本人が戦略的思考ができないという意見を一笑に付すことだろう。しかし現代の日本に戦略的思考がないのも事実である。

現代の日本に、なぜ戦略的思考がないのかは、太古の時代より『孫子』を受容していた日本の歴史を概観することで理解できるのではないか。少なくとも問題の原因と起源は推察できるのではないか。それは日本では、どのように『孫子』を受け入れたか、そのどこに問題があったかを考察することでひもとくという作業ともなっていくのだろう。そして、それは日本に独自の戦略書が見当たらないのとも連動しているのではないか。

日本に戦略家や戦略理論家が記した独自の戦略理論書がなかったと言い切れば、当然のこと、マニアックな批判が出てくるかもしれない。もちろん毛利元就が書き写した『篇目四十二ヶ条兵法秘術一巻書』を戦略書だといったりすれば、一流の戦略理論家からは爆笑されるだろう。

しかし戦国武将の中には、独自の戦略書を書いた者もいる。曰く、斎藤道三の「齋藤山城守五十箇条」があるではないか。曰く、毛利元就は戦略ではないか、政略書は著しているではないか、「毛利家有由緒秘伝」はどうだ。曰く、島津家文書には、多くの兵書がある、「島津家伝来軍術書」「島津光久兵法伝書」、さらには「軍敗八陣図」「唐流兵道一騎当千軍記事」「刑罰治国慮理撫民武用記」、はては「能島村上家累代の秘術　一子相伝の兵法書」『訓閲集』『要害之大事』等々。

中には、安藤水軍の兵法のように「よきに進み悪しきに当たり手は退き、人名のいたずらに無益に散ずるべからず」とか「知謀は一兵にして千騎を果たすと心得て心を磨くべし」というような愚かな精神主義とは異なったものすらある。

しかし内容はさておき、それらすら一般人が目にすることができるものではなく、秘伝の書であることが多い。少なくとも市販され、一般に流通するというものではない。中には一度も市販されなかったものも多い。漢時代に182種、さらに各時代に多くの兵書が出ている中国や、古典古代時代との断絶はあるものの、マキァヴェリ以来数百年以上も戦略書を生み出してきた欧米とでは比較にならない。では、なぜ日本に独自の戦略書が見当たらないのか。その謎解きも含めて、日本における『孫子』需要の歴史を概観してみたい。

『孫子』の登場

今日の定説では、『孫子』が日本に入ってきたのは奈良時代とされている。日本に『孫子』を初めて伝来させたのは奈良時代の吉備真備といわれているが、『日本書紀』によるとそれ以前に百済人によって伝えられていたらしい。『日本書紀』には、神宮皇后の新羅出兵のときに「金鼓節なく、旌旗錯ひ乱れむときは、士卒整はず」と『孫子』の文言が見られるのであるが、『孫子』が伝わった経緯は明白ではない。それに対して、真備の場合は、かなり明確に事態がわかっている。

真備は太宰府で『孫子』「九地篇」の講義を行なったとされている。真備はこのとき『孫子』「九地篇」とともに「孔明八陣」も講義したとされている。この講義の背景には、朝廷における藤原仲麻呂の勢力拡張が関係していたようである。後に真備は、「藤原仲麻呂の乱」を鎮圧している。

初めて日本に流入してから、長らくの間、『孫子』はごく一部の人だけが読めるもので、門外不出の扱いを受けることも多かったようである。時代が下って、平安時代、源義家が「前9年の役」から帰った時、大江匡房に「好漢惜むらくは兵法を知らず」といわれて、時の白河天皇に懇願して大江家の秘書とされていた「孫子」を伝授され、「後3年の役」で『孫子』「行軍篇」は中の「鳥起者伏也」を思い出して敵の伏兵の難を免れたというのは『陸奥話記』に載っている有名な話である。しかし、「後三年の役」での合戦の経緯を見てみれば、義家には「始計篇」の「五事七計」の認識はまったくないようであり、「孫子」の何を学んだのか疑問である。

平安時代末期には平清盛の積極的な貿易政策もあって、宋の文物が大量に流入した。清盛が輸入した書物の中には『大平御覧』がある。『大平御覧』には『孫子』が掲載されていた。平家一門は大陸からの知識習得にも熱心であったが、平家が集団戦法を好み、戦略や戦術を駆使したこととと無縁ではないかもしれない。

太平の鎌倉時代を通じて、徐々に『孫子』の存在は認識されていったようで、鎌倉時代の初め頃に成立した『平家物語』には、ほとんど登場しなかった兵書の名は、鎌倉時代の後半に完成したといわれる『源平盛衰記』にはかなり見られるようになっている。ただし『闘戦経』が成立したのも鎌倉時代であった。『闘戦経』は戦略論というよりも、武道書の趣がある内容で、『孫子』13編が低く評価されているのに対して、呉起は高く評価されている。これは日本的というよりも、鎌倉時代が個人の武芸を重んじて、集団戦を嫌っていたことに関係があるように思われる。

鎌倉時代～室町時代にかけては『孫子』よりも『六韜』『三略』の名のほうが普及していたようである。『六韜』『三略』は、太公望の兵書とされていたから、時代的に『孫子』よりも古く、『六韜』などに載っている文言を『孫子』が使っていたと認識されていた。したがって『六韜』がオリジナルで、『孫子』は、その派生に過ぎないと思われていたのである。あくまで伝説にすぎないが『義経記』の中で、源義経が学んだのも『六韜』とされている。朝倉宗滴や毛利元就についても学んだのは『六韜』『三略』だったようである。元就が述べた「唐の兵書に曰わく。合戦は謀多きが勝ち、少なきが負け」の「唐の兵書」は『六韜』のことである。

北条早雲（宗端）が兵法『三略』の冒頭にある「夫れ主将の法、務めて英雄の心」との講義を聴き、すでに知っているから無用と述べたのは有名である。なお、『甲陽軍艦』はその逸話を批判している。朝倉孝景は『司馬法』とともに『六韜三略』を学んだといわれている。また『太平記』にも黄石公、張良、太公望などの名とともに兵法の言葉が引用されていることが多い。これは江戸時代以前には兵書などが特定の家に秘伝として伝わり、門外不出だったこととも関係があるようである。なお「風林火山」は北畠氏も使用したようである。

『太平記』などからも、室町時代にはある程度『孫子』の存在は認知され、それなりに読まれ始めていたことはわかる。北条早雲と『三略』に似た話が、『孫子』についても伝わっている。関東管領の地位を山内上杉家と争っていた扇谷上杉家の上杉定正は、延徳元年（１４８９年）に、養嗣子の上杉朝良、及びその家臣への訓戒書を作成したが、その中の第九条では『孫子』以下の兵法七書を取り上げ、「其故は七書有二読誦一て一戦厥制為二一事一無レ之」としている。さらに第十条では「為レ始二左伝七書以下一、何も於二大国一聖仁の制事を注置候也。京と関東だにも替候。況、粟散辺地の境、無器用の輩、以二大国の比量一、於レ仕二合事一不レ可レ有レ之候歟」と記している。

大意としては、「兵法七書」を読んでいても、合戦ですぐ負ける人もいる。『左伝』「武経七書」をはじめとする漢籍は「大国」の政治のことで、京都と関東とでも異なるように、ましてや「粟散辺地の境」にいる我々のような「無器用の輩」の状況とは異なっているから参考にする必要はない、というのである。読める立場の人間でも読んでいない人も多く、まして理解し、応用できるレベルになっている者など、稀少な存在ということになるだろう。

平清盛でも楠木正成でも、畿内方面の武将が『孫子』的であったのに対し、東国、とくに関東では一騎打ち型の戦いが好まれたようである。しかし、『孫子』の名が広く世間一般で知られるようになったのは戦国時代の東国からであった。『孫子』が世間の耳目を集めるようになったのは戦国武将・武田信玄が「孫子四如《しじょ》の旗（＝風林火山）」を使い始めてからだといわれている。

信玄は『孫子』を最もよく学んだ武将だといわれているが、平安京から遠く離れた甲斐・武田家に『孫子』が伝わったのは、武田家の祖・新羅三郎義光が大江家の『孫子』を受け継いだからだとされている。『甲陽軍艦』を読む限りでは『呉子』『三略』『司馬法』なども武田家には存在していたようである。

思想というものは時代拘束性と地理的条件から一定の限界を露呈するが、この点は普遍性が高い『孫子』においても例外ではない。武田信玄が「唐の兵書」と否定的に述べたのは、以上を踏まえているともいえる。すなわち信玄が『孫子』について批判的な発言をした背景には、日本の地理的・時代的要素の違いによるもので、相応の応用が必要だとする指摘をしたという「応用説」以外に、李靖による曹操の新書批判と同様な側面が信玄にもあった可能性もある。つまり『孫子』の真意を他者にはわからないようにするという「策謀説」が存在する。なお『甲陽軍艦』では、山本勘助が披露した孔明八陣が日本にはそのまま該当せず、加工が必要との記述が載っており、『孫子』についても「応用説」の側面が強いように思えるのである。

この『甲陽軍艦』の記述と、信玄が軍旗に使った風林火山が本来の意味とは異なるという指摘から、信玄と『孫子』との過度な関係を否定する見方もある。しかし実際に『孫子』の応用者として武田信玄は、曹操と並ぶ者であった。そっくり『孫子』通りでないとしたら時代拘束性と地理的条件に応じた適用であろう。それ以上に信玄が『孫子』の体現者であればあるほど、李靖が「奇正」に関しての曹操を評して述べた言葉が当てはまるように思える。したがって、「唐の兵書」と述べられたことの意味するもうひとつの側面は、逆にそれだけ信玄が孫子を体得していたことの裏返しにもなる。

信玄がいかに『孫子』を体得していたかは、戦い方だけでなく、『孫子』の文言の下に隠れて見えなかった特質である「時の概念の欠如」が、生涯を通じて現れてしまったことでもわかる。以前に著した『信玄の戦争　戦略論「孫子」の功罪』『孫子の盲点』には、信玄が天下を取れなかった理由として「時の概念の欠如」を挙げておいた。

非常に残念なことは、曹操と異なり、信玄が「孫子解釈」の文章を残していないことである。曹操は自らの体験に基づいて註を入れている部分も多い。謀攻編にある「十ならば則ちこれを囲み」は、呂布を攻めたときの実体験とされている。

兵学の発達

日本における戦国時代が終わり、さらに江戸時代に入ると、兵法は兵学という形で1つの体系となっていく。小幡景憲による甲州流『甲陽軍艦』をはじめとする日本の各種兵学と並んで中国の兵法も盛んに紹介されるようになる。日本における兵学の祖・甲州流軍学自体が、『孫子』の体現者・武田信玄の流れを汲んでいるため、『孫子』の亜流とも見なせる。北条流の祖である北条氏長には『孫子外伝』の著書がある。

日本における『孫子』研究史については、戦後には佐藤堅司氏と野口武彦氏が各々研究している。「作者について」と応用のための「内容解釈」が大きな位置を占めた中国での『孫子』研究に対して、日本における『孫子』研究は思想史的な側面が強く、とくに儒教との関係において分析されることが多い。

『孫子』の刊行は、徳川家康による慶長年間の刊行が比較的古い時代のものとなる。とくに慶長11年（1606年）、伏見版と呼ばれる「武経七書」が刊行された。日本における兵書や「孫子十家註」の出版については武内義雄氏の研究に詳しいが、家康による『孫子』発刊は『慶長記』に掲載されている。七書の中で最初の刊行は慶長4年（1599年）の『六韜』『三略』であり、慶長11年に施子美・劉寅の七書が刊行されたようである。このため、早くも江戸初期の識者達が『孫子』やその他兵法書への言及を始めている。

江戸初期の陽明学者であり経世家、エコロジストでもある熊澤蕃山は、『集義和書』の中で「七書」について「明将の行ひし跡をいひたるもの」と述べている。

しかし、最初に泰平の世の「兵学」としての基礎を築いたのは江戸時代前期の朱子学者である林羅山であった。羅山は『孫子』だけでなく武経七書の諺解を試み、『七書諺解』を著している。その筆頭が『孫子諺解』である。羅山は早くも元和6年（1620年）には『孫子摘語』を著しているが、本格的な『孫子』研究書は寛永3年（1626年）の『孫子諺解』である。野口武彦氏によれば、羅山の『孫子』の特色は「詭道」の解釈にあるとされる。

本来は儒学者としての視点からは容認できない「詭道」を、羅山は「詐」と見なしている。これは「仁義」「正道」に対する「兵法」という二分法に基づいているようである。このことは荻生徂徠が君主の徳と個人の徳とは異なることを述べ、マキァヴェリ的な思想の萌芽を示したことにつながってくるのかもしれない。その意味で、羅山から徂徠へと続く思想史の流れは、「詭道」から「奇正」「虚実」といった『孫子』型中国思想がもたらす二元論を、儒教的視点からマキァヴェリ的な要素に変換していく過程とも捉えられよう。

生前に「関ヶ原合戦」「大阪の陣」を眺めることとなった羅山に対して、江戸時代前期の軍学者である山鹿素行は完全なる泰平の世に生きたため、『孫子』を儒教的な世界観で位置づけ、「兵法としての孫子」を「兵学」へと転換させている。それは「戦略書」としての『孫子』から「思想書」としての『孫子』への移行でもある。当時は七書の成立順が『司馬法』『六韜』『三略』『孫子』『呉子』『尉繚子』『李衛公問対』となっていた。儒者としての側面も持つ素行は、太公望による聖人君主の道を最初に成立したものと考えていたのである。したがって、各兵書に重複する文言の原典は『孫子』ではなく、太公望兵書である『司馬法』『六韜』『三略』にあると見なされていたのである。

しかし同時に、素行には注釈書としての評価も存在している。佐藤堅司氏は『孫子の思想史的研究』『孫子の体系的研究』で日本の『孫子』研究史を詳細に分析しているが、最も高い評価を与えたのが、山鹿素行の『孫子』註釈であった。素行は始計編に最重点を置き、そこから『孫子』の全体構成を眺めているが、この点が評価されたのである。素行は「始計篇」を全篇の要約と見なし、さらに「用間篇」を統括するものと見なしている。

思想史的に見ると、素行もまた「儒教」と「兵学」の整合性を考えているが、士農工商という身分制による「武士」支配は、車の両輪として「儒教」と「兵学」を矛盾することなく並立させることとなる。『武教本論』の中で素行は、天地の関係から身分制を説明し、その秩序を守る「武」の必要性を述べている。

『武教本論』では『李衛公問対』を引用しながらも、『孫子』についても多く言及されている。素行は、すでに18~19歳ほどで『孫子諺義』と題した書物を編集し、『孫子句読』（明暦2年作だが、翌年に焼失）をも書き上げたほどに『孫子』への関心が高かった。さらに明暦2年（1656年）ごろに書き上げられた『武教本論』でも『孫子』の文言が多用されている。

しかし野口武彦によれば、それらは単に「ちりばめた」レベルにすぎないという。こじつければ赤穂浪士の討ち入りに際して、山鹿流陣太鼓が打たれたのは『孫子』にいう「金鼓」を形式的に採用したといえなくもないであろう。本格的な『孫子』研究は寛文13年（1673年）3月の『孫子諺義』（焼失したものと同名である）となる。

『孫子諺義』では、「兵」は「道」のために用いられることがいっそう明確なものとなり、羅山からの流れも明らかとなっている。しかし「山鹿流軍学」の祖ともなった素行の『孫子』研究は、泰平の世の深まりとともに、いっそうの「兵」と「道」の分離の必要から、分離が「不徹底」という批判の対象となっていった。これは「君主の徳」の問題とも類似した思想的流れである。皮肉にも泰平な世であることから、『司馬法』的な側面よりも『君主論』的解釈が必要になってきたのである。

山鹿素行の死後、『孫子』研究を熱心に行なった者としては、「正徳の治」を行なった新井白石と荻生徂徠の名が挙げられる。白石は戦史研究を通じて、様々な『孫子』の文言を捉えている。たとえば、『孫武兵法択副言』では「川中島合戦」について言及しており、個人的武勇ではなく、用兵原理から分析している。さらに『孫武兵法択』では、「奇正」について『尉繚子』『李衛公問対』『魏武注孫子』などを利用しつつ分析しており、単なる思想研究以上の内容となっている。

白石は、用兵原理と戦史とを『孫子』と関連づけて研究している。とくに、甲州流軍学のアンチ・テーゼたりうる「長篠合戦」に『孫子』的解説を試みていることは大きく評価されてもよいだろう。また、『孫子』各篇を『管子』と関連づけていることも特筆できることであろう。

兵学的に興味深いのは白石が『管子』を重視していることで、孫子は管子より兵学を学んだものと見なし、管仲のことは「管子」と読んでいるが、その弟子にすぎない孫子のことは孫武と呼んでいることである。これは白石が言語学をも論じていることとも関わっているが、同時に儒学者の立場として、孔子も評価した管仲と、孫子を同列に扱えなかったからであろう。

古文辞学を確立した儒学者である荻生徂徠は白石と同時代の人間であり、その政治的立場は対立したものであった。白石は6代将軍・家宣の側近であったが、徂徠は最初、家宣と対立的であった柳沢吉保に仕えていた。さらに徂徠は、白石と対立した8代将軍・吉宗によっても重用されている。徂徠には兵学書として『鈐録』という著書がある。そこにおいて徂徠は、政軍関係について言及もしている。

なお徂徠による『孫子国字解』は、徂徠の死後20年以上が経過した寛延3年（1750年）の発行である。徂徠による『孫子』解釈は、正奇、虚実、形勢という3組の対概念で捉えられているという。そして各々の字句の概念を明確化することにより、『孫子』分析を進めていく。その延長線上に徂徠型兵学ともいうべき思想を体系化し、「軍略」概念を打ち出すようになる。そこでは豊臣秀吉による大明征伐を失敗として捉え、その失敗から教訓を得ようとする試みがなされている。

さらに、古学の視点を持つ徂徠は『孫子国字解』で例示する戦史をすべて古代中国に求めている。地理的拘束性と時代拘束性とを重視したためである。同時に、古学的立場から『孫子』解釈に対しても兵書としての字義を使うべきだと考えている。そこで「兵法における道」もまた兵家特有のものと捉え、儒教などでいう「道」とは区別している。したがって、「詭道」は合戦時における「謀」であり、合戦時であれば陰謀が「仁」とまで明言している。この点では、林羅山、山鹿素行、新井白石らのように、儒教的な道と兵学の道の整合性を整えるという手法とはまったく異なっている。

しかし、こうした整合性を整える作業は、一面においては羅山以来の江戸兵学思想の流れの行き着く先とも捉えられる。つまり儒教的道と兵学的道という二元論は、君主の徳と個人の徳を分離させた徂徠において、完全に分離したからである。これは『孫子』研究という形を取って、江戸時代の儒学が成熟期に入ったことを表しているようにも見える。この点で、『孫子』はマキァヴェリ型「君主論」と同様な解釈が可能になった。半面、徂徠による『孫子』研究は包括性を欠き、開戦後の「詭道」に限定しているという側面が見られる。

江戸時代の『孫子』研究の限界

以上のように、江戸時代に兵学が普及するが、これは考えてみれば不可思議なことである。太平な世を意識しない限り戦略は学ばれない。古典古代時代（ギリシャ・ローマ時代）には戦略の宝庫の観を示し、近現代においてあまたの戦略論を生み出したヨーロッパでさえも、騎士時代の中世は戦略はおろか、戦術も不毛であった。土地争いは一騎打ちで片付ければよいからである。ましてがっしりと安定した江戸時代は土地争いもヨーロッパほど激しくなく、しかもほとんどは争いにまで発達することがなかった。わずかに敵討ちのような形でしか、刃物による争いはなかったのである。

江戸時代は兵学が盛んであり、とくに『孫子』研究が活発だったのは、江戸幕府が奨励したからである。しかし兵学は戦略研究につながり、とくに『孫子』は最も普遍的な戦略書であるから、江戸幕府にとって忌み嫌うべき素材ではないのか、と。

皮肉にも、江戸幕府は危険な戦略書『孫子』を推奨しなければいけない理由を持っていた。「小牧・長久手合戦」で、天下人となる豊臣秀吉に、戦術的なレベルにすぎないまでも勝利したのが江戸幕府の創始者、神君・徳川家康である。しかしこの家康が武田信玄に全く歯が立たなかったことは否定できない事実である。「三方原合戦」で、家康は信玄に大敗北を喫する。この信玄が体得していた兵法が『孫子』である。信玄の有名な旗印「風林火山」は別名「孫子四如の旗」とも呼ばれていて、『孫子』から引用していた。だから『孫子』は否定するのではなく、至上の存在として評価しなければならない。

江戸幕府は『孫子』を高く評価し奨励しながら、危険な戦略としてではなく「兵学」という学問として体系化させていく。戦略の実用書から、古典としての学問、思想書へと転換を図ったのである。それが前述した流れである。つまり羅山は有事（戦時）と平時とを区分し、素行は、「兵学」と「儒教」という形で二分化して、「兵法としての孫子」を「兵学」という学問に昇華させ、「戦略書」であったのを「思想書」に転換させた。徂徠は、「兵法における道」は兵家特有のものと捉え、儒教などでいう「道」とは区別する。

「詭道」の位置づけなどの議論の中では、『孫子』の「詭道」がどんな形を取るか、どのように応用されるかには触れられることがなかった。「詭道」を思想的に位置づけようとする試みに終始しているのである。『孫子』の中身そのものは吟味されない。平和な時代の、儒学に対する『孫子』の思想的位置づけに議論は向けられているのである。こうした思想的解釈論争に陥った『孫子』ならば、いくら学ばれても安心である。深く「戦略とは何か」を考えることは幕末動乱をもってしても登場しなかったのである。

本来向かうべき発想とは別な方向に意識を向けさせるという徳川幕府のやり方は、ローマ・カトリックのやり方に類似している。ローマ法王庁は矛盾の塊として存在していた。中世ヨーロッパは位階性秩序（ヒエラルキー）下にあった。頂点を極めるのが神で、そのもと天界の位階が続き、下界に至る。「神の代理人」ローマ法王は、地上世界の最上位の地位を占め、皇帝でさえもローマ法王に戴冠される地位にすぎない。

中世の最終段階に登場した「ミネルヴァの梟」トマス・アクィナスは、万物を位階性秩序の中で説明した。ところがキリストは、神の前での万人の平等を説いていたのだ。「平等なはずなのに、なぜ上下差があるのか」という疑問が起こってくるのは避けようがなく見えた。真面目にキリスト教を学ぶ者ほど、そうした疑問が出てくるはずであった。

ところが、そうした真面目な人間は修道院にぶち込まれてしまう。修道院制では「禁欲と清貧」を理想とし、強烈な宗教教育を行い、宗教戦士を育成する。過酷な生活は一種の洗脳にもなり、本来は異端に向かうかもしれない精神エネルギーを、布教活動へと転換させていたのである。だからこそ、修道院を出たカトリック僧は、極寒の地であれ赤道であれ、強烈な目的意識をもって出かけていった。ローマ法王庁にとって危険になる者たちを、逆にローマ・カトリックの拡大に振り向ける。強烈なエネルギーを別な方向に振り向けることに成功したのである。

そして神学論争では、ヒエラルキー秩序に無関係な、「唯名論」とか「普遍論」とかいう別種の問題を設定して、そちらに力を注がせた。そこでの議論は、どんなに活発化してもローマ法王にとって安全なものであったのである。フスとかウィクリフとかオッカムのウィリアムとかローマ法王庁に対する異議申し立てもあるにはあったが、マルチン・ルターが現れるまで、中世を通じてローマ法王庁に対する異議申し立てが位階性秩序を崩壊させることはなかった。

ローマ法王庁と好一対で、江戸幕府は武士道を推奨する。個人の武芸と、武士としての生き方を至上のものにしていったのである。戦国の武士に代わる新しい「武士道」が、『葉隠』のような形で作られていく。もはや幕府を転覆させるように戦略的頭脳は生まれてこない。

では、この状況はいつまで続くのだろうか。何もしなければ、未来永劫日本から戦略家は出ないことになる。仕上げとして鎖国により、海外などから他の考えが流入しないようにしたのである。ある時期に国を支配した体制が国民性に強い影響を与え、その後の歴史を左右するということは、クロムウエル治下の英国などにも見られている。

徳川家支配が何をもたらしたかは明白であろう。戦略的思考は封印というより、ほとんど呪縛されてしまったといえるのではないか。

幕末以降の状況

もちろん、ローマ・カトリックにも若干ながら異端運動が存在したように、江戸時代の『孫子』研究にも主流から離れたものもあった。徂徠も開戦後については「詭道」が重要と見做したし、合伝流武学を薩摩藩に導入した薩摩藩士・徳田邕興《ゆうこう》も「火攻篇」を重視したという点で実戦的であった。「『始計篇』と『用間偏』との終始一貫性」を明らかにもしている。

この後、『孫子』研究が盛んになってくるのは幕末、とくに天保年間であるとされる。文政11年（1828年）に頼山陽が弟子に『孫子』を講義したのをはじめ、天保3年（1832年）に越前松平家の儒者・森山定志によって『孫子管窺』が著されている。また弘化3年（1846年）には、篠崎司直によって『孫子発微』が刊行された。

そして嘉永5年（1852年）、桜田子恵によって『孫子略解』が刊行されるが、これが『孫子』原典研究にも関わる「桜田版」である。『孫子略解』が今日に至るまで話題を呼んでいるのは、従来刊行されてきた『孫子』すなわち「宋本十家註」「魏武註」「武経七書」の3種とは異なった部分が存在していたことである。

しかも、あらゆる『孫子』が「魏武註」から発しているのに対し、「桜田版」は、その伝来は不明であるが、「魏武註」以前の真本であるとの記述がある。内容的には、「詭道」をはじめとして議論になりがちな様々な文言を解説している。とくに正奇、虚実、形勢などが詳しく説明されている。たとえば、正奇は陣法の変化とされ、虚実は正奇変化に連動していると述べられている。

安政6年（1841年）には、酒田出身で江戸時代末期の儒学者・伊藤鳳山の『孫子註解』が登場する。鳳山は三河「田原藩の三山」の一人と称された人物である。ここでは『孫子』の普遍的な原理が、時代の変化とどのように関連してくるかが表れているように見える。野口武彦氏は、黒船来航以来の時代の流れに沿って登場したものと見なし、竹内義雄氏は江戸時代『孫子』の集大成的な存在と考えている。欧米列強の技術力、とくに火力や動力への対応が兵学にも迫られてくるようになるのである。

山鹿素行以来、兵学は敵を設定し、敵に対する方策を練るものであった。しかし江戸時代を通じて、その「敵」とは一種の仮想敵であった。しかし、黒船来航以来、「敵」は欧米列強という具体的な形を取っていったのである。

とくに尊皇攘夷運動の中心地の1つ、長州藩では吉田松陰によって『孫子評註』が著されている。『孫子評註』は山鹿素行の『孫子諺義』をもとに発展されている。松蔭の師である佐久間象山は「彼を知る」を意訳して、外国事情を知らなければならないとしている。松蔭が密航を企てていたのも首肯できる。過激な尊皇攘夷思想が「不戦屈敵」「勝ちてしかる後に戦う」という『孫子』にどこまで符合できたかは議論の余地が存在すると思われるが、松蔭は、「死地」のように実践的な箇所の具体的解説に力をそそいでいるようである。推測でいえば、松蔭は長州藩そのものを、後戻りできない「死地」に投じようとしていたのかもしれない。

しかし、一般に印象づけられたのはやはり欧米列強の火力であった。技術力を結集した武装こそが軍事力そのものであると考えられたのは社会情勢からも必然的に見えることかもしれない。薩摩・長州両藩のように欧米列強との戦いで被害を被った西国雄藩は、欧米型武装を取り入れ、それによって抵抗する藩を撃ち破っていくのであるが、抵抗する側にあったのは旧式装備と江戸兵学であったからである。江戸時代は学問の発達を促し、しかも『孫子』が一般に入手しやすい時代ではあった。

しかし前述したように、入手の容易さは学問としての『孫子』を確立させたが、同時に実践的な意味合いを薄めることによって「机上の兵学」とさせた側面も大きいように見える。ちょうど中国において多くの註釈書が登場しながらも、時代の変化に応じた新『孫子』理論が登場することが少なく、唐時代以降は一種の停滞期に入っていったのと類似しているようにも見える。

それでも中国の場合は新規の兵法書を書こうという努力が見られているが、日本の場合は江戸時代に入ることによって、それ以前には多分に存在していた戦略的思考が薄れていき、このことが『孫子』の応用や適応を不可能にしたようにも推測できる。このために古代に成立した『孫子』は、そのままの言葉で語られていたようにすら見える。

明治以降も何冊かの特筆すべき『孫子』研究や註釈書は存在している。たとえば阿多俊介による『孫子の新研究』は、当時の戦略家アンドレ・ゴルツの言葉と対比しながら「孫子」の文言を解説している。また明治時代〜大正時代の歴史小説家で江戸学の大家でもあった塚原《つかはら》渋《じゅう》柿《し》園《えん》の

『孫子講話』、友田《ともだ》宜剛《のぶたけ》の『孫子の兵学』なども刊行されている。

しかし戦前の研究で研究史上、とくに注目されるものとしては武藤章中佐による「クラウゼヴィッツ、孫子の比較研究」が挙げられる。この中では、成立時代から見てクラウゼヴィッツに比べて、今日では『孫子』の「普遍性」は乏しいとされている。古典的兵書の意義は認め、その応用などについては、なかなか鋭いものもあった。しかし杉之尾孝生氏が指摘するように、「あくまでわが国独特の『〇〇綱領』（おそらく『統帥綱領』のことであろう）という教義書を、理解するために古典を活用するという態度から出なかった」武藤中佐の限界は、ある意味で日本そのものの限界をも示しているようである。

もちろん、戦前においても陸軍少将・大場弥平に代表されるような『孫子』評価が皆無であったわけではない。大場氏の『名将兵談』は簡単な読み物の形式をとりながら、古今の戦史を分析して評価しているが、『孫子』以下の兵法の言葉が全編にわたって鏤《ちりば》められている。とくに興味深いのは「孫子とクラウゼヴィッツ」の比較を行なっていることである。その相違が強調される傾向が強い両者の比較を、共通点を中心に論評している。また「攻守」についても触れているが、基本的には攻勢原理として捉えている。ただ、『孫子』のどの部分が強調されているかについても含めて評価は分かれるものと思われる。

しかし江戸時代を経て『孫子』そのものが思想的学問と化し、今日の多くの戦略家研究にみられるがごとく「机上の兵学」化が進んだことに加え、『闘戦経』でも批判されているように『孫子』を卑怯と見なす風潮が存在しているため、日本の風土にはなじまなかったようである。

『孫子』と戦略

戦略とは、戦役全体を左右する骨格のようなものである。戦役とは、軍隊が基地や根拠地を出撃してから帰還するまでの期間のことである。さらに、大戦略は、戦役の前後まで含む長期間になる。当然ながら、『孫子』の一文言が、その全てを網羅するのではなく、各局面折々に当てはまってくる。日本の合戦の中から例を示してみたい。

〈『孫子』を利用した古戦史分析：「賤ヶ岳合戦」の例〉

「清洲会議」　柴田勝家は秀吉所有・長浜城を欲す。↔秀吉は勝家の養子・柴田勝豊を城主に（勝家と勝豊は不仲）

……「間を用いざる所なきなり」。

勝家の戦略的な布石↔「謀を」伐つ。

双方、同盟を模索。

秀吉、勝家の使者・前田利家らと和議を。偽りの和議成立。

秀吉、勝家が動けない間に勝家同盟者打倒↔勝家は和議は雪解けまで時間稼ぎ。

……ともに「詭道」を。

秀吉は打倒・勝家の軍のため「利」をもって人を集める。

戦わずして長浜城を奪還。……「戦わずして人の兵を屈し」「国を全う」。

美濃・織田信孝、北伊勢・滝川一益を各個撃破し……「交を伐つ」豪雪という「天」を利用しての「虚を衝けばなり」。

勝家、雪解けの3月3日、佐久間盛政らを先鋒に出発。秀吉も近江に入る。

勝家の戦略……自軍と、伊勢の滝川軍による挟撃。しかし秀吉軍と単独で正面衝突するのは不利。

対陣は膠着状態に……「遠形は、勢均しければ以って戦い挑み難し、戦いて利あらず」。

秀吉、大垣に移動……「利して之を誘い」。

佐久間盛政の奇襲……「小敵の堅は大軍の擒」「大吏怒りて服さず、敵に遇えばうらみて自ら戦い、将その能を知らざるを、曰く崩という」。

秀吉、意表を衝き反撃。秀吉軍の攻撃に盛政敗北。秀吉、一気に北ノ庄城に攻め込む。

……「激水の疾き、石を漂わすに至る者は、勢なり。鷙鳥の撃つや、毀折に至る者は節なり。是の故に、善く戦う者は、その勢は険にして、その節は短し。勢は弩を張るが如し、節は機を発するが如くす」。

第五章

始計篇（勝敗の客観的予測と詭道）

〔注〕以下の書き下し文の底本は、芙蓉書房出版『戦略論大系①孫子』であり、それに若干の修正を加えたものであるが、「現代語訳」については『戦略論大系①孫子』が近現代戦の軍事的内容に特化されているため、巻末「参考文献」に載せた各種「孫子」を参照しながら、独自の訳をつけている。

「始計篇」全文書き下し

「孫子曰く、兵は国の大事なり。死生の地、存亡の道、察せざる可《べ》からざるなり。故に、これを経するに五事を以《もっ》てし、之を校するに七計を以てし、而《しこう》してその情を索《もと》む。一に曰《いわ》く道、二に曰く天、三に曰く地、四に曰く将、五に曰く法。道とは、民をして上と意を同じうせしむるなり。故に、以て之と死すべく、以てのと生く可く、而して危うきを畏《おそ》れざるなり。天とは、陰陽・寒暑・時制なり。地とは、遠近・険易・広狭・死生なり。将とは、智・信・仁・勇・厳なり。法とは、曲制・官道・主用なり。

凡《およ》そ、この五者は、将は聞かざるはなし。之を知る者は勝ち、知らざる者は勝たず。故に、之を校するに（七）計を以てし、其の情けを索む。曰く、主、孰《いず》れか道有る。将、孰《いず》れかか能有る。天地、孰れか得たる。法令、孰れか行わる。兵衆、孰れか強き。士卒、孰れか練れたる。賞罰、孰れか明らかなる。吾れ、之を以て勝負を知る。将の吾が計を聴く。之を用うれば必ず勝つ、之を留めよ。将、吾が計を聴かざる、之を用うれば必ず敗る。之を去れ。計、利として以て聴かるれば、乃ち之が勢《せい》を為して、以て其の外を佐く。勢とは、利に因って権を制するなり。

兵は詭道なり。故に、能にして之に不能を示し、用いて之に用いざるを示す。近くして之に遠きを示し、遠くして之に近きを示す。利にして之を誘い、乱にして之を取る。実にして之に備え、強にして之を避く。怒らしめて之を撓《たわ》む。卑うして之を驕らしむ。いつにして之を労す。親しければ、乃ち之を離す。其の備え無きを攻め、其の意わざるを出づ。此兵家の価値にして、先ず伝う可からざるなり。

夫れ、未だ戦わずして廟算《びょうさん》するに、勝つ者は算を得ること多きなり。未だ戦わずして廟算するに、勝たざる者は算を得ること少なきなり。算多きは勝ち、算少なきは勝たず。而るに況《いわん》や算無きに於ておや。吾、此を以て之を観るに、勝負見わる」

☆『竹簡孫子』には、「兵は国の大事なり」の「なり(也)」が抜けている。

現代語意訳

孫子はいう。戦争は、国家の(命運を決定する)一大事である。(民が)死ぬか生きるかが決まる場であり、(国が)存続するか滅亡するかの岐路でもある。だから、よくよく熟考しなければならない。そのために戦争について、5つの基本事項で己の力量を測り、7つの要素で、彼我の優劣を比較・検討する必要がある。5つの基本事項とは、「道」「天」「地」「将」「法」である。「道」とは、民の心が、君主と一体化し、民が生きるも死ぬも君主と共にすることに何ら疑いも持たないようにすることである。「天」とは、陰陽、気温の寒暖、春夏秋冬四季の推移の定めのことである。「地」とは、距離の遠近、地形の険しいかなだらかか、広いか狭いか、死地か生地かである。「将」とは、将軍が、智力、誠実さ、思いやり、勇気、厳格さといった条件をそろえているかである。「法」とは（法令が正しく、そして上から下まで法令が遵守されているかで）、軍隊の組織編成である曲制、官吏や将校職務規律である官と糧道である道、軍の費用・必要物資の供給能力である主用である。

およそこれら5つの事項は、将軍である以上聞いたことがない者はいない。しかしこれをよく知っている者は勝ち、知らない者は敗北する。そこで、（彼我の優劣を）比較する（7つの）基準を用いて測り、実情を知るのである。君主はどちらが道徳的か（その結果として君主と民の心が一つになれているか）、将軍の能力はどちらが優れているか、天の利、地の利はどちらが有利か、法令順守はどちらが上か、兵はどちらが強いか、将校はどちらがより訓練されているか、信賞必罰はどちらが公正に実行されているか、私はこれらの比較を通じて勝敗の行方を知るのである。将軍が私の計画、戦略を聴き入れるならば、そしてその将軍を用いるならば、必ず勝つであろうから、その将軍はその地位に留まらせるべきだ。将軍が私の計画、戦略を聴き入れないならば、必ず負けるであろうから、その地位を去らせるべきである。私の立てる計画、戦略の有利さを理解して聴いてくれるならば、「勢」が生じて戦いを外から助けてくれる。勢とは、（敵の状態から見て）有利な状況によって、臨機応変に権謀を制定し機先を制することである。

戦争とは、偽《いつわ》り欺《あざむ》き謀《はか》るものである。だから、能力があっても、能力がないように見せかけるし、（軍事力を）用いることができても使用しないように見せかける。また、近くにいるのに遠く離れているかのように見せかけ、遠く離れているのに近くにいるように見せかける。利益によって敵を誘い出し、（敵を）混乱させて奪い取る。敵が充実しているときには、備えを強くし、敵が強力なときには衝突を避ける。敵が怒っている時は挑発して混乱させ、卑屈な態度を取って、敵を驕りたかぶらせ調子にのらせる。敵に行動をとらせて疲労させ、親しい間柄であれば離間・分裂させる。敵が攻撃に備えての準備をしていない地点を攻撃し、敵が予想していないところに進撃する。こうしたことは兵家にとっての勝利を得ることの奥義になるのだが、（敵情に応じるので）戦争開始前に、あらかじめ伝えておくことができないことなのである。

戦争開始前に、廟堂で計算してみて、勝利することが決まるのは（五事七計での比較での）条件によるもので、こちらのほうが有利と出てくるからである。戦争開始前に、廟堂で計算してみて、勝てないとなるのは（五事七計での比較での）条件で、こちらのほうが不利と出てくるからである。勝算が多ければ勝利し、勝算が少なければ勝てない。まして勝算がなければなおさらのこと、いうまでもない。私は、こうした方法で戦争を観察するから、勝敗がわかるのである。

○郭化若は「道」を、政治とし。「以て之と死すべく、以てのと生く可く」を、君主のために死に、君主のために生きるようにさせること、としている。
○郭化若は「陰陽」を、昼夜・晴曇としている。
○郭化若は「之を留めよ」「之を去れ」の「之」を、私として「私は留まる」「私はさる」としている。

五事七計

「始計篇」は、その冒頭に戦争を考えるに、最も重要な一文がある。「孫子曰く、兵は国の大事なり。死生の地、存亡の道、察せざる可からざるなり（戦争は国家の一大事である、それによって生死が決まってくるし、国が存続するか滅亡するかも決まってくる。だからよくよく深く考えなくてはいけない）」。

「兵は国の大事なり」は『六韜』にも登場するが、国家の一大事の意味である。その一大事を論ずるのが「始計篇」である。多様な「兵」の意味の内でも、ここでの「兵」は「戦争」である。フランシス・ワンの『仏訳孫子』（以下、『仏訳孫子』とする）では「大事」を「避けることが出来ない重要な問題」とする。

「始計篇」の意味は、「計」を開始することである。「計」とは、曹操の『孫子』解釈の「将を選び、敵を量り、地を度り、卒を料り、遠近険易を廟堂に於いて計るなり」という戦争の諸要素、それによる戦争計画、勝てるか否か、損失はどうなるかといった諸々の計算である。戦争は国家の一大事であるから、慎重な思考を要求される。開戦に踏み切る前には客観的に分析して、勝てるかどうかを検討しなければならない。

そこから「始計篇」は、前半の「五事七計」と後半の「詭道」とに大きく二分される。「五事七計」は主として開戦前に、しかし戦時中もチェックし続けること、「詭道」は開戦後の戦場、開戦前も外交や政略を使い続けることとなる。そして「五事七計」は不敗態勢にあるかどうかに、「詭道」は勝利の可能性につながっていく。戦争は勝てないのであればやってはいけない。これは基本中の基本であり、『孫子』の根本である。

『孫子』を貫く「戦争は悪」という観念、そこから来る不戦思想から考えても、「兵は国の大事なり。死生の地、存亡の道、察せざる可からざるなり」は、戦争は国家存亡の一大事、よくよく考えてできるだけしないようにし、やる以上は滅ばないことを至上として考えるべきとされるが、できるだけ戦争はしないほうがよいが、戦って勝てるかどうかは知っておくべきということにもなる。

では、勝てるかどうかはどのように知るのか。それが計算で客観的に知るということで、「五事七計」という比較になってくる。用兵でなく戦力比較などであるため、『百戦奇略』には「五事七計」は出てこない。また「七計」は、もともとはただの「形」であったが、「桜田本孫子」以降、「七計」が一般化している。『仏訳孫子』では「七計」であるし、グリフィスも「七計」としている。

優位か不利かは相対的なもので、力は彼我の比較で確認、数量化できればさらに良い。力の増大は自分自身の努力によるものである。興味深いのは、戦場においては数の多いことを強調している『孫子』だが、五事七計においては兵数がどちらが多いか、どちらが豊かな国かという比較を入れていないことである。「五事七計」は、国力、兵力といったことでの比較を外している。

『孫子』は「五事七計」について、「故に、これを経するに五事を以てし、之を校するに七計を以てし、而してその情を索む。一に曰く道、二に曰く天、三に曰く地、四に曰く将、五に曰く法。道とは、民をして上と意を同じうせしむるなり。故に、以て之と死すべく、以て之と生くべく、而して危うきを畏れざるなり。天とは、陰陽・寒暑・時制なり。地とは、遠近・険易・広狭・死生なり。将とは、智・信・仁・勇・厳なり。法とは、曲制・官道・主用なり」と続け、「十一家註」の一人である杜牧は「経とは軽度なり」と註をつけている。張預は反乱鎮圧の手順と一致することを述べている。

自己の状況としての「五事」は、常日頃の準備と戦争を始める時の状況をどう認識しているかである。道、天、地、将、法の各々で敵と味方を比較し、戦争においても利用すべきなのである。

「道」は、全人民一団となって上の計画を遂行することが可能かで、いかに人民の心を摑むかにもかかってくる。曹操の『孫子』解釈では、「之を導くに教令を以てするを謂う。危き者は危疑なり」となり、教育と命令系統により道徳を確立し、民衆に疑惑をいだかせないということになる。クラウゼヴィッツの「三位一体」と同じである。「謀攻篇」には「上下、欲を同じうする者は勝つ」と記されている。また、「軍形篇」にも「道を修めて法を保つ」ことで上下の人心を一つにするように、と促されている。

もし「上下」が心を1つにしていれば、戦争をするときの力は大変なものになる。たとえば、ゲリラ戦という、国土が荒廃し、長期化する傾向をもつ戦いが続けられるのも「道」があるからということになる。逆に民衆の支持のない戦いは、遂行すること自体が困難になってくる。日本の戦国期に猛威を振るい、各地の戦国大名を震え上がらせた「一向一揆」は、民衆エネルギーが爆発したものであり、その地の「一揆指導者（一向宗寺と土豪）」が、民衆と一体になって行なっていたものである。しかも、それは単なる上下一体ではなく、狂信的なイデオロギーによって支えられるものであったから、死を恐れない門徒の戦いぶりは、どこにおいても激烈なものとなった。

「地上の極楽」をめざして「進めば極楽、退けば地獄」を唱え、加賀の国では領主の冨樫氏を倒して「百姓の持てる国」を作り上げ、北陸には一向一揆が荒れ狂うこととなった。全国で約30カ国近くで一向一揆は起こったとされ、三河では徳川家康を追いまくり、畿内では三好元長（長慶の父）を殺している。とくに激しかったのが織田信長との戦いであった。「石山合戦」のそもそもの発端は、信長と三好党との戦いであった。

元亀元年（1570年）7月、三好三人衆（三好長逸・三好政康・岩成友通）は畿内での勢力挽回を狙って、1万3000人の兵力を率いて阿波国から和泉国に到着。天満ヶ森に陣取り、野田・福島の砦（共に大阪市福島区）を補強し、信長に反撃する姿勢を見せた。

信長は8月20日に岐阜を出発、25日には淀川を越えて河内（大阪府）枚方に出馬した。実は信長は石山本願寺の法主顕如上人光佐に対し、石山本願寺の引き渡しを要求していた。このときも石山本願寺に近い天王寺に進出し、天満宮の森から海老江・川口・神崎・上難波・下難波に布陣したため、ちょうど本願寺を包囲する形となっていた。何時の日かは信長と戦うことになるだろうと心の中で思っていた顕如は、ついに信長との戦いを決意する。

9月5日、顕如は紀州門徒に檄を飛ばし、信長に対する戦いに決起することを命じた。信長に対して戦いに起ち上がらぬ者は破門に処すという厳しい内容であった。もともと顕如をはじめとして本願寺門跡は一向一揆を抑制する立場に立っていたのであるが、信長を相手にするために、それをかなぐり捨てたのである。そして、この一向一揆との戦いこそが、信長を最も長く、そして最も苦しめる戦いとなったのである。

近代ではないから民衆からのナショナリズムを喚起させるには至っていないが、戦国武将には仁政を行い、民心をつかんだ者が多く存在している。敵に対するのと領民に対する態度が、同じ人物とは思えないほどである。伊豆国の簒奪者であった北条早雲（伊勢新九郎長氏、宗瑞）は善政を敷いたことで名高く、年貢は四公六民としていた。小田原北条氏は代々善政を敷いて、それは暗愚といわれた氏政の時代も変わらず、そのために天正18年の小田原の役では、多くの農民が農兵として籠城に加わっている。小田原北条氏と敵対した真田昌幸も君臣民一体化した共同体を作っている。

伊達政宗から裏表がある男だと指摘され、後世に「羽州《うしゅう》の狐《きつね》」と呼ばれるほどに狡猾で、非情、権謀術数を駆使し、客人の暗殺や子殺しなども行なった最上義光だが、家臣や領民たちへは思いやり深く、非常に寛容で「最上源五郎は役（年貢以外の税金）をばかけぬ」と謳われるほどで、領内の復興にも尽力し、その治世下では一揆もほとんど起きなかった。

前田利家から「裏表仁」と評された津軽為信も、民心をつかむことに苦心している。為信は、約1000人の兵を率いて陸奥国野崎で軍事演習を行い、民家に一斉に放火した。村人達は事前に命令を受けて避難していたが、家は焼けてしまう。しかし翌日、為信は大工を派遣して以前よりも立派な家を建てさせ、さらに家具や食料も与えたので村人はかえって為信に恩を感じるようになったという。

また、春から長雨が続いて凶作になったうえに、病が流行して多数の死者が出た年、為信は自身は節約を心がけて妻子にも粗末な服を着せながら、領民には米、援助金、薬、守り札などを与えて救済し、主君筋の南部信直から、年貢米を信直の居城である三戸城に送るようにとの命令が伝えられたが、為信はそれに従わず領民に分け与えたため、心服されたという。

七公三民という高い年貢を領民に課した武田信玄も、その治世下では一揆もほとんど起きなかったし、戦争では多くの農民が加わっている。信玄堤を築き、新田を開拓し、戦争に加わった農民には戦時利益をあたえるようにしたため甲斐国は潤い、信玄に心服させているからである。

さらに、小田城主・小田氏治の例は君臣民一体の強さを示す。領民に人気があることで小田氏治は「天庵様」と呼ばれ、「万年君様」と呼ばれた里見義堯とならんで臣下のみならず民にも人気があった。しかし『北条五代記』にも「仁者必ず勇あり」と称えられていた義堯と違って、この氏治、お世辞にも名将とは言いがたくなんと9回も落城の憂き目にあっている。9回落城したということは8回奪還したということである。なにしろ民百姓が氏治を慕っていて逃亡してしまい、年貢も新領主に届けず亡命中の氏治のもとに届けるため、せっかく占領した小田城を維持できずに撤退してしまうというのである。

結果としては民に人気のある氏治の勝利だが、実質は領民からもらった勝利であり、領民が勝ち取ったものである。

「天」は、天候や季節、そして陰陽（明るさと暗さ）についてで、曹操の『孫子』解釈では、「天行に順し、陰陽・四時の制に因って誅む。故に、司馬法に曰く。冬夏には師を興さず、と。民を兼愛する所以なり」となる。太陽を背にするなど有利な条件で戦うといったことに加え、敵国の民衆にも配慮して農繁期は避けるという『司馬法』の内容も考慮しており、政治家・曹操の面目躍如ということになる。

日本において、気候や天候を利用した例はいくつもある。嵐を利用した例として、天文24年の「厳島合戦」の最終局面において、9月30日の夕刻に天候が荒れ始め雷を伴う暴風雨になったが、毛利元就は敵に悟られずに厳島に上陸するには、嵐が最高の目隠しになると判断し、「今日は吉日」であると言って酉の刻（18時）に出陣を決行し、敵に見つかることなく上陸して、狭い島に押し込められるように集合していた陶晴賢《すえはるかた》軍に奇襲を仕掛けることに成功している。

霧が利用されたこともある。永禄4年（1561年）の川中島合戦第四回戦において、妻女山《さいじょさん》、海津城《かいづじょう》で対峙していた上杉謙信と武田信玄は、各々霧の発生を予知して軍事行動を起こしている。

信玄は、全軍を二分し、霧に紛れて1万2000人の別働隊を妻女山に派遣し、包囲させて霧が晴れると同時に奇襲させて、信玄の率いる本隊の所まで謙信を追わせ、別働隊と本隊で挟撃する旋回運動の作戦を立て、一方、謙信は、信玄が霧に紛れて旋回運動の準備をするはずとみて、夜間に霧に紛れて信玄の本隊が来るであろう場所・八幡原まで移動して信玄の到着を待ち受けた。

ここでの「陰陽」は、「陰陽五行説の陰陽」ではなく、影と光ということである。晴雨、乾湿などの意味も含まれている。すぐに思い浮かぶのは暗闇を利用した夜襲であるが、「保元の乱」のように、夜襲をただの夜襲として行うのであれば、それは戦略はむろんのこと、戦術としても下等なレベルのものである。まして国家戦略レベルで考慮することではない。ただ北条氏康の「川越の夜討ち」や毛利元就の「厳島合戦」のように、大きな戦略の仕上げとして行われた夜襲は戦略の中で位置づけられた不可分かつ重要なものである。「陰陽」を単純に昼夜と考えることも可能で郭化若は昼夜としている。グリフィスは「陰陽」はスルーしてとくに解説していない。

なお、ここに該当するかどうかは判断しにくいが、士気を高めるために陰陽五行説の「陰陽」の波に乗っていると兵士に思わせて鼓舞するということも出てくるかもしれない。「平治の乱」で、内裏を攻略する際に、平重盛が「年号平治、花の都は平安京、我らは平氏、天は三つの吉兆を示したまふ」と叫んで兵士達を鼓舞したとか、楠木正成が「大将軍星が西に現れているときに関東勢が上方に押し寄せてくるのは天に背くもの」と述べたことなどが当てはまる。陰陽について『孫子の新研究』で引用されたアンドレ・ゴルツは不可抗力的な力の働きを感じての宿命観としているから、こんな解釈も成り立つだろう。太公望や『尉繚子』は吉凶には否定的たが、東洋に於いては占いも科学である。

特記事項としては、竹簡本には「順逆兵勝也」が加えられている。つまり気候に従って勝つだけでなく、逆行して勝つということもあるということである。マニュアル的に行うのではなく状況判断して行うということである。

続いて「地」は、地形や国土面積や遠征地までの距離などの地理的要因であり、「行軍篇」「地形篇」「九地篇」とも関わってくる。距離は戦力なりで、兵力は遠征距離の二乗に反比例するといわれており、広がりの問題や補給の問題も絡んでくる。曹操の『孫子』解釈では「九地の形勢同じからざるを以て、時制に因りて利するを言うなり。論は九地の中にあり」としている。君主レベルでの国土戦というよりも、その地形で戦う将軍が念頭に置かれているのである。

ある人物が、自分の根拠としているところの地理的要因で戦うのを、筆者は「地政学的な戦い方」と読んでいるが、これは活用法次第で、敵をかなり悩ませるものとなる。ロシアが奥行きの深さと厳しい冬とを利用してナポレオンを撃退し、ヒトラーを苦しめたのは名高い。とくにナポレオンは、決戦を強要しようとしながら、どんどん内陸に引き込まれた上、モスクワで焦土作戦を行われ、「冬将軍」によってなすすべもなく敗退した。

日本においては、大戦略的事例として奥羽地方の勢力による近畿中央との戦いが挙げられる。「虚実篇」で詳しく述べるが、奥羽地方の勢力が、中央からの遠征軍と戦って善戦したのは、「地」を利用した例が多いからである。地形と遠征距離の長大さの利用により何度も敵を撃退したのは、「三十八年戦争」最後の局面である延暦8年（789年）〜延暦13年（794年）に活躍したアテルイ（大墓公 阿弖流為）である。

「巣伏村合戦（延暦八年の胆沢合戦）」では、蝦夷側の根拠地めざして二手に分かれ、北上川両岸を北上する遠征軍に対して、アテルイの蝦夷軍は偽装撤退するという陽動作戦によって望みの戦場まで誘致し、川と山に挟まれた狭い場所に追い込み、敵を分断したうえで前後から挟み撃ちにして包囲するという優れた戦い方で大打撃を与えたと『続日本紀』の延暦8年6月3日条にある。

「天」と「地」、すなわち地理的要因と気候的な要因を組み合わせた結果、かなりの抵抗が可能になったのが、「後三年の役」の清原家衡である。家衡は当初は沼柵に籠城し、清衡・義家連合軍数千騎は数カ月にわたり攻撃するも大雪にあい、食料もなくなり惨敗する。義家らは秋に戦闘を開始したため冬場の作戦となり、防寒態勢も整えていないのであるから「天の時」がない上、騎兵は攻城に不向きであったから「地の理」も味方しなかったということである。死者の多くは餓死と凍え死んだ者であった。この後、家衡は金沢柵に籠城して抵抗し続ける。

「地」は高い低いも含まれているように思えるから、高山の国とか低地国など高低の利用も出てくる。オランダは、低地国であることを利用し、ルイ14世に攻め込まれたときに、堤防決壊作戦を実施している。戦略というよりも戦術レベルとなるが、「三増峠合戦」「三方原合戦」ともに、武田信玄は高所に陣取り、高低差を利用した突撃によって「勢」をつけている。

「将」は、有能な将軍のことである。『孫子』は「智」「信」「仁」「勇」「厳」を備えた人物だとする。曹操の『孫子』解釈でも、「将は宜しく五徳を具備すべきなり」と述べている。将軍としての指導者論で、勤勉、信用、愛情、決断力、禁欲の五つを指す。この五徳に対して「九変篇」の五危が対置される。

「智」については、アンドレ・ゴルツは、軍の士気観察も含まれ、また「勇」については、アンドレ・ゴルツは、将軍の勇気は危険の絶頂にも明晰な頭脳で創意工夫することとしている。「将」は人的資源とも取れるから、人材の豊富さ、人材育成とも関連する。なお、ここで君主ではなく「将」を挙げていることは「五事七計」が、国家レベルというよりも、より戦場に近い立ち位置での比較であるからである。

あっけなく滅んだ豊臣家でも、創生期の家臣達が生き残っていれば避けられたことがいくつもあるといわれている。「関ヶ原合戦」も竹中半兵衛が指揮すれば西軍が勝っただろうといわれているし、豊臣秀長や前田利家が生きていれば合戦自体が起こらなかったろうといわれている。

今川氏の衰退は「桶狭間合戦」での義元の死を契機としているが、そもそも今川義元は合戦がうまい人物ではなかった。それが順調に力を拡大できたのは、太原雪斎という軍師を活用していたからである。「桶狭間合戦」の悲劇も雪斎が生きていれば避けられただろうといわれている。その意味で、真の今川氏の衰退は雪斎の死に始まっていた、ともいえるのである。

「法」は、軍制、組織の効率、法令・命令の徹底などである。曹操の『孫子』解釈では、君主にとっての国家財政、将軍にとっての輜重経営などである、と述べている。戦争を財政面でもみることができるのは、曹操という人物が、君主であり将軍でもあるからである。『仏訳孫子』では「軍事制度によって、彼我の軍の組織・編成・統制力と将校を適所へ昇進させる能力、兵站《へいたん》ルートの管理・運営と軍の必需品に対する国家の供給能力を知る」とする。軍事組織面の管理ということである。

軍事組織面の管理でも、武田信玄は卓越しており、平時の治世での定書の細かさが、軍隊の編成にも生かされており、軍用道路の「棒道」は、平時には流通にも利用されていた。「棒道」には、狼煙台が設置されて、川中島と甲府の間を短時間（30分〜4時間）で連絡可能となっていた。また軍律の厳しさも定評があり、それは上杉謙信とならぶものである。対称的に木曽義仲の率いていた兵は、無軌道無秩序で上洛後に勝手好き放題したうえで四散していった。

こうした五事を当てはめて到達レベルを見て、七計の彼我の比較で総合的な情勢分析をすること、徹底して自己の力を彼我の比較の中で把握するという「彼を知り、己を知る」が可能となる。

曹操の『孫子』解釈では「同に五者を聞くも、将にして其の変極を知る者は、則ち勝つ」としていて、将軍の五事への理解を比較するために、7つの項目を挙げたものとしている。「主、孰れか能有る。将、孰れかか能有る。天地、孰れか得たる。法令、孰れか行わる。兵衆、孰れか強き。士卒、孰れか練れたる。賞罰、孰れか明らかなる」。5つの価値判断（五事）と、7つの要素比較（七計）は対応している。

5つの価値判断と7つの要素比較の対応は、下記のようになる。五事のうち、何が欠け、何が十分かを七計で知るのである。

主、孰れか能有る　　君主の有能さとしての「道」

応用解釈として、主を為政者とした不屈の民族精神の存在すること（ゴルッ）

将、孰れかか能有る　「将」
天地、孰れか得たる　「天」「地」
法令、孰れか行わる　「法」
兵衆、孰れか強き　「道」「法」
　○竹簡本には「兵衆、孰れか強き」はない
士卒、孰れか練れたる　「道」「法」「将」
賞罰、孰れか明らかなる。　「法」

意訳すれば、「五事七計」で比較して当方が優位であれば、万全でなくても戦争を開始できる力がある、ということである。ただし、孫子は開戦を嫌っている。あくまで不戦が基本である。だから優位であるということは、不敗の地に立っているということのほうがより妥当な考え方だろう。

なお、曹操は「孰れかか能有る」を「有道」から「道徳・知能」と見なすし、また「天地」を「天の時」「地の利」と解説して「天の時・地の利なり」と述べ、指導者が「法」遵守を率先垂範すべきことを強調して「設けて犯さしめず。犯さば必ず誅す」としているが、このあたりは武田信玄の定書とも相通じるものがある。とくに曹操の場合には、部下への解説をしているので、部下に対して望む姿を提示しているように思える。

古代分業未発達時代の孫子だから、君主と将軍の役目が混在しているので、これもまた意訳して分業を当てはめたとすれば、それは国力を把握し、戦争に入った後の優劣比較のシュミュレーションを事前に行うということとなってくる。さらに応用していくと大戦略、軍事戦略が「五事」で、政治家が担当する、より国家規模での戦争遂行力の把握となり、政治レベルでの仕事と判断になるが、ただし将軍も知っておく必要があるということ。作戦戦略が「七計」となり、より戦場での戦略で開戦後、状況を軍人が予測しておくことだが、こちらも政治家も知っておく情報と見なすことも可能である。曹操は「七事を以て之を計れば、勝負を知る」と述べ、七事で計れば勝負を知ると見なすとしているが、やはりより戦場に近い将軍用にマニュアル化されているようだ。いずれにせよ、分業未発達の時代だから明確に区切るのは難しいのだが。

「凡そ、この五者は、将は聞かざるはなし。之を知る者は勝ち、知らざる者は勝たず」。これもまた意訳になるが、名将は理屈ではなく、実質的・体感的に状況を知っているが、凡人は計量化することで対応するしかない。なお、勝つといっているが、仮想・予測の段階であって、基本は五事七計は不敗であることの確認である。

「吾れ、之を以て勝負を知る。将の吾が計を聴く。之を用うれば必ず勝つ、之を留めよ。将、吾が計を聴かざる、之を用うれば必ず敗る。之を去れ。計、利として以て聴かるれば、乃ち之が勢を為して、以て其の外を佐く。勢とは、利に因って権を制するなり」。「将、吾が計を聴かざる、之を用うれば必ず敗る。之を去れ」とは、いささか孫武が自分自身を買いかぶっているようにも聞こえるが、実は上の立てた戦略通りに動けという意味であり、曹操の『孫子』解釈である、組織の原理に従わない将軍を解雇せよというのは、まさに適訳となる。

なお「勢とは、利に因って権を制するなり」の「勢」とは、臨機応変の意味で「勢篇」で強調されているものとは違う。郭化若は、臨機応変とともに「機先を制する」としているとし、『仏訳孫子』では「状勢」とする。曹操は「常法の外なり（通常の方法の外）」としている。「乃ち之が勢を為して、以て其の外を佐く」は「五事七計」で客観的に導かれた優位に従って立てられた計画に沿って、今度は軍事活動を支援するということで、梅堯臣は「計、内に定まれば、勢を外に為して、以てその勝ちの成るを助く」としている。「乃ち之が勢を為して」は、戦争判断に基づく戦争計画によって情勢を作為するということを意味するから、政略による相手国の切り崩しも図られるべきだろう。「私の軍事理論が明らかにした利点を考慮して、それを実現しやすい状勢をつくり出していかねばならない」とする。

「以て其の外を佐く」について、曹操の『孫子』解釈では「制するは権による。権は事に因って制するなり」となる。「戦場の霧（クラウゼヴィッツ）」と同じで、教科書通りの作戦判断をしないということである。この共通性はマイケル・ハンデルの指摘でもある。

国の指導者レベルにとっても戦争は予想通りにいかないから、正から奇に変わらざるをえない。まして曹操が将軍達にいいたいことは、戦場に近づけば何が起きているのかわからないことも出てくるから、臨機応変な対応が必要になる、ということである。「十一家註」でも、梅堯臣は「利に因って権を行い、以て之を制す」と述べ、王晳《おうせき》は「勢とは其の変に乗ずる者なり」と述べている。

もし戦前の日本が大国意識を持たず、「兵は国の大事」だから、よくよくもって「察せざる可からざるなり」とし、「五事七計」で比較すれば、中国大陸への侵攻や日米開戦といったことは起きなかったのではないだろうか。

「兵は詭道なり」

「始計篇」前半が「五事七計」とすれば、それを引き継いでいる後半部分が「詭道」である。「五事七計」が正とすれば、「詭道」が奇となる。正攻法に対する「詭道」となる。

日本における「詭道」の扱いは、前述したとおりで、江戸時代は思想的な解釈に終始していた。江戸時代に『孫子』が研究されていたから、明治時代の日本の対応はよかったなどという人がいれば、あまりにも孫子研究史に無知であるとしか言い様がない。江戸時代に問題となったのは「詭道」の扱いであったが、鎌倉時代に成立した『闘戦経』でもすでに「詭道」は批判されている。

大体にして、日本では尚武の気風が高いときには『孫子』が嫌われる風潮がある。一騎打ちを好む鎌倉武士にも、武士道を重んじる江戸時代の武士にも、「詭道」は忌み嫌うべき存在であった。

これは、戦前の軍国日本についてもいえる。政治的指導部は「外交が詭道である」とは考えもせず、「彼を知る」ということもなかったために、逆に相手が出してきた「ハルノート」という「詭道」に安易に引っかかった。「ハルノート」でも「エムス電報事件」でも、「外交も詭道である」。「兵は国の大事」と考えもせず、「五事七計」のかけらも考慮することなく大陸に深入りしたのが陸軍だとすれば、「輜重」の発想を持たずに「五事七計」も無視して太平洋で戦ったのが海軍である。そして「詭道」に無知だったのが政治的指導者たちであった。

もし「詭道」を批判する声を南北朝時代や戦国時代の名将達が聞いたならば、あきれかえって声も出ないか、鼻でせせら笑うかのいずれかであろう。

「兵は詭道なり」とは、戦争とは正常に反したやり方であるということである。「詭」とは、偽り、欺くこと。それは相手に判断を失わせる、誤解に導く、罠にかけるといった意味がある。まさに「合戦は謀多きが勝ち」である。「詭」と対立する概念は、平時における倫理道徳、有時における正々堂々であろう。

「兵は詭道なり」は、「虚実篇」での具体的解説につながる。曹操の『孫子』解釈で、「兵に常道無し。詭詐を以て道と為す」、つまり兵法には見習う型などない、その場その場で敵をだまし欺き、ともかく勝つことということである。なお、この場合の「兵」の意味は、各種（拡大）解釈が可能で、政略も、さらに軍隊もそのものも指される。そして、「死地にいれる」など、自軍の兵すら偽ることになるのかもしれない。ただ「始計篇」での「詭道」は、おそらくは戦略と戦術のことであろう。

「詭道」だけではないが、『孫子』の各文言は各篇に連動している。「詭道」も、全体での位置づけで見ていくと、他の部分と結びつく、そして応用させていくことができる『孫子』の根本的考え方である。「戦わずして、人の兵を屈する」「交わりを断つ」「分数」といった各文言は「詭道」がなければ成り立たない。あるいは深く「詭道」と結びついている。詭道のかかる範囲は、大戦略、政略、戦略（とくに作戦戦略）、戦術の全領域に及ぶ。

明治時代に関ヶ原古戦場を視察したモルトケの愛弟子メッケルは、「関ヶ原合戦」の東西両軍の布陣を見て、即座に西軍の勝利を断言したという。しかし史実を聞いて、「政略か、それなら話は別だ」と述べたという。出典が明らかではないので、この話が本当かどうかはわからないが、政略、すなわち権謀術数は、時には戦略を凌駕する。「詭道」は、具体例には枚挙にいとまがない。また様々な形があることを、ほかならぬ『孫子』も示唆しているが、戦略ではなく、政略が戦争を左右した例を挙げてみたい。

政略による「詭道」が左右した合戦に寿永3年（1194年）の「一ノ谷合戦」がある。よくいわれる「一ノ谷合戦」の経緯は、現在の神戸市付近の広大な地区に駐屯していた平家軍に対して、その両端の東の生田口と西の須磨口から河内源氏軍が攻撃をし、平家軍が両端の戦線で抵抗を続けている間に背後の山から源義経が鵯越をして駆け下りてきたため、予期せぬ所からの奇襲に平家軍はパニックを起こして海上を敗走したというものである。

しかし、この合戦は、政略によって戦う前から勝敗が決していた。政略を仕掛けたのは後白河法皇である。摂津国一ノ谷周辺に集結していた平家軍に対して、後白河の命により修理権大夫《しゅりごんのだいぶ》（坊門親信）が書状を送り、和平の準備をしているゆえ、2月8日まで武装解除して一切の戦闘を中止して勅使の到着を待てと申し渡したという。

しかし同時に寿永3年正月26日、平家討伐の院宣を下した。これは『吾妻鏡』の中に掲載されている平宗盛の書簡に詳細が出ている。海軍戦略的に万全の平家軍だったが、武装解除して広範な地域に駐屯して和平を待っていたから、突如のだまし討ちに混乱したのである。とくに東の生田口と西の須磨口の間は10㎞前後あるため、お互い連絡が取れず、一ノ谷で起きた放火を、戦線が突破されたと勘違いして撤退に踏み切ったのである。勝敗は、合戦開始よりもはるか前に、後白河の御簾の中で決していたのである。むしろ、これだけの好条件にもかかわらず、安徳天皇と三種の神器を奪い取ることもできず、平家の海軍を無傷で逃した義経ら河内源氏の無能ぶりは際立っていたといえる。義経ら河内源氏らにふさわしい形容は「費留」である。こうした政略ではなく、戦略や戦術における「詭道」は『孫子』でも紹介されている。

孫武による詭道の詳細と具体例

「能にして之に不能を示し（実力をもっていても、いないふりをする）」。この文言に該当する政略的事例として挙げられるのは、「厳島合戦」における毛利元就の敵スパイ利用である。元就は厳島に敵の大軍を誘致するために城を築いたうえで、その城が盗られるとまずいことになる、とても守れないと、わざわざ敵のスパイに聞こえるように言いふらして、陶晴賢をまんまと厳島に誘い込んでいる。

戦略的事例として挙げられるのは、「千早城攻め」における楠木正成の断水にかかったふりである。楠木正成率いる約1000人の兵は千早城に立て籠った。早めに赤坂城を陥落させた鎌倉幕府軍は、『太平記』によれば100万人にまで膨れ上がったという。大軍を誇る鎌倉幕府軍に対して、正成は城近くまで引き寄せた上で、櫓から大石や大木を次から次へと落として大混乱に陥れた。千早城の水断ちを図る鎌倉軍に対して、正成はあらかじめ城内に水槽を200〜300も作らせて貯水していた。

何日たっても誰も水汲みに来ないことに油断して見張りをおろそかにした頃を見計らい、正成は優秀な射手200〜300人に夜襲を仕掛けさせた。警護していた名越軍は20人ほどが討ち取られて撤退。正成は奪い取った名越家の旗を城に持ち帰ってはやし立てる。城攻めのときに寄せ手が激怒すると、籠城側の罠にかかる。名越軍は激怒。大挙して城に押し寄せたが、大木転がし攻撃にあって400～500人が圧死、5000人ほどが射落とされている。
千早城の城壁は二重になっていた。攻め寄せた鎌倉幕府軍は外側の壁を倒されたため、6000人も谷底に落ちたという。鎌倉幕府軍の軍奉行・長崎高貞は「兵糧攻め」に切り替える。すると正成は、甲冑を着せた藁人形《わらにんぎょう》を城の麓に並べた。眼下の寄手は、城兵が決死の覚悟で打って出てきたと勘違いした。慌てて城に攻め登り、藁人形であることに気が付いたときにはもう手遅れ。たくさんの大石が落ちてきて300人が即死、500人が重傷を負うという大打撃を受けている。

河内源氏軍を殲滅するために、「平治の乱」で河内源氏軍の渡川を襲わず六波羅に招き入れた平清盛、「戸次川合戦」で四国勢の渡川を襲わなかった島津家久なども「能にして之に不能を示し」の戦術的事例として挙げることができる。なお、劉基が『百戦奇略』で出した例は、李牧による匈奴討伐であり、郭化若も引用している。

「用いて之に用いざるを示し（積極的に出ようとしているのに消極的に装う）」。これは威信政策の逆である。兵法の秘術をつくしながら、土壇場まで兵法と無縁の行動を取り、油断させるということはよく見られる。後述するが、弘治3年（1557年）の「第3回川中島合戦」で、対陣中の上杉謙信の陣所で薪を山のように積み上げ、しかも引き上げ準備でもしているかの如き動きをしつつ、罠を仕掛けたことなどが該当する。もちろんこれは戦術ともいえないレベルの奇策であって、謙信も、信玄がこの程度の策に乗ってくるとは考えていなかった。

「近くして之に遠きを示し、遠くして之に近きを示す（近くにいるのに遠くにいるように見せ、遠くに居るのに近くにいるように見せる）」。曹操は韓信が安邑に渡った例を挙げている。単純な最短ルートは危険だということで、「宇直の計」に結びついている。李筌は「敵をして備えを失わしむるなり」と解釈している。リデルハートの「流動的集中」も含まれてくるだろう。「近くして之に遠きを示し、遠くして之に近きを示す」は、単なる距離的なものというよりも、時間的な意味も加味するとわかりやすい。戦略的事例としては、「手取川合戦」前の上杉謙信による七尾城攻めはその好例といえる。

天正5年（1577年）閏《うるう》7月、謙信は能登へ再度進攻し、17日に七尾城を攻囲した。七尾城の織田信長派の長綱連は救援を求める使者を織田信長に送る。これを受けて、信長はかねて越前国に配置していた柴田勝家の根拠地、北庄に主だった部将を集結させた。8月8日、織田軍は越前から出陣し、七尾城の救援に向かう。信長の戦略は、すみやかに加賀国に入り、七尾城を攻囲する謙信の背後に回り、城側の兵と挟撃して敵を圧殺するというものである。謙信が七尾城攻めに手間取っていると判断したのだが、これは謙信の「能にして之に不能を示し」の罠にかかっていた。

この4カ月前に、簡単に攻略できるにもかかわらず、謙信はわざわざ七尾城を攻めて撤退するというデモンストレーションを行なっている。七尾城が難攻不落で、簡単には落とせないというイメージを信長に抱かせておいたのだ。そして織田軍が手取川を渡ったという知らせを受けるや否や、9月15日、素早く七尾城を落城させる。さらに17日、謙信は末森城も落とすと、密かに前進して織田軍の進行方向、目の前に布陣する。離れた場所で七尾城攻略に手間取っていると思った謙信が、いつのまにか目の前に現れたのであるから、織田軍は大変な混乱に見舞われている。

はるか離れたところにいた敵が目の前にいたとき、大概の場合はパニックに陥り、敗北してしまっているのは「手取川合戦」だけではない。豊臣（羽柴）秀吉の「大返し」も、そんな効果をもたらしている。「山崎合戦」前に、毛利氏と対陣中と思われた秀吉が急遽戻ってきたときに明智光秀が見舞われた混乱もそうだが、翌天正11年（1583年）の「賤ヶ岳合戦」のときにも、柴田勝家と対陣していた秀吉は、岐阜の織田信孝が反秀吉の兵を挙げたと聞き、秀吉自らが木之本の本陣から兵を連れて大垣城へ移動している。秀吉方が手薄になったところへ、佐久間盛政が攻撃を仕掛けた。標的となったのは大岩山砦で、秀吉方の中川清秀の兵が全滅する。

盛政はさらに岩崎山を攻め、高山右近を撤退させた。これに乗じて、柴田勝政が賤ヶ岳砦まで前進しようとする。ところが、この報告を聞くや、秀吉は、1万5000人の兵を率いて取って返し、5時間で13里（52㎞）を踏破すると、柴田軍に襲いかかった。勝家の命を聞かずに、占領した砦に固執した盛政は大混乱して、それが柴田軍全郡に波及し、柴田軍は敗退に見舞われる。

「川中島第4回戦」前の上杉謙信の陣ぶれでも、わざわざ越中国方面への出陣を示唆して、急遽川中島に現れて、敵を混乱させている。いないと思わせて、急に現れて混乱させるという意味では、「塩尻峠合戦」での武田信玄の行軍も該当する。劉基が『百戦奇略』で出した例は、韓信による魏王豹への奇襲であるが、曹操は「利にしてこれを誘い」の例としている。

「利にして之を誘い（餌を与えて罠をかける）」は、敵においしい餌を見せてつり出すというもので、囮を作っておいたり、敗退のふりをして追撃させるなども当てはまる。リデルハートは戦略の一つの型として、囮を作り上げて食いつかせることを述べている。釣りは餌を釣り針に仕掛けて魚を食いつかせて釣り上げるものであり、狩りの中にも罠を仕掛けて獲物を捉えるものがあるが、これらは基本的には『孫子』によって「利して之を誘い、乱して之を取る」と述べられていることと同一である。さらに、雲雀の親は巣を発見されないように傷ついたふりをして敵を巣から離れるように誘導するというが、わざと隙を作り上げて相手の行動を誘い、罠にかける方法もある。そして、それは政治にも軍事にも等しく見られる行為である。「利して之を誘った」の前には「能にして之に不能を示し」と、軍隊を弱く見せかけて油断を誘うことがとくに書かれている。

梅堯臣は「彼れ利を貪らば、則ち貨を以て之を誘え」と註している。「利にして之を誘い」は、「近くして之に遠きを示し、遠くして之に近きを示す」と連動することが多い。すなわち敵から離れた場所にいて、敵に囮を見せて食いつかせるという方法である。

戦略的事例として、弘治3年（1557年）「第3回川中島合戦」で、上杉謙信は武田領内深くまで南下しては、北に退くを繰り返している。7月に謙信は何回目かの南下を行い、高梨政頼とともに武田方の手に落ちていた雨飾城（尼巖城）攻撃姿勢を示し、武田方の拠点攻撃を囮にしようとしながら、信玄が出てこないならば奪取しようとした。

対する信玄は7月5日に部下の山県昌景を安曇軍から北上させ、上杉側の小谷城を攻撃させた。小谷城は謙信の春日山城まで40㎞程度の距離である。謙信は春日山城防衛のために川中島から兵を引くという姿勢を見せる。追撃ほど得やすい勝利はないとされる。慎重な信玄もこの状態は静観できなかったため追撃を開始するが、これが謙信の罠であった。謙信は突如反転し、8月29日、上野原で信玄を迎え、撃破している。

前述した「賤ヶ岳合戦」での秀吉が、敵の目の前で中川清秀を放置して大岩山砦という餌を置いたのも「利にして之を誘い」になる。

戦術的事例としては、自軍の少数の部隊を敵の目の前において、相手がこれに飛びついたら、後方や側面の部隊で包囲するという島津軍の「釣り野伏せ」が該当するだろう。島津氏の「釣り野伏せ」は、囮を幾重にも配置することもあった。豊臣秀吉の九州征伐の初期、秀吉軍の毛利氏の部隊が小倉城を攻めるために大里に兵を進めたときのことである。迎撃に出てきた島津軍と戦い、これを難なく一蹴した。毛利軍は「釣り野伏せ」を知っていたため、退却したのが囮部隊と知り深追いを避けたところ、案の定、道の左右から伏兵が現れ攻撃してきた。これも一蹴し、毛利軍が安心して追撃を開始したとき、新たな伏兵が現れて鉄砲の一斉射撃と槍での突撃を敢行してきたため、毛利軍は敗退してしまっている。

劉基の出した例は屈瑕による絞の攻略で、「利戦」として「利して之を誘う」具体例として、楚の屈瑕が絞を攻めたときに、護衛なしの人夫に山中の薪を取りに行かせて、油断した絞の兵士を伏兵で大敗させた『春秋左氏伝』（桓公12年）が挙げられている。ただ、『孫子』の言葉が「利して之を誘う」とそのまま使われているが、挙げられている具体例が適切かどうか、議論の余地もあるだろう。

「乱にしてこれを取り（混乱させて之を撃て）」は、敵内部に分裂、内乱を引き起こすこと、偽装により敵か、味方をわからなくして混乱させることなどになってくる。李筌は「敵、利を貪らば必ず乱る」と註するが、張豫《ちょうよ》は「詐りて紛乱せるを為し、誘いて之を取る」と註しており、『仏訳孫子』でも「混乱した様を示して之を撃て」としている。とりあえず敵の混乱として見ていくと、武田信玄の合戦には多く見られる。

政略的事例としては、武田信玄による上杉家中からの大熊重秀らの裏切り、徳川家康による

「大阪冬の陣」前の片桐且元と大野治長の離間などが挙げられる。

戦略的事例として、天文11年（1542年）の諏訪攻めに際して、信玄は諏訪家の一族の高遠頼継、重臣・矢島満清の裏切りを誘っているが、これは「交を伐つ（「謀攻篇」）」ともなっている。

やはり戦略的事例として、「明徳の乱」での足利義満による山名時熙・氏之と氏清・満幸の離間も当てはまる。「六分一殿」と呼ばれた山名一族の力をそぐために義満は、山名一族内の対立を利用する。まず山名氏清と満幸に、対立関係にあった山名時熙と氏之を討伐させ、続いて氏清と満幸を挑発して攻めている。

味方の偽装混乱としては、「川中島第3回戦」での上杉謙信の火災の偽装が挙げられる。また、木曽義仲は、翌治承5年（1181年）6月、城助職との「横田河原合戦」で、千曲川対岸から平家の赤旗を掲げて助職に味方の軍と思わせ、渡河して接近し、城氏の本軍に近づくと赤旗を捨てて河内源氏の白旗を掲げ、混乱させて勝利している。

「実にして之に備え（敵が戦力集中したら対戦の準備をせよ）」では、国内の臨戦態勢の確立や籠城の準備が多く当てはまる。曹操の『孫子』解釈では、「敵、あまねく実すれば、須らく之に備うべし」、梅堯臣は「彼れ実なれば則ち備え可からざるなり」と註している。郭化若は、敵が充実しているときは防備に回るとしている。

「強にして之を避け（強大な敵との交戦は避ける）について、」曹操の『孫子』への註では「その長とする所を避く」として、敵後方の輜重隊を狙えと示唆し、梅堯臣「彼強力なれば則ち我は当にその鋭を避く」、張豫「軍争篇で正々の旗はむかうること無かれ、堂々の陣は撃つこと無かれと言っているのが之に当たり、敵の強大に対しては暫くのを避け、軽はずみな行動に出てはならない」、賈林は「弱を以て強を制するの理は、須らく変を待つべし」等、各々が記している。

「強にして之を避け」については、上杉謙信を相手にしたときの敵側武将に見られることが多い。北条氏康の小田原籠城もそうだが、戦術的事例として「第5次川中島合戦」の信玄がそうであった。永禄7年（1564年）7月29日、謙信が善光寺に着陣し、犀川を越えて南下する。海津城や周辺の城塞は無視して、信玄を探していたが、謙信が佐竹義昭に送った書状からは、信玄が自らの所在を把握されないよう隠れているようである。8月下旬に入り信玄も北信濃に出てくるが、謙信との正面衝突を恐れ、遠く塩崎城に入ったきり動かないなど、謙信との戦闘を避け続けた。川中島南部での謙信と信玄の対峙は10月下旬にまで及び、謙信出馬からは90日も経過したという。

「怒にして之れをみだし（敵を怒らせて判断を失わせる）」は、「九変篇」の五危につながる内容である。曹操の『孫子』解釈では、「その衰かいを待つなり」となっている。敵にパニックを与えて混乱させるのは勝利につながることだが、怒らせて冷静さを失わせることは、敵を罠にかからせることになる。

戦略的事例としては、「賤ヶ岳合戦」前に秀吉が柴田勝豊の長浜城を奪取して、柴田勝家を怒らせたことなどが挙げられる。その結果、勝家は賤ヶ岳まで出陣している。

戦術的事例としては、「千早城攻め」における名越時見ら鎌倉幕府軍に対する楠木正成の挑発は前述したとおりである。さらに似た事例として「上田城攻め」における真田昌幸の挑発も挙げられる（後出、第十章）。

「卑にして之れを驕らせ（劣勢を装い、敵を増長させよ）」、これは竹簡本には出ていないので、曹操が付加した可能性が高い。戦略的事例としては、「川越夜討ち」前の北条氏康の敗退と講和申請が挙げられる。

天文14年（1545年）9月、関東管領の山内上杉家憲政、扇谷上杉朝定、古河公方・足利晴氏が率いる関東諸大名連合軍8万は、3000の兵とともに北条綱成が守る河越城を包囲した。8000人の兵を率いて救援に駆けつけた氏康は、晴氏に対して城兵の助命と引き換えに開城すると申し入れ、上杉方には綱成を助命してくれるならば開城したうえで、今までの争いについても和議し、公方家に仕えると、偽りの降伏を申し入れるが、勝ち誇った両上杉・古河公方連合軍はこれをはねのけ、北条軍を攻撃、氏康は兵を府中まで引いた。

しかし、これは氏康の罠であった。すでに勝ったつもりになっていた両上杉・古河公方連合軍は油断しきっていて、そこに氏康は夜襲を仕掛けたため、10倍の両上杉・古河公方連合軍は惨敗し、戦死者は1万3000〜1万6000人。扇谷上杉朝定は戦死し、山内上杉家憲政と古河公方・足利晴氏は、各々の根拠地に逃走した。

劉基が『百戦奇略』で出した例は、孫権による関羽への奇襲である。

「いつにして之れを労し（敵に行動を強要して疲労困憊とさせる）」も竹簡本にはない文言である。チムールが、「アンカラ合戦」の前に、バヤジット1世の根拠地であるアンカラに向かって進軍し、慌てて追いかけてくるバヤジット1世の進路上の井戸に毒を入れるなど、夏場の暑さに加えて水を飲めないようにして疲労させたのは名高い。曹操の『孫子』解釈では、「利を以て之を労す」とあり、利益で敵をあちこち誘い、疲弊させるとされている。「虚実篇」にも「敵、いつなれば能く之れを労す」の記述がある。

戦略的事例として、前述の「手取川合戦」での上杉謙信による織田軍誘致が挙げられる。七尾城攻略中の謙信を、七尾城の織田派招聘と挟撃しようと強行軍を続けていた織田軍は、大雨の中を進み、しかも手取川を渡って疲労した状態で、上杉軍と対峙することとなった。

戦術的事例としては、「平治の乱」の鎮圧の際に、平清盛による河内源氏軍の六波羅誘致が挙げられる。内裏を平家軍によって奪還され、行き場をなくしていた反乱軍は、目の前でこれ見よがしに六波羅に帰還する平家軍を追いはじめた。叛乱に加わりながらも戦いに加わらず、300余騎にて六条河原に控えていた源頼政の陣所前を通過したために、頼政の中立に逆上した義平が頼政軍に向かって突入し、戦力を低下させ、鴨川を渡って疲弊した状態で新たな戦闘に突入してしまう。

「親にして之を離す（団結した敵の離間）」も、竹簡本にはない文言である。曹操の『孫子』解釈では「間を以て之を離す」であり、杜牧は「厚利をくらわして之を離間す」と註している。「謀攻篇」の「交わりを伐つ」とも関係するが、「謀攻篇」では外交的なものに対し、軍隊内での離間を目指すという、より軍事的なものと考えてもよいのではないかと思う。なぜなら曹操が部下の将軍に与えているからである。「平治の乱」での源頼政の中立、さらに平家側としての参戦などが該当する。劉基が『百戦奇略』で出した例は、田単による恵王と楽毅の離間である。

「其の無備を攻め、その意わざるに出づ（敵の備えなき所を攻め、敵が予期しないときに攻撃する）」について、単に油断した無防な状態を攻めるだけでなく、物理的に守れないところを攻めるということも考えられる。ナポレオン戦争のときに、英国は海軍力を持ってフランスの植民地を攻略しまくったが、海軍力の劣るフランスはどうすることもできなかった。平知盛が海軍を利用して、山陽道にいた河内源氏を悩ませたのも、英国の戦略に近い。海軍力に勝る里見義弘が、北条氏康領の三浦半島を攻撃したのも該当するかもしれない。曹操の『孫子』解釈では「その懈怠を撃ち、その空虚に出づるなり」となっている。

戦略的事例としては、「小牧・長久手合戦」での豊臣秀吉による伊勢国攻略が挙げられる。天正12年（１５８４年）、尾張国で小牧・長久手で豊臣秀吉と徳川家康・織田信雄連合軍との戦いが起こった。織田信雄の領地は尾張国・伊賀国・南伊勢の１０７万石で、問題となるのは信雄領の南伊勢である。もともとの信雄の領土は旧北畠氏領（信雄が養子に入っていた）の南伊勢、実際に征服の中心になった伊賀国であったが、信長死後の遺産分割で尾張国を新たな領国として加え、根拠を移していたからである。家康は小牧山に本陣を構え秀吉軍と対峙、兵力的には秀吉軍は家康・信雄連合軍の3倍以上の動員力を誇っている。

秀吉は小牧で家康と対峙しながらも、その動員力に物をいわせて織田信雄の領土である南伊勢の攻略を開始した。南伊勢は秀吉の勢力圏に隣接しており、秀吉はいくらでも余剰兵力を派遣できる。

ところが信雄にとって南伊勢は尾張の小牧山から離れているため、小牧山に陣取る信雄も家康も援軍の出しようがない。援軍を出そうとすれば、膠着した戦線から先に動くこととなり秀吉軍の餌食となってしまう。しかし援軍を出せねば南伊勢は秀吉の手に落ちてしまう。そうこうしている間に南伊勢の信雄側の城は片っ端から落とされていく。まったく手の出しようがなく信雄は追いつめられて、秀吉と和睦し、信勝救援を戦争目的としていた家康も必然的に講和した。

やはり物理的な意味で「其の無備を攻め、その意わざるに出づ」となった戦術的事例としては、上杉謙信の「騎西城《きさいじょう》攻め」である。永禄6年（1563年）、小田助三郎朝興の守る騎西城を上杉謙信は攻めた。騎西城は四方を沼に囲まれた難攻不落の要塞であったが、高台に登り城内を見ると、本丸に架かる橋を白い衣装を着た婦人が行き来するのが水面に映っていた。謙信は城兵の守備は外郭に集中していて、本丸や二の丸には婦人や子どもばかりで無防備になっていると判断し、筏で沼から二の丸へ侵入し、竿に付けた提灯に火をともし、塀を一斉に叩いて鬨の声を上げたため、二の丸にいた婦人や子どもはパニックを起こし本丸へと逃げ込んでいく。外郭で守備していた兵が気がついたときには二の丸は上杉軍の手に落ちていて、内側を占領されたために騎西城は陥落する。

一方、精神的な無備が攻められた戦術的事例としては、天正2年（1274年）の上杉謙信の「仁田山城攻め」が挙げられる。「仁田山城攻め」が掲載されている『謙信家記』は、宇佐美勝正の作ではないかと推測されている書物で、説話集的な色彩が強いとされているが、天正7年8月以前に成立していたようであるので同時代性が高い上、「仁田山城攻め」と類似した話が、他の書物にも登場するところを見ると、謙信の城攻めの一つの型と見ていいように思える。

東上野仁田山にあった北条氏康配下の仁田山城を攻めたときのこと、敵側の者約50～60人が付近の山谷に伏兵として隠れているのを事前に知りながら、あえて城を攻撃した。当然のことながら伏兵によって破られたのを見て謙信は早々に撤退命令を出し、善というところに引き揚げた。敵側は自らの策によって謙信を撃退したことに大喜びして謙信をののしったが、その夜のうちに謙信は引き返してきて城を攻め、陥落させてしまう。わざと勝利に酔わせて、最も油断した瞬間に攻めたのである。これは用兵の巧みさと奇襲を併用した方法である。これと似た話は、武田信玄にもある。

天文5年（1536年）、武田信虎が平賀玄信の守る海野城を攻めたとき、信玄も初陣で加わっていた。海野城の守りは堅く、1カ月近くも攻め続けたが陥落しなかったため、武田軍は諦めて撤退を開始した。武田軍を撃退した平賀軍が安心しきって休息に入ったが、撤退途上に信玄の率いる少数の部隊が反転し海野城まで急行、いきなり夜襲をかけたために落城したという話が、『甲陽軍鑑』に載っている。

「これ兵家の勝にして、先には伝うべからざるなり（これらが勝利の鍵であるが、出陣前に伝えることができないことでもある）」は、「企図の秘匿」と、戦局の変化への対応という2つの意味があると思われる。

「企図の秘匿」として、戦略的事例では「川中島第4回戦」前の上杉謙信の陣ぶれが代表的である。謙信は合戦前に春日山城の毘沙門堂に籠って戦略を練ることで名高いが、それを部下に解説することはなく、謙信の胸中に収めておく。「川中島第四回戦」でも述したように、越中国方面の出陣と思わせたり、妻女山に入るなど、部下の意表を突くことの連続であった。味方さえも謙信の意図がわからないのだから、敵にはもっとわからず、武田信玄を罠にかけていった。

戦局の変化への対応は無数の例がある。たとえば「前九年の役」に際して、源頼義は「板東の猛士、歩騎数万」を用意しながら、失策続きで、「黄海の合戦」の頃には率いていたのは1300～1800人にすぎない状態になっており、予想外の事態に頼義は出羽国の大豪族・清原氏に援助を依頼して兵力逆転を図っている。

いずれにせよ、「先には伝うべからざるなり」である。曹操の『孫子』解釈は、将軍の心得として「伝うるは猶漏らすが如きなり。兵に常勢無く水に常形無し。敵に臨みての変化はまず伝う可からざるなり。故に、敵を料るは心に在り、機を察するは目に在ればなり」ということである。

これらの『孫子』の提示した「詭道」は、単独で存在するよりも、合戦の中で複合されていることが多い。たとえば天正6年（1578年）、豊後国の大友宗麟と薩摩国の島津義久があいまみえた「耳川合戦」の場合、兵力的には大友軍が優勢であったが、島津軍は各種の「詭道」の型を組み合わせて対処している。

8月、4万3000人（これと別に肥後に3万人を置いたとされている）と称される大友軍が南下を開始する。島津軍は3万人、島津義久は、敵に規模を悟らせないために夜間行軍で到着しているが、これは「遠くして之に近きを示す」となっている。義久の弟である島津義弘は切原川を越えて松尾砦を奇襲し、救援の大友軍1000人を討ち取って挑発するが、これは「怒にして之れをみだし」となっている。怒り狂った大友軍に対して、「利にして之を誘い」で少数の部隊を囮にした「釣り野伏せ」の体制を展開する。

大友軍強硬派の田北鎮周はこの挑発に乗って12日未明に切原川を渡り、島津軍の前衛を切り崩す。これに対して義弘の伏兵が大友軍側面を奇襲して混乱に陥れる。八幡大菩薩の旗を掲げた島津軍に寺社破壊を繰り返してきた大友軍に動揺が走る。味方を見殺しにできず自重派の佐伯宗天も川を越え、大友軍はなし崩し的に戦闘に突入する。大友軍がこぞって戦闘に参加したため、家久が籠っていた高城の周囲は手薄になった。家久は城を打って出て大友軍の側面を攻撃する。

これを見た田原紹忍は、手勢を後退させて退路を確保するとともに、前進中の部隊を後退させて高城の押さえに向かわせようとした。妥当な行動であるが、予想外の結果を生んでしまう。乱戦中であったために後陣の後退を撤退と勘違いした前線が恐慌状態に陥り、崩れだしたのである。通称「裏崩れ」という現象が起こったのである。大友軍は大敗を喫した。

マーケティングにおいても「詭道」は有効である。売れ行きがよいのに、統計データではあえて過少申告をしてライバルを油断させる「能にして之に不能を示し（実力をもっていても、いないふりをする）」の例を筆者は実際に見ている。

「此兵家の勝にして、先ず伝う可からざるなり」に登場する「勝」について武内義雄氏は古註から考えて「勝」は間違いで、おそらくは「勢」だと指摘しており、金谷治氏もそれにならっている。たしかに「始計偏」の「勢」は臨機応変の意味だから、事前に伝えられないという流れとつながっている。しかし郭化若は、「勝利を得るための奥義」としている。

『孫子』は「始計篇」の最後にこう結論づける。「夫れ、未だ戦わずして廟算するに、勝つ者は算を得ること多きなり。未だ戦わずして廟算するに、勝たざる者は算を得ること少なきなり。算多きは勝ち、算少なきは勝たず。而るに況や算無きに於てをや。吾、此を以て之を観るに、勝負見わる」。「五事七計」の分析による大戦略や軍事戦略、「詭道」による作戦戦略などが整っているかどうか。戦う前に、勝算がなければいけないのである。

曹操は『孫子』に、こう註をつけている。「我が道を以て之を観るなり」。「九地編」でも「廊廟の上に厲《はげ》みて、以て其の事をせ誅む」と出てくる。

正兵で始めるとは、「五事七計」の分析で態勢を整え、奇兵で終えるとは「詭道」で破るということであろう。攻守は区分して考えるのではなく、一体化した波であり、うねりの高さにより攻守の主軸が変わる。自助努力として完全な守備を作り上げつつ、勝利のチャンスを相手の隙に求め、これも意識的に隙ができるように仕掛けていく。

第六章

作戦篇（戦争の疲弊と拙速の強調）

「作戦篇」全文書き下し

孫子曰く、凡そ用兵の法は、馳車千駟《ちしゃせんし》、革車千乗、帯甲十万。千里にして糧を送れば、則ち、内外の費、賓客の用、膠漆《こうしつ》の材、車甲の奉、日に千金を費して、然る後に十万の師、挙がる。其の戦いを用うるや、勝つことを貴ぶ。久しければ、則ち兵を鈍らし鋭を挫き、城を攻むれば則ち力屈す。久しく師を暴《さら》さば、則ち国用足らず。夫れ兵を鈍らし鋭を挫き、力を屈し貨を尽くせば、則ち諸侯、其の弊に乗じて起る。知者有りと雖《いえど》も、其の後を善くするを能わず。故に、兵は拙速を聞くも、未だ巧の久しきをみざるなり。

夫れ、兵久しくして国を利する者は、未だ之れ有らざるなり。故に、尽《ことごと》く兵を用うるの害を知らざる者は、則ち尽く兵を用うるの利も知ること能わざるなり。善く兵を用うる者は、役は再び籍せず、糧は三たび載せず。用は国に取り、糧を敵に因る。故に、軍食足る可《べ》きなり。

国の師に貧なる者は、遠く輸《いた》せばなり。遠く輸せば、則ち百姓貧し。師に近き者は貴売す。貴売すれば、則ち百姓の財竭《つ》く。財竭くれば、則ち丘役に急なり。力屈し財を殫き、中原の内、家に虚し。百姓の費え、十に其の七を去る。公家の費は、破車罷馬、甲冑矢弩、戟楯蔽櫓、丘牛大車、十に其の六を去る。故に、知将は務めて敵に食む。敵に食むの一鍾は、わが二十鍾に当る。萁秆《きかん》一石は、吾が二十石に当る。故に、敵を殺すものは怒なり。敵の利を取るものは貨なり。故に、車戦に車十乗以上を得れば、其の先を得たる者を賞し、而してその旌旗を更《あらた》め、車は雑《まじ》えて之に乗らしむ。卒は善して、之を養う。是を敵に勝ちて強を益《ま》すと謂う。故に、兵は勝つことを貴び、久しきを貴ばず。故に、兵を知るの将は、生民の司令、国家安危の主なり。

現代語意訳

孫子はいう。戦争になれば、戦車1000台・輜重車1000台・武装した兵士10万人が必要になる。さらに千里（の彼方へと）に糧食を輸送するとなれば、内外の経費・（外交や工作のために）賓客をもてなす費用・膠や漆の材料費、戦車・甲冑の供給など、1日に千金を費やし、初めて10万人の軍を派遣することができる。戦争においては、勝利こそが貴ばれる。（戦争が）長引けば、軍は疲弊し鋭気は失われ、城を攻めれば力尽きる。長期間にわたり軍を戦場に晒せば、国家財政は不足してしまうことになる。軍が疲れて鋭気が挫かれ、兵力が尽きて財も尽きるなら、周辺の諸侯がその疲弊に乗じて攻め込んでくるだろう。（そうなったら）自国に智者がいたとしても、疲弊の後をうまく対処することはできない。だから、拙い戦い方であっても、素早く終わらせる（速くすることで最低限の目的を達成する短期決戦）ということは聞くが、今までに、長くやり続けて巧である（巧遅）ということは見たことがない。

戦争を長くやって、国の利益になったことなどない。だから、兵を動かすことで、引き起こされる弊害を知らない者は、兵を動かすことで得られる利益も知り尽くすことはない。（こうしたことを、よく知っていて）戦争が上手い将軍は、兵役を2度続けて人民に課することがなく、食糧も3度も（国から）調達することはない。武器などの装備は自国で用意するが、糧食は敵国のもので賄う。だから、軍の食糧は不足しないのである。

国家が戦争のために窮乏するのは、遠方の地に糧食を輸送するからである。遠い土地まで糧食を運べば、民衆は貧しくなる。戦場が近い場所の人間であれば、高く売るので物価が高騰し、民衆の蓄えはなくなってしまう。民衆の蓄えが無くなれば、兵役を課すことも難しくなる。力は低下し財は枯渇し、中原の家々の財産が無くなり、民衆の蓄えは、10のうち7が失われる。国家の蓄えは、戦車が破壊され、馬が疲弊し、甲冑、弓矢、戟、楯、矛、櫓、運搬のための牛車・大車を修理したり補充したり用意することで、10のうち6が失われてしまう。だから、智将は、できるだけ敵の糧食を、自軍の兵士に食わせようとする。敵の一鍾を奪って食べることは、味方が用意する20鍾分の糧食に相当し、（敵の馬用の飼料である）豆ガラ・藁の一石もまた、味方の用意する20石分の飼料に相当するのである。敵を殺させるのは怒りの感情にまかせるからである。敵の財貨を奪い取らせるのは利益になる。だから、戦車を使った戦いで相手の戦車を10台以上鹵獲した時は、最初に鹵獲した者に褒賞を与える。奪った戦車は旗を自国のものに取り替えて、自国の軍に組み入れて兵を乗せる。捕虜にした兵卒には待遇を良くして味方に組み入れる。これが敵国に勝ちながら、国力を増強させる方法である。このように戦争は勝利することを貴び、長期化することは貴ばない。そして戦争・兵法をよく知っている将軍は、民衆の生死を司り、国家の存亡を分けるような存在である。

○郭化若は「敵を殺すものは怒なり。敵の利を取るものは貨なり」を、軍隊をして勇敢に戦わせようとするなら、その部隊を激励しなければならない、軍隊を競って敵の物資を略奪させようとするなら、まず士卒を賞励しなければならない、と訳している。

戦争による疲弊

「作戦篇」の大意は、戦争は国家を疲弊させ、人々の生活を圧迫するから避けなければならない。どうしても行うときには、素早く終わらせることを心がけよ、長引いてよかった戦争など存在しない、ということである。内容のほとんどが戦争の弊害についてであり、結論としては、だから戦争は早く終わらせろ、ということになってくる。そのために大事なのが作戦ということで、作戦とは、戦いを作ること、すなわち戦争計画を意味する。

古代においては、戦争、戦役、戦闘は区別されず、すべてが作戦とされている。作戦には戦費、軍の装備や資材、兵力、糧食、関係国などの諸要素が含まれてくる。とくに遠征軍を送る際の注意と、軍の編成、補給の問題などが取り上げられている。弊害の大きい戦争を早く終わらせるためには、入念な作戦計画と準備が大切となる。西軍東軍ともに入念な準備と戦略を持って戦った「関ヶ原合戦」は1日で終結している。逆に、同じように天下を二分した西軍と東軍が集結しても、なし崩し的に開始された「応仁の乱」は10年以上も継続し、秩序も財産も人命各方面での損失は途方もないものになった。

「始計偏」の「五事七計」と「詭道」の対置関係は、「作戦篇」以降の『孫子』の中の大きな流れとして、下記のような波として続いている。

「守」―「己」―「正」―「実」

「攻」―「彼」―「奇」―「虚」

なぜ上の二つの流れの中で、攻勢をかけるのは敵の状態次第となっているのかといえば、兵書でありながら、『孫子』には、攻撃を仕掛けて勝利する姿勢が薄いからである。それは戦争を回避する姿勢の強さでもある。「千里にして糧を送れば、則ち、内外の費、賓客の用、膠漆の材、車甲の奉、日に千金を費して、然る後に十万の師、挙がる」と、『孫子』は戦争の弊害について述べている。『孫子』型の攻守の背景にある思想は、戦争は悪であるということである。

戦争は弊害が大きいからやらないほうがよいし、やるなら早く終わらせないといけないことから、『孫子』の学徒である武田信玄が政略を好んだ理由も明らかになる。直接的戦争準備は金がかかる、それよりも政略のほうがよい。政略ならば、戦闘そのものが起こらない。ゆえに「謀攻篇」が登場するのである。

曹操による『孫子』解釈でも、国の指導者らしく「戦わんと欲すれば、まず費務を算し、糧は敵に因れ」となっている。これは①遠征軍を想定して考えている、②要人買収や論功行賞は含まれていないからもっとかかる、③軍隊そのものも厭戦気分に陥る、④インフレが起こる危険もある、といったことも加味されなくてはならない。

「日に千金を費して、然る後に十万の師、挙がる」は、「用間篇」にも類似表現が記されている。ともかく戦争は弊害が大きいからやらないほうがよいし、やるなら早く終わらせよ、である。そして、そのための方法を考えよということになる。

「久しければ、則ち兵を鈍らし鋭を挫き、城を攻むれば則ち力屈す。久しく師を暴せば、則ち国用足らず。夫れ兵を鈍らし鋭を挫き、力を屈し貨を尽くせば、則ち諸侯、其の弊に乗じて起る。知者有りと雖も、其の後を善くするを能わず」。戦争が長引く弊害はあまりに大きい。戦争を長引かせないためには、合戦準備を万端に整え、「勝兵は先ず勝ちてしかる後に戦いを求め」（軍形篇）とすればよい。言うは易く行うは難しの典型であるが、これをやり遂げる者こそが、真の名将となる。曹操による『孫子』解釈では、「鈍らすとは、則ち弊るるなり。屈すとは、尽くるなり」となっている。

計画を念入りにし、事前準備を万全にしているものほど、戦闘は短時間にあっけなく終わっている。大戦略的事例としては、平清盛による「平治の乱」鎮圧が挙げられる。大戦略から戦略へ移行し、さらに内裏攻撃に入る瞬間までは2週間ほどの時間をかけて準備し、戦闘は1日かからなかった。

戦略的事例として、毛利元就の「厳島合戦」は大内義隆が殺されてからなんと4年以上、天文23年（1554年）5月に、毛利元就が大内氏（陶氏）と決別して桜尾城など4城を攻略し、厳島を占領してから5カ月以上たって開戦するが、やはり戦闘は1日かからなかった。

やはり戦略的事例として、武田信玄の「諏訪攻め」も「伊那攻め」も戦闘はほとんど行われず、しかも1日かからなかった。前述した「関ヶ原合戦」も秀吉死後から1年以上、上杉征伐の軍を起こしてからは3カ月が経過しているが、関ヶ原での戦闘は1日で終了している。

逆に、双方が戦争目的も戦略も曖昧なままで、なし崩し的な開戦となった「応仁の乱」は11年間も続いている。「応仁の乱」がもたらした未曾有の混乱は、まさに「兵は拙速を聞くも、いまだ巧の久しきをみざるなり。それ兵久しくして国を利するものは、未だ之れ有らざるなり」である。米国やソ連のような国力のある国でさえも、「ベトナム戦争」「アフガニスタン侵攻」ともに10年以上かかった挙げ句、敗退している。

単なる彼我の優劣でなく、相手の隙（虚、詭）を狙って、長引かせることなく瞬時に事を決する。だから「五事七計」が守りで不敗、対して詭道が攻勢で勝利となる。それは「虚実篇」で強調されているように、自分は実を維持し、敵の虚を突くということであり、「勢篇」との関係でいえば、「勢は弩を張るが如し、節は機を発するが如くす」で「勢」を利用して一瞬で終わらせるということになる。

なお、ここで「十一家註」や兵書でも解釈が分かれることが出てくる。部下の将軍向けの註で、曹操は「拙と雖も、速を以てする有らば、勝を未だ睹ざる者は無きを言うなり」と、「拙速」を、早く終わらせるでなく、スピードとみなしている。たしかに将軍レベルではスピードが大切となることもある。しかし国家レベルで見る場合には、やはり早期の戦争終結ということになる。『李衛公問対』は「兵は拙速を聞くも巧遅は聞かず」で、「それ兵久しくして国を利するものは、未だ之れ有らざるなり」である。賈林は「兵、久しくして功無ければ、諸侯に心生ず」ということで、反乱の危険を指摘する。梅堯臣は「力屈し財つくれば、何の利か之れ有らん」、李筌は「春秋に曰く、兵は猶火の如きなり。おさめざれば、将に自らをや焚かんとす」、張豫は「師老い財つくれば国に何の利ぞ」と、いずれも戦争の疲弊と弊害と見なしている。

曹操は、部下の将軍への註だから、戦争というよりも、戦役の速やかな終了を望むのでスピードとなるのであろう。『仏訳孫子』では「不充分な勝利であっても、速やかに終結に導くことによって戦争目的を達したということは聞くが、これに反し、完全な勝利を求めて、戦争を長期化させ、結果がよかった例を、いまだ見たことがない」としている。グリフィスも、「巧遅を目指して長引かせたために首尾良く収拾できた例はない」とする。

なお、味方優勢でありながら万全を求めて、敵が劣勢より回復するのを待つべきかという課題は残る。意訳すれば、5対2は7対4よりもよく、7対4は10対7よりもよいと考えると、時の概念を加味することにより早期開戦のほうが有利ということも発生するだろう。

「尽く兵を用うるの害を知らざる者は、則ち尽く兵を用うるの利も知ること能わざるなり」で『仏訳孫子』では「武力を行使すれば必ず生じる前途の害を知らない者は、利益をもたらす戦争指導・用兵法も理解しない者といえる」としている。戦争の弊害を知っていれば「戦わずして勝つ」から発想は展開していくはずである。

敵に食む、敵の利を取る

「役は再び籍せず、糧は三たび載せず。用は国に取り、糧を敵に因る。故に、軍食足る可《べ》きなり。国の師に貧なる者は、遠く輸せばなり。遠く輸せば、則ち百姓貧し。師に近き者は貴売す。貴売すれば、則ち百姓の財竭く。財竭くれば、則ち丘役に急なり。力屈し財を殫き、中原の内、家に虚し。百姓の費え、十に其の七を去る。公家の費は、破車罷馬、甲冑矢弩、戟楯蔽櫓、丘牛大車、十に其の六を去る」と、戦費調達・軍備の準備は一度かっきりとせよ、そして本国の負担を極力下げよとする。「善く兵を用うる者は、役は再び籍せず、糧は三たび載せず」の通りで、入念に戦略を練り、計画を立て、必要な資材と兵力を準備すれば、戦争は短期間に一回で終わらせることができるはずである。十分に計算し計画するのだから当然であるが、なかなかできないことが多い。逆に相手に負担を強いるならば、ベトナム戦争の北ベトナムのように長引かせるのも手になる。

なお、「糧を敵に因る」について『仏訳孫子』では「敵地の供給能力を充分考慮しなければならない」と但し書きをつけ、「師に近き者は貴売す」について、曹操による『孫子』解釈では「軍を後りて已に界に出づれば、師に近き者は戦を貪らんとして、皆、貴売す則ち百姓の虚けつするなり」としている。またグリフィスや賈林は、軍隊のいるところでは物価が高くなるために民衆の生活がきつくなるとしている。

「故に、知将は務めて敵に食む」は、『孫子』の理想論である。補給の問題は、古来より戦略家、戦略理論家の議論の的だが、絶対の解決方法は見つかっていない。たしかに補給を考えなければ、軍の遠征には大変都合良い。しかし現地調達主義をどう解釈するかは議論が分かれるところである。ナポレオンは略奪による現地調達を行うことで、フランス本国の疲弊と補給の問題を解決したが、代わりに現地での反発はひどく、支配地として組み込むことに失敗していった。毛沢東は「紅軍五大原則」により略奪は禁じたが、買い取るという方法では食料の代わりに現金を用意していかなくてはならない。なお徴発により敵地を疲弊させるという解釈は、敵が準備している短期決戦では成り立たない。長期戦に陥らせる必要がある。

楠木正成は籠城とゲリラ戦の達人で、戦略的事例となるはずの作戦も立てている。第七章「謀攻篇」で詳しく述べるが、九州からの足利軍上洛に対する楠木正成の献策では、後醍醐天皇を比叡山に避難させ、足利軍を平安京に入れてしまう、そして新田義貞も叡山に入り、ここを防衛拠点とする。正成は河内国に戻り、近畿一帯の勢で淀の川尻を塞ぐ。こうして足利の大軍に兵糧が行き渡らないようにして、枯渇させ、時が来たら叡山と河内国から挟撃することで足利軍は倒せる、というもので、可能的戦闘として実際に行われていたら成功したと考えられる。

食料調達は軍隊における一大課題である。「九地篇」の「重地」でも、食料や物資の調達問題があがっている。『仏訳孫子』では武器・装備は自国で、糧食は供給能力を勘案しつつ敵地で供給されるものと見なしている。同じ貨幣が通じるところで、事前に買い取れるならば、この問題は解決するが、そううまく条件が整っているわけでもない。

大戦略的事例として、豊臣秀吉の「鳥取城攻め」では、補給の問題ではないが、現地で高値で米を買い上げることに成功したため、「かつえ殺し」が成功している。敵の疲弊にもつながるということで、「敵に食むの一鍾は、わが二十鍾に当る。萁秆一石は、吾が二十石に当る」の適例ともなっている。『春秋左氏伝　定公四年』でも、敵軍の食料の強奪が記されているが、『尉繚子』は批判的である。

曹操による『孫子』解釈は、補給輸送は不利である、と簡単に述べているだけである。日本の国内と異なり、大陸での戦いは補給の問題が一大課題である。なにしろ兵力は距離の二乗に反比例というのも、補給の問題絡みであるのだから。

『孫子』は感情的になることの戒めとして、「敵を殺すものは怒なり」と述べるが、これも味方を怒らせて「勢」をつけるのか、敵を感情的に攻めてはいけないとするのかは状況次第である。『仏訳孫子』では「敵を殺すだけを目的とするのは思慮のない無謀の用兵」と解釈をしている。今は敵地でも将来は領土となるのだから、住民の反発を買うことを戒めとするのは当然であるが、曹操による『孫子』解釈では「威怒は以て敵を致すなり」と、敵軍の怒りを買うのも危険と見なしている。

それでは、いかに敵の力を利用するか。「知将は務めて敵に食む」もそうだが、敵軍の持っている資力や戦力を手に入れて利用できればよい。「敵の利を取るものは貨なり。故に、車戦に車十乗以上を得れば、其の先を得たる者を賞し、而してその旌旗を更め、車は雑えて之に乗らしむ。卒は善して、之を養う。是を敵に勝ちて強を益すと謂う」。なにしろ敵の戦力を、そのまま味方の戦力に組み込むのだから、敵の力は失われ、味方の力は増大するという、2倍の効果が期待できる。

武田信玄や毛利元就といった謀将が好むのは、敵からの裏切りである。陽性の謀将である豊臣秀吉は、敵を説得して味方に変えるということを好んで行なった。ここは、「謀攻篇」との関係が密接である。

大戦略的事例となるのが、豊臣（羽柴）秀吉の毛利攻めに際しての、宇喜多直家の調略である。直家は、備前国、美作国、そして備中国の一部にも勢力を伸ばしていた戦国の梟雄《きょうゆう》である。天正7年（1579年）5月、信長に内応したとして東美作の後藤勝基を滅ぼしたが、秀吉の調略により6月前後に毛利氏から離れ、信長に臣従することにする。

これにより美作国と備前国は、毛利側から織田側となり、毛利氏の勢力減少がそっくり織田信長の力の拡大になった。秀吉にとってみれば、直家を味方にするかしないかで対毛利氏戦略は大きく変わってくる。前線は一気に備中・東美作にまで達し、毛利氏打倒にかかる年数も被害も段違いのものになるからである。後に「本能寺の変」に接したときに、秀吉が有利な講和を結んで即時戻っていけたのは、宇喜多氏を服属させておいたからであった。

曹操による『孫子』解釈では、「軍に財無ければ士来たらず。軍に賞無ければ士往《ゆ》かず」と、敵兵を引き込む財力と仕組みがあれば、勝利するほどに戦力アップすると記されている。逆のよい例が「ピュロスの勝利（大損害の勝利）」ということになる。

「敵の利を取るものは貨なり」について、梅堯臣は「敵を殺すには、則ち吾れ人を激するに怒を以てし、敵を取るには、則ち吾れ人を利するに貨を以てす」と註している。

「卒は善して、之を養う」について、十一家註は「張豫が獲る所の卒は、必ず恩信を以て撫養し、我が用と為しむ」「是を敵に勝ちて強を益すと謂う」。梅堯臣は「卒を得れば則ちその長とする所に任じ、之を養うに恩を以てすれば、必ず我が用と為るなり」。杜牧は「敵の卒を得るなり。敵の資に因って己の力を益す」。王晳は「敵卒を得れば則ち之を養うに吾が卒と同じくし、善き者は之を侵辱すること勿れ」と各々註をつけているが、捕虜もまた味方にして使うという発想が強い。こうして敵から食料も武器も、さらに捕虜も味方にしていくため、軍の規模は巨大化するから「是を敵に勝ちて強を益すと謂う」。毛沢東が長征などで実践したことである。

「故に、兵は勝つことを貴び、久しきを貴ばず」は、費留（「火攻偏」）につながってくる。ここでの「勝つ」とは、単純な戦闘での勝利ではなく、戦争目的の達成である。曹操による『孫子』解釈では「久しければ則ち利あらず。兵は猶ほ火のごときなり」と、うまく収めなければ焼き払ってしまうとされ、張豫は「久しければ則ち師老い財つき、変を生じ易し」とし、いずれにせよ戦争の長期化を嫌っている。ただ、郭化若は、『孫子』は、攻撃のみを強調して防御には触れず、持久戦に反対している、侵略を受けた国が持久戦を行うことに触れていないと批判している。

「故に、兵を知るの将は、生民の司令、国家安危の主なり」について、曹操による『孫子』解釈では「将の賢なれば、則ち国は安きなり」とされ、張豫は「民の死生・国の安危は将の賢否に懸かる」、梅堯臣は「此れ、将を任ずることの重きを言うなり」、何氏「民の性命・国の治乱は、皆、将の主とする所なるも、将材の難しきは、古今の患えとする所なり」と、いずれも優秀な将軍の重要性について補足している。

「作戦偏」が危惧する戦争の長期化と疲弊に対し、その対策として政略の利用、すなわち「謀攻篇」につながってくる。うまくいけば戦争を行うことなく、政略、権謀術数によって戦争目的を達成する方法である。

第七章

謀攻篇（謀による攻略）

「謀攻篇」全文書き下し

孫子曰く、凡そ用兵の法は、国を全うするを上と為し、国を破るは之に次ぐ。軍を全うするを上と為し、軍を破るは之に次ぐ。旅を全うするを上と為し、旅を破るは之に次ぐ。卒を全うするを上と為し、卒を破るは之に次ぐ。伍を全うするを上と為し、伍を破るは之に次ぐ。

是の故に、百戦百勝は善の善なる者に非るなり。戦わずして人の兵を屈するは、善の善なる者なり。故に、上兵は謀《ぼう》を伐《う》つ。その次は交を伐つ。その次は兵を伐つ。その下は城を攻む。城を攻むるの法は、巳むを得ざるが為なり。櫓、轒轀《ふんおん》を修め、機械を具《そな》うること、三月にして後に成る。距闉《きょいん》、また三月にして後に巳む。将、其の忿《いか》りに勝えずして之に蟻附《ぎふ》すれば、士を殺すこと三分の一。而して城抜けざる者は、此れ攻の災いなり。

故に、善く兵を用うる者は、人の兵を屈し、而も戦うに非ざるなり。人の城を抜き、而も攻むるに非るなり。人の国を毀《こぼ》ち、而も久しきに非ざるなり。必ず全きを以て天下を争う。故に、兵、頓れずして、而して利を全うすべし。此れ謀攻の法なり。

故に、用兵の法は、十なれば、則ち之を囲む。五なれば、則ち之を攻む。倍なれば、則ち之を分つ。敵すれば、則ち能く之と戦う。少なければ、則ち能く之を逃れ。若《し》かざれば、則ちよくこれを避く。故に、小敵の堅《けん》は、大敵の擒《きん》なり。夫れ、将は国の輔《ほ》なり。輔、周なれば、則ち国必ず強く、輔、隙あれば、則ち国必ず弱し。

故に、君の軍に患うる所以のもの三あり。軍の以て進む可からざる知らずして、之に進めと謂い、軍の以て退く可からざるを知らずして、之に退けと謂う。是を軍をびすと謂う。三軍の事を知らずして、三軍の政を同じうすれば、則ち軍士惑う。三軍の権を知らずして、三軍の任を同じうすれば、則ち軍士疑う。三軍すでに惑い且つ疑うときは、則ち諸侯の難至る。これを軍を乱し勝を引くと謂う。故に、勝を知るに五あり。

以て戦う可べきと、以て戦う可からざるとを知る者は勝つ。衆寡の用を識る者は勝つ。上下欲を同じうする者は勝つ。虞《ぐ》を以て不虞を待つ者は勝つ。将、能《のう》にして、君、御《ぎょ》せざる者は勝つ。此の五者は、勝を知るの道なり。故に曰く、彼を知り己を知らば、百戦して殆《あや》うからず。彼を知らずして己を知れば、一勝一敗す。彼を知らず己を知らざれば、戦うごとに必ず殆うし。

現代語意訳

孫子はいう。軍隊を動かし戦いを行うやり方として、敵国を無傷のままにそっくり手に入れるのが良く、相手国を打ち破るのは次善の策である。敵の軍事力をそっくり手に入れることが上策で、敵軍を破るのは次善となる。大隊に相当する（500人からなる）旅をそっくり手に入れることが上策で、旅を破るのは次善となる。中隊に相当する（100人からなる）卒をそっくり手に入れることが上策で、卒を破るのは次善となる。分隊に相当する（5人からなる）伍をそっくり手に入れることが上策で、伍を破るのは次善となる。

こういうわけで、100戦して100勝をすることは最善ではない。戦闘を行わずに、敵を屈服させる（戦争目的を達成する）ことこそが最善である。だから最もよい方策は、敵の戦争計画（や戦争目的）を破壊してしまうこと、その次は同盟関係の寸断（出ばなをくじくこと）、さらにその次は相手の軍を破壊すること、下策は敵の城を攻めることで、攻城は（他に方策がなく）やむを得ずに行われることである。（城攻めのためには）大型の盾や装甲車を用意し、他の城攻めの道具を準備するのに3カ月も掛かる。土を盛って土塁を築くから、さらに3カ月掛かる。将軍が（準備が整う前に苛立ちから）怒りを抑えきれず攻撃を始めてしまい、城壁に兵士を蟻のように登らせて全軍の3分の1もの犠牲を払いながら、それでいてもなお城を落とせないというのは、城攻めの弊害である。

したがって、戦のうまい人は相手を屈服させながらも、戦闘はしていない。敵の城を落としても、城攻めはしていない。敵国を打ち破ったとしても、戦争は長期化していない。いつも無傷のままで敵国を手に入れる。だから軍隊は疲弊することがなく、利益だけを享受することができる。これが謀によって敵を攻めるやり方なのである。

だから戦いのやり方は、兵力が10倍いれば相手を包囲し、5倍なら攻撃し、2倍いるなら分断して対応する。兵力が同じならば全力を尽くして戦い、少なければ守備に徹し、及ばなければ戦闘を回避する。少数による無謀な戦いは、大軍の虜、餌食になるだけだ。そもそも将軍とは、国家の補佐である。補佐（である将軍）が用意周到に守備していれば、国は必ず強いが、補佐（である将軍）の守りに隙があれば、国は必ず弱いものだ。

それゆえ、君主が軍事について心配すべき事は3つある。軍が進撃してはいけないときに、進撃を命じ、撤退・後退してはいけないときに、退けと命ずること。これを、勝利を失わせ、敗北に導くという。軍の状況を知らないのに、軍政を（国の政治と）同じにしようとすると軍の指導者は（わけがわからず）途方に暮れる。軍の指揮統帥を知らないのに、軍の人事に介入し、勝手に将軍などを認容すると、適任者を得られないため軍の指導者は疑念を抱く。もしも軍の中枢が

（政治の介入で）混乱状態にあれば、周辺諸侯が介入してくるだろう、これを軍を混乱状態にして、こちらの勝利の可能性を失わせるという。だから勝利を収めることを（事前に）知るのは、5つの事柄がある。

　戦うべきときと、戦ってはいけないときを知る者は勝つ。大軍の運用法も少数の運用法も、どちらの運用法も知っている者は勝つ。上から下までのすべての人が、同じ目的を持っていれば勝つ。準備万端で、準備不足の者を攻撃すれば勝つ。将軍が有能で、君主が余計な介入、統制、口出しをしなければ勝つ。この5つが勝利を予測させる尺度である。だからこういえる。敵のことを知り、自分のことも知っていれば、100回戦っても危険なことはない。敵のことは知っていても、自分のことは知らなければ、勝ち負けは五分五分となる。敵のことも、自分のことも知らなければ、戦うごとに敗北する。

○「上兵は謀を伐つ」は、曹操は「敵の戦争計画段階で、先制攻撃を仕掛ける」という攻勢原理で捉えている。
○「その次は交を伐つ」は、曹操は「戦争を開始しようとする出ばなを伐つ」とする。
○「以て戦う可《べ》きと、以て戦う可からざるとを知る者は勝つ」を、曹操は時ではなく敵と見なす。
○郭化若は「少なければ、則ち能く之を逃れ。若かざれば、則ちよくこれを避く」を兵力が敵に比べて少ないときは退却すべきであり、実力が敵より劣っているときは決戦は避けるべき、としている。
○郭化若は「故に、小敵の堅」を、弱小の軍隊が、もし堅守に固執をすれば、とする。
○郭化若は「夫れ、将は国の輔なり。輔、周なれば、則ち国必ず強く、輔、隙あれば、則ち国必ず弱し」を、将軍は国家という車輪を補強する輔木のようなもの、もし将軍と国家の関係が車輪とその輔木のごとく密着していれば、国家は必ず栄える、としている。

戦わずして人の兵を屈す

謀攻とは、謀による攻略、戦闘を避けての攻撃であり、政略等によるものが多い。『仏訳孫子』では攻勢戦略とされ、曹操による『孫子』解釈では「敵を攻めんと欲すれば、必ず謀る」としている。「戦を作る」の「作戦篇」で戦争の弊害回避の必要を述べたあとで、政略という軍事活動ではない行為も含む「謀攻篇」が来る『魏武注孫子』は、極めて筋道が立っている。

「謀攻篇」の大意としては、百戦百勝ではなく、戦わずして敵を屈服させることを上策とする。また、相手の戦争目的を失わせ、あるいは策そのものを無効にすることを心がけよ、戦って敵国を疲弊させることもよくない。それよりも無傷での併合をめざせ、ということである。

「謀攻篇」で書かれている兵力と攻略目標の相関の順番は、『逸周書・大武解第八』での6通りの軍事力使用方法のうち、第1の軍事力を誇示することでの政治的威嚇や第2の国境に軍事力を配備することによる威嚇が「不戦屈敵」につながる。第3の国境侵略、第4に国境深くの城塞攻撃、第5に敵国が降伏するまでの攻撃、第6の全面戦争で、「謀攻篇」での兵力と攻略目標の対置のモデルとなっている。

「孫子曰く、凡そ用兵の法は、国を全うするを上と為し、国を破るはこれに次ぐ」は、利益重視の思想で、勝利することよりも、無傷で入手せよということである。下手に戦争になったら、うまく占領しても、占領地が荒れ果てているかもしれない。戦争目的から逆算して考えれば、目的を達成するなら、軍事行動以外の方法もあり得るわけである。いってみればVA（価値分析）的発想である。曹操による『孫子』解釈で「師を興さば、深入長驅、その城郭にいた距り、その内外を絶ち、敵、国を挙げて来り服するを上と為す」となっており、軍を素早く動かし、反撃できないうちに包囲し降伏させるというのは、武田信玄の「諏訪攻め」に見られたやり方である。

「百戦百勝は善の善なる者に非るなり。戦わずして人の兵を屈するは、善の善なる者なり」。勝利しても、味方も打撃を受けては、第三者に攻撃されやすくなる。敵がぼろぼろでは、得られる利益も少ないし、国土は荒れる。軍事的なものに限定しても敵軍を完全に破壊してしまったら「敵の利を取るものは貨なり。故に、車戦に車十乗以上を得れば（「作戦篇」）」はできない。だから間接的アプローチや威信政策、そして政略によって、こちらの目的を達成するのである。

「百戦百勝」というと、常勝無敗だからよいように思えるが、『左氏伝・官公十二年』では、殷の紂王が「百戦百勝」した後に、周との一戦で敗北したということが載っている。そのため「百戦百勝」は暴君・紂王のイメージで、『孫子』の時代にはあまりよくないものとされていた。呉子もまた「数々勝ち天下を得る者は稀に、以て滅ぶ者多し」と述べている。ヨーロッパにも「ピュロスの勝利（大損害の勝利）」という言葉もある。しかし郭化若は、中国共産党の解放戦争を例にして、長い戦いの末に、ようやく敵は抵抗を諦めるのだとしている。

「戦わずして人の兵を屈するは、善の善なる者なり」の戦略的事例としては、楠木正成の「天王寺合戦」が挙げられる。元弘2年（1332年）、楠木正成は四天王寺へ出陣してここを占領する。鎌倉側の支援隊として登場したのが下野の猛将・宇都宮公綱である。宇都宮公綱は7月19日正午、単身で六波羅庁を出発、宇都宮軍団は柱本に陣を張って夜明けを待った。

ところが楠木正成は早々に天王寺から退却。そこには楠木軍は一人もいない。それから4、5日後、楠木正成は野伏《のぶせり》4000〜5000人ほどを駆り集め、信頼おける部下達に彼らを指揮させて、宇都宮軍を遠巻きに、天王寺周辺一帯を大きく包囲するような形で篝火を燃やさせた。途方もない大軍に包囲されているような錯覚にとらわれて、宇都宮軍には不安が高まっていく。これが三夜連続し、篝火の包囲の輪も徐々に縮まってくる。

7月27日夜、ついに不安に耐えきれなくなって宇都宮軍は天王寺から撤退。事実上の敗走である。翌早朝、正成それに入れ替わって再び天王寺を占拠してしまった。正成はまさしく一兵も損ずることなく勝利したのである。

武田信玄の「林城」攻略も「戦わずして人の兵を屈する」の戦略的事例となる。中信濃の小笠原氏攻略において信玄は、まず「敵の連合関係を寸断する」から始めて、最初に信玄は内応者を誘った。安曇郡の仁科氏が標的となる。仁科道外は小笠原長時の舅であるが、天文17年（1548年）の諏訪郡侵攻作戦の時、戦後の諏訪支配をめぐって長時と対立していたという情報を仕入れていたからである。

道外は信玄の誘いに応じる。小笠原氏は先の敗戦で軍事的に弱体化する。さらに信玄は事前に、小笠原氏の本城たる林城から8㎞離れたところに村井城を建設しておく。いわゆる前線基地である。天文19年（1550年）7月3日に信玄は大軍を率いて信濃府中に向かって進撃し、10日にこの村井城に入る。そして15日に林城の小さな出城を一つ奪取して鬨《とき》の声を上げさせた。武田軍は戦闘することなくそのまま村井城に引き揚げるが、勝ち鬨におびえた小笠原氏側は林城だけでなく属城、深志・岡田・桐原・山家で城兵が城を捨てて逃亡。まさに「戦わずして勝つ」を実践してみせたのである。こうしてほとんど戦闘を交えず、しかも短期間に信玄は信濃府中を支配下に置いた。本拠地・林城を失った長時は村上義清を頼って落ちのびる。

正成や信玄は軍事的に「戦わずして人の兵を屈する」ということを成し遂げたが、軍事活動に至らず、政略も多用されている。

「戦わずして人の兵を屈する」ため「上兵は謀を伐つ」という考え方が浮上する。これは、敵の戦争計画、戦略を破壊するというだけでなく、戦争目的を消失させるということも含むべきであろう。戦争目的を消失させるということは、最も根幹からの手っ取り早い対策である。

大戦略的な事例としては、豊臣秀吉の「小牧・長久手合戦」での織田信雄との単独講和である。「小牧・長久手合戦」の終盤、南伊勢の信雄側の城は片っ端から落とされていく。まったく手の出しようがなく追いつめられた信雄は、秀吉と和睦を余儀なくされてしまう。ところが徳川家康が戦争を始めたのは信雄の援助であったから、信雄が単独講和してしまった結果、家康は戦争理由を失ってしまい、秀吉有利の形で「小牧・長久手合戦」は終わることとなる。

家康は奇襲によって長久手の小戦闘に勝利したことを後々まで宣伝していたが、家康・信雄連合軍の中の信雄を狙い、さらに信雄領の中の弱点ともいえる南伊勢に重点的に攻め、戦争目的を失わせた秀吉の勝利と呼んでもいいだろう。

戦争計画を破壊した例としては、後述するが、上杉謙信の「手取川合戦」が挙げられる。

「上兵は謀を伐つ」と見なした孫子では、さらに「その次は交を伐つ」と続いている。「次は交を伐つ」とは敵の同盟を断ち切って孤立化を図ること、あるいは敵側の力を喪失させることである。もちろん「次は交を伐つ」ことは「上兵は謀を伐つ」こととダブる部分が多い。そして多くは外交に見られる内容である。

より戦略的なレベルになるが、南北朝動乱最中の延元3年（1338年）、南朝方の武将・新田義貞が北朝方の武将・斯波高経が籠る小黒丸城を攻めようとしたときのことである。北朝側は、それまで新田義貞と同盟を結んでいた平泉寺に密使を送った。平泉寺は比叡山延暦寺と藤島庄をめぐる寺領争いをしていた。北朝側は、もし味方してくれるならば藤島庄を平泉寺のものにすると約束したのである。当時の平泉寺には万を超える衆徒がいたとされ、これが南朝側についていたために北陸戦線は南朝優位に推移していたのである。

ところが平泉寺が北朝側についたとなると、力関係は大きく変化する。南朝側の減少兵力が、そっくり北朝側の増加兵力となったのである。このために新田義貞は兵力を二分させることとなり、藤島城に籠った平泉寺衆徒征伐のために2万の兵を脇屋義助に与え、自らは8000人を率いて斯波高経との戦いに赴くこととなった。九頭竜川付近での戦いで新田軍は深田にはまって大苦戦をし、藤島城でも苦戦を強いられることとなる。そして藤島城攻略軍苦戦の報を聞いた新田義貞は、いそぎ救援に駆けつけようとしたところを伏兵の奇襲にあって戦死することとなった。

もちろん南北朝時代は日本を二分した戦いだから、逆に南朝側が北朝の「交わりを伐つ」こともあった。足利直義は足利尊氏の弟で、兄よりも野心的で才気走っているとされた人物である。最初は足利兄弟は協力していたが、やがて足利家執事の高師直をめぐる対立から争いに発展する。兄の尊氏に対抗するために直義は南朝側に和議を呼びかけた。結局、南朝側からは承諾の返事もないままに正平6年（1351年）、打出浜合戦が始まり、直義が尊氏を破り、高師直が殺されることで対立は決着を見せたかに見えた。直義は尊氏と和睦し、再び兄弟力を合わせて足利幕府新体制が発足したのである。

　ところが新体制が発足して間もなく、南朝側の武将・楠木正儀（楠木正成の3男）がわざわざ上洛し、南朝側の回答を披露した。狙いは足利兄弟に相互不信の種をまき、結束にひびをいれることであった。この狙いは適中し、足利尊氏と直義との間に再び戦いが始まることとなる。

「応永の乱」で大内義弘が立てたのは、関東公方・足利満兼と今川了俊とともに東西から京都を包囲する「外線作戦」であった。しかし満兼が1万騎余を率いて武蔵国府中高安寺まで進んだところで、関東管領上杉憲定に諫められて兵を止めたため、義弘が単独で戦う羽目となっている。

「交わりを伐たれ」、そのため堺に立て籠っての抵抗という形を余儀なくされている。

「親にして之を離す（団結した敵の離間）」も竹簡本にはない文言である。曹操の『孫子』解釈では「間を以て之を離す」であり、杜牧は「厚利をくらわして之を離間す」と註している。「交わりを伐つ」ともほぼ一致するが、軍隊内での離間を目指すという、より軍事的な意味も含んでいる。

　大戦略的事例として、前述の「小牧・長久手合戦」での織田信雄単独講和は「謀を伐つ」につながった。「応永の乱」での大内義弘と関東公方足利満兼も、外線戦略そのものの「謀を伐つ」になっている。

　より戦略的事例となるのは、「平治の乱」での源頼政の裏切りが挙げられる。「平治の乱」で藤原信頼、源義朝、二条天皇の側近達とともに叛乱に加わりながらも、二条天皇の六波羅行幸を知った頼政は、反乱者達が混乱する中、内裏を抜け出し、300余騎にて六条河原に控えていた。反乱軍の戦力が落ちただけでなく、頼政に攻撃を仕掛けるという源義平の短慮によって、頼政は反乱鎮圧側の平清盛に味方している。

「山崎合戦」前の筒井順慶や細川幽斎も、積極的に明智光秀を裏切ったわけではなかったが、光秀の与力的立場にあるのに中立（順慶は当初は消極的ながらも光秀に協力していた）に立っている。18万石（大和の与力を合わせると45万石）の順慶と12万石の幽斎が味方しなかったことは、秀吉との兵力差を大きくしている。

最上義光による「天童合戦」も戦略的事例となる。天童氏は、最上八楯と呼ばれる村山郡の北部から最上郡にかけての国人領主連合の盟主であった。最上氏と最上八楯は、敵対したり味方になったりを繰り返していた。しかし最上義光が天童氏を攻めると、最上八楯は義光と敵対し、天正5年（1577年）には、最上軍を敗北させている。

天童氏を倒すには、それを支える最上八楯を崩していけばよい。天正12年（1584年）、義光は八楯の実力者、延沢満延と婚姻関係を結び引き抜く。やはり八楯の東根氏も配下の内応により攻略され、八楯は崩壊していく。そうして敵の交わりを断ってから、義光は天童攻めを再び行い、天童城は落城させている。

さらに戦術的には「関ヶ原合戦」での西軍における小早川秀秋、吉川広家の裏切りは、戦局を左右した決定的な出来事である。「上兵は謀を伐つ」の『百戦奇略』での具体例としては、春秋時代、晋の平公が斉を攻めようと考えた時、これを未然に防いだ晏子《あんし》の話が「斉を攻めんと欲し、人をして往きて鑑しむ、晏子礼を以て侍してその謀を折く」『晏子春秋』（第十六）という形で出されている。曹操による『孫子』解釈では「敵を始めに謀る有らば、之を伐つの易きなり」となつている。

これを一歩進めて敵の戦争計画を利用した戦略的事例が、上杉謙信が永禄4年(1561年)川中島4回戦で行なった妻女山布陣である。このとき謙信は、信玄の前線基地・海津城に手をつけず、信玄の勢力圏に深く侵入し、少数の兵で妻女山に布陣したため、戦理に忠実な武田信玄を混乱させた。

「その次は兵を伐つ」で、軍同士の交戦となる。曹操による『孫子』解釈では「兵形、已に成るなり」としていて、すでに戦争に備えた態勢が整った段階としている。「交を伐つ」は、戦争が開始されればじめたときに、出鼻をくじくとなる。

その下は城を攻む

「その下は城を攻む」で、籠城している敵は、城そのものも含めて、よく準備して待っているので、力攻めにすると、攻め手の損害が大きくなる。グリフィスは、「これは他に選択肢がない場合に限る」と付記している。大戦略的事例は楠木正成の千早城籠城、戦略的事例としては北条氏康の小田原籠城、真田昌幸の上田籠城である。

城攻は攻め手からの視点では「城を攻むるの法は、巳むを得ざるが為なり。櫓、轒轀《ふんおん》を修め、機械を具うること、三月にして後に成る。距闉《きょいん》、また三月にして後に巳む。将、其の忿りに勝えずして之に蟻附すれば、士を殺すこと三分の一。而して城抜けざる者は、此れ攻の災いなり」と大変な労力がかかる。上田城や千早城を攻めた徳川家康も鎌倉幕府軍も、籠城軍に対して大軍は用意していた。鎌倉幕府軍は、攻城用の道具も用意してあった。

しかし、結果としては大損害を出している。楠木正成の千早城の一重に見せかけた城壁は二重になっていて、攻め寄せた大軍に対して外側の壁を倒したため、幕府軍は6000人も谷底に落ちたという。軍奉行・長崎高貞は「兵糧攻め」に切り替える。高貞は、城を遠巻きにさせた。そして、兵たちが退屈しないように京都から連歌師を呼び寄せて、大連歌会を開かせた。赤坂城のときよりも兵糧はたくさん用意してあるが、持久戦は不利である。

そこで正成は、甲冑を着せた藁人形を城の麓に並べて幕府軍を慌てさせた。眼下の寄手が引っかかる。城兵が決死の覚悟で打って出てきたと勘違いしたために、城に攻め登ってきたのである。近接して藁人形であることに気が付いたときには手遅れであった。城からたくさんの大石が落ちてきたからたまらない。寄手はまたまた300人が即死、500人が重傷を負ったとされる。

長引く攻略に苛立つ高貞らは、京都から腕の立つ大工500人を呼び寄せると、長さ20丈余り（約60m）、幅一丈五尺（約4・5m）という巨大はしごを作らせた。これに綱をたくさんつけ、城に向けて倒し架け、つり橋のようにしたのである。寄手の先陣がまさに城内に突入しようとしたときであった。城からバラバラとたいまつが投げ込まれたのである。続いて水弾き（巨大水鉄砲）で油がまかれ、火矢が放たれた。架け橋は燃え始めた。橋の上の寄手は、前方は火に、後方は押し出そうとする味方の大軍に阻まれ、身動きが取れなくなった。進むも退くも大混乱の中、兵たちの急な移動に、橋は耐えることができず、ついに大勢の兵たちを乗せたまま落ちていった。

こうして正成は知略の限りを尽くして幕府方の大軍を翻弄し、小さな城で100日間も戦い続け、この間に関東でも倒幕の動きが見え始めると、幕府軍からは千早城を離れて関東に戻る武将が続出する。そして足利尊氏の京都六波羅探題攻略、新田義貞の鎌倉攻めで、ついに鎌倉幕府は滅亡した。楠木正成の千早城での戦いが倒幕につながり、後醍醐天皇は建武元年（１３３４年）隠岐島から京都に入り、天皇親政の建武の中興を行なった。

うまくいった城攻めでも、日数と資力的にはかなり使っていることが多い。武田信玄による二俣城攻略は、城兵が天竜川から水を汲み上げていることを知って、天竜川上流から筏を流して井戸櫓の釣瓶を壊して水の手を断ち、落城させているが、約2カ月かけたことになる。やはり信玄による野田城攻略は、甲斐国の金山掘人夫を呼び寄せて地下道を掘り、水脈を断ち、落城させているが、1カ月かけている。城攻めの名手であった豊臣秀吉が攻略した城も、兵糧攻めで攻め落とした「三木の干殺し」の三木城は2年弱、「鳥取城の渇《かつ》え殺し」の鳥取城は、秀吉が米を高値で買い占め、さらに農民ら２０００人以上を城に追いやったため三木城ほどはかからなかったが、それでも4カ月かかっている。

城を攻めざるをえない時は、ここでも政略が力を発揮する。城攻だけでなく、合戦においては「善く兵を用うる者は、人の兵を屈するも、戦うにあらざるなり」である。

大戦略的事例は、先に挙げた豊臣秀吉による宇喜多直家、その他の調略で「人の兵を屈し、而も戦うに非ざるなり」となっている。

戦術的事例としては真田幸隆の「戸石城攻略」で、「人の城を抜き、而も攻むるに非るなり」となっている。天文19年（１５５０年）、武田信玄は７０００の兵を率いて、村上義清の守る戸石城を攻撃した。籠城する村上軍は５００人だったという。天険の要塞である戸石城は1カ月近く落ちなかった。その間に、義清は対立していた高梨政頼と講和する。政頼は、２０００の兵を率いて後詰に駆け付けたため、武田軍は挟撃される形となり、しかも義清が追撃してきたため「戸石崩れ」と呼ばれる敗退を喫した。武田軍の戦死者は1000人といわれている。

ところが『高白斎記』によれば、その難攻不落の戸石城を天文20年（1551年）に真田幸隆が、謀略をもって乗っ取ってしまっている。戦死者は0である。

「必ず全きを以て天下を争う。故に、兵、頓れずして、而して利を全うすべし。此れ謀攻の法なり」は、いかにも『孫子』らしい考え方である。味方の損失もなく、新領土も良い状態で手に入れるのは、戦争をしないで目的を達せられる謀攻だというのである。征服地がそのまま自分の領地となるのであれば、できるだけ疲弊しない状態で手に入れるにこしたことはない。荒廃した土地よりも地味豊かな土地のほうが利益が多いのに決まっているからである。そのためには、国を疲弊させ荒れさせる戦争は避けての征服が望ましいことになる。

戦争をせずに征服できるとすれば、味方の軍隊の疲弊・損失も避けられるから一石二鳥である。戦わずして領地を手に入れるためには、敵を謀略をもって降伏せしむる方法や、大義名分を手に入れてそっくり支配権を手に入れる方法などがあるが、威嚇・恫喝により敵を屈服させる方法としては「威信政策」もある。曹操による『孫子』解釈「敵と戦わずして必ず完全に之を得れば、勝ち、天下に立つ。頓兵・血刃せざるなり」と、つまり兵の疲れや刃物を血に濡らすことがないというのである。

大戦略的事例として代表的なものに、豊臣秀吉の奥羽制圧たる「奥羽仕置き」がある。この時、秀吉は小田原攻めを見せるという「威信政策」を利用している。ハンス・モーゲンソーは、戦争ではなく、平時に力を見せつける「威信政策」の目的を「ある国家が現実にもっている力を、またもっているいると信じているカ、ないしはもっていると他国に信じさせたい力を、他国に印象付けることである」と述べている。軍事力などを誇示することでの威嚇や恫喝などが多く見られる。天正18年（1590年)、秀吉は天下統一の最終段階として関東の覇者・小田原北条氏を攻めた。総勢20万～30万人と称された大軍である。天下の堅城と呼ばれた小田原城も、大軍に包囲されて身動きできない状態になる。

そこへ奥羽の諸大名が次々と参陣してきた。3月に南部信直が小田原に参陣し、秀吉に謁見。6月には伊達政宗が小田原に参陣した。彼らは石垣山城まで連れていかれ、眼下で展開している一大攻城戦を見せられ、ひたすら萎縮して秀吉に恭順を誓ってしまう。天下の大軍、そして秀吉の度量の前に奥羽諸大名は服属してしまったのである。

秀吉はほとんど戦闘らしき戦闘もせぬままに奥羽全体を支配下に置いた。7月5日に小田原の「北条氏」を降伏させると、7月17日に「奥羽仕置き」のために小田原を出発、7月26日に宇都宮に到着。8月6日に白河に入り、さらに8月9日、会津黒川に入って奥羽諸大名の配置を決定するが、実際は小田原対陣段階で決まっていた。小田原攻めに参陣しなかった葛西晴信・大崎義隆・和賀義忠・稗貫広忠らは改易（所領没収）されたが、それに対する軍事的抵抗はほぼ皆無であった。石川昭光・白川義親・田村宗顕らの所領も没収された。代わって、東北の要所会津に蒲生氏郷、葛西・大崎領に木村吉清、鳥谷ヶ崎に浅野長政（長吉）といった秀吉配下の諸侯が配置された。

一方、7月27日、南部信直は「南部七郡」の本領安堵（朱印状）を受ける。1591年、伊達政宗、陸奥国岩出山に転封させられる。伊達氏の根拠地であった米沢は蒲生領となったが、政宗も反抗せずに服従している。こうして奥羽は戦闘をせずに、秀吉に服属しているが、これはほぼ小田原城攻めを見せた段階で予想できた結論である。

しかし、「威信政策」を取れぬような中小勢力の場合にはどうするか。それは、やはり万全の態勢を取るしかないだろう。武田信玄も、その出発段階では富国強兵と不敗態勢の確立をして、自分よりも巨大な今川氏や小田原北条氏と駆け引きを演じている。ただ、その場合にも時の概念は欠如の問題があり、群雄割拠状態が永久に続くのであればよいが、急速に統一作業が進んでいくときには、現状維持は危険である。信玄の場合には、「虚を突く」「謀攻」の連続で、「必ず全きを以て天下を争う。故に、兵、頓れずして、而して利を全うすべし」を続け、領土を拡大していった。

よく物の本には「城攻めには3～10倍の兵力が必要と孫子は言っている」と書かれていることが多いが、実際には城攻めの記述はない。ただ、おそらくは、これを指しているのではないかというのが「用兵の法は、十なれば、則ち之を囲む」である。この部分が載っている節は、全文で「用兵の法は、十なれば、則ち之を囲む。五なれば、則ち之を攻む。倍なれば、則ち之を分つ。敵すれば、則ち能く之と戦う。少なければ、則ち能く之を逃れ。若かざれば、則ちよくこれを避く」である。戦い方の原則を数字的に示したもので、囲むのは城だということから「城攻め十倍」根拠になりそうである。

そして、これは議論を呼ぶ攻守の問題にも関わってくる。つまり数の多いときには攻勢に出られるという解釈が成り立ちうるのである。「少なければ、則ち能く之を逃れ。若かざれば、則ちよくこれを避く」と、少数側は戦闘を回避せよと明言もされている。

もっとも数が多いほうが有利だから、味方が少数のときには敵を分断する、そうすれば敵が少数になるという記述が登場してくるのだが。それが「虚実編」に載っている以下の文言である。「吾のともに戦う所の地は知るべからず。知るべからざれば、則ち敵の備うる所の者多し。敵の備うる所の者多ければ、則ち吾のともに戦う所の者は寡し。故に、前に備うれば則ち後寡く、後ろに備うれば則ち前寡く、左に備うれば則ち右寡く、右に備うれば則ち左寡し。備えざる所なければ、寡からざる所なし。寡きは人に備うるものなり。衆きは人をして己れに備えしむるものなり」「我は専にして一となり、敵は分かれて十となれば、これ十を以って一を攻むるなり」。

曹操による『孫子』解釈では、「兵力比5対1であるならば、三術を正兵となし、一術を奇兵と為す」「兵力比二倍であるならば、一術を正兵となし、一術を奇兵と為す」とあるが、ここでいささか自慢も入ってきて曹操の人間臭さが感じられ、微笑ましいところが見られる。私(曹操)はたった2倍の兵力で呂布を生け捕りにした。5倍の兵力なら5分の3は正攻法、5分の2を伏兵にせよ。兵力が互角でも地形利用や奇襲で勝てると述べられているからである。劣勢ならば、移動してこちらが優位なところで戦え、ということで、兵力比をマニュアル通りに運営するのではなく、工夫せよと部下の将軍達に述べているのである。

なお「倍なれば、則ち之を分つ」は、解釈が分かれている。グリフィスは「用兵の法は、十なれば、則ち之を囲む。五なれば、則ち之を攻む」の「之」は敵を指しているのだから「倍なれば、則ち之を分つ」の「之」も敵を指すと見るのが妥当だとし、それを受けた『仏訳孫子』では「敵に二倍する兵力であれば、これを分断して処理せよ」となっていて、敵兵力を分断して2つに分け、各個撃破せよとなっている。たしかに兵力が2倍あれば、複数の戦線を形成し、敵が諸方に備えさせ分散するという方法がとれる。元来、『孫子』は慎重であるから原典的な意味はそうであるのかも知れない。

対して、曹操による『孫子』解釈では、味方を二分するとなっている。前述したように、兵力が互角でも地形利用や奇襲で勝てると述べるなど、曹操の『魏武注孫子』は、『竹間孫子』に比して、より攻勢的な改変が見られているからだろう。『竹間孫子』は、より慎重である。『仏訳孫子』は『竹間孫子』の慎重さに準じている。武田信玄も同様な解釈をするも、自軍を二分している。

武田信玄の場合、対上杉謙信の外交では、北条氏康、一向一揆との共闘で兵力を分割させるように仕向けているが、「永禄4年第4回川中島合戦」において妻女山に籠った謙信の率いる8000人に対し、2万人という2倍以上の兵力を率いて海津城で立てた作戦は、自軍を二分する「キツツキ作戦」であった。

「敵すれば、則ち能く之と戦う」も解釈が分かれる。曹操による『孫子』解釈では「己に敵人と衆等しければ、善くする者は、猶当に伏奇を設け、以て之に勝つが如し」としている。しかし梅堯臣は、字句通りに「勢力等しければ則ち戦う」としている。数の多さによる対応を述べてきた孫武が、兵数が同じなのに、何の工夫もなく戦えというのはおかしいとされているので、曹操による『孫子』解釈のほうが正しいと思われる。

「少なければ、則ち能く之を逃れ」も解釈が分かれる。曹操による『孫子』解釈は「壁を高くし塁を堅め、与に戦うこと勿れとなり」と野戦陣や籠城策のような解釈で、李筌も「力を量りて如かざれば、則ち壁を高くして出でず。其の鋒の掛け其の気のゆるむを待ちて、奇を出だして之を撃つ」も籠城して、敵の気が緩んだら攻勢に出よという解釈だが、しかし『仏訳孫子』では「退却できる態勢を準備しておくべきである」となっている。「若かざれば、則ちよくこれを避く」で、どうしても劣勢ならば戦闘回避、場合によっては撤退で、曹操による『孫子』解釈は「兵を引きて之を避くるなり」としている。貴重な兵隊の喪失を戒めたのであろう。「小敵の堅は、大敵の擒なり」につながっている。毛沢東も、戦争は商売と同じで、元手を失うと思ったらメンツなんかにこだわらずに引くことだと述べている。「地形篇」の「一を以て十を撃つを、走という」ともつながっている。

少数が大軍を破るという寡戦は『百戦奇略』にも出ている。しかし『孫子』では寡戦は説かない。「小敵の堅は、大敵の擒なり」は、戦前の日本軍が陥りやすい危険性を端的に指摘したものである。少数が無策のままに精神論で大敵に正面衝突すれば、待っているのは玉砕しかない。曹操による『孫子』解釈では「小は大に当たること能わざるなり」と、ごく当たり前の理屈を言っている。戦前の日本軍も、図上演習では数の多いほうが有利にしていたのに、誤った精神論が横行したのであり、それは戦後の企業に温存された。

あまり『孫子』的でない織田信長も、数の原理で敵より多くの兵を集めることについては『孫子』の優等生である。ただし信長の場合は、用兵による敵の分断や外交による包囲といった工夫ではなく、自軍を城下町に住まわせて、即時動員という形を取っている。

これは同様に数の原理で相手より多くの兵を集めることを原則としながらも、外交による優位を心がけた豊臣秀吉とは違っている。秀吉の場合には「賤ヶ岳合戦」や「小牧・長久手合戦」で、上杉景勝を味方にすることで、柴田勝家や徳川家康が、その方面にも兵力を割かざるを得ないようにして、正面での数の有利を、より徹底したものにしている。

この「小敵の堅は、大敵の擒なり」の事例は他にも無数にある。戦略的事例として、源義平の「平治の乱」での「活躍」は、最悪の事例は、ひたすら平清盛の罠に深入りして、結局は全滅近い敗戦という事態を招いた。義平一個人の武勇が、何人の敵を葬ったかは知らぬが、ひたすら敗戦に貢献していたのである。

河内源氏には、この手の話が尽きない。源行家の「墨俣川《すのまたがわ》合戦」と「室山合戦」は戦術的事例の代表格である。治承5年（1181年）3月、平家は関東に勢力を確立しつつあった源頼朝と対峙するため東進をしていた。近江国・美濃国までが平家の地盤であった。平家軍の司令官は平重衡である。東海地方に勢力を扶植しつつあった源行家が最初の相手であった。頼朝は弟・義円に1000人の兵をつけて形ばかりの援軍を送っている。行家に従うのは5000人の兵であったという。

平家軍は兵力も戦争準備も作戦も整えていた。『平家物語』によると、平家軍の兵力は3万人といわれている。ちなみに『源平盛衰記』では平家7000人、河内源氏軍2000人とされ、『玉葉』では河内源氏軍6000人とされている。「墨俣川合戦前」では、頼朝よりの援軍である義円と、行家との間には不協和音が吹いていた。手柄をめぐっての争いは河内源氏特有のもので、一門団結を誇る平家とは決定的に異なる点である。義円は先駆けを考える。平家軍は偵察を念入りに行なっていたため、この夜明け前の朝駆けを事前に察知していた。金石丸なる者の報告によって平家は陣を固めていた。『孫子』でも『呉子』でも「川の半途で攻めよ」とある。

義円は名乗りを上げつつ突撃してしまい、頼朝より与えられた兵がついてこなかったためもあって即時、討ち取られた。軍事的に無能な行家は義円の突撃を無謀とは見ずに、むしろ手柄を取られると見なしたため、あわてて渡川を開始した。行家はそれでも霧が出ていたため、かろうじて対岸への上陸に成功した。かなりの兵が渡川中に矢で射すくめられ、しかも上陸後は結果的に背水の陣を敷いてしまった形となる。万全の準備を整えた重衡によって川に追い落とされ、河内源氏軍の戦死者1000人、溺死者300人という平家軍大勝利に終わった。

寿永2年（1183年）の「室山合戦」でも行家は無謀な突撃で敗退している。平家は水軍を利用することにより、瀬戸内海であればどこへでも即時に大軍を集結することができる。『平家物語』によれば平家軍は千余艘の船に乗って上陸し、2万人の軍を5つに分け万全の布陣を敷いたという。1陣は越中次郎兵衛盛嗣、2陣は伊賀平内左衛門家長、3陣は上総五郎兵衛・悪七兵衛、四陣は重衡、五陣は知盛が率いた。それに向かって行家は真正面から突進する。率いていたのは『玉葉』では270騎、『平家物語』では500騎にすぎない。これは巨岩に生卵を投げつけるようである。

1陣はしばらく交戦して適当にあしらった上で、陣が行家によって断ち切られたように割れ、2陣も3陣も4陣も行家の突撃によって蹴散らされるような形に割れて、中を行家に通過させる。そして5陣に至り、行家の突進は強固な構えによってはね返される。行家が振り返って見れば背後も堅固な陣で遮断されているし、左右も堅固な陣に包囲されている。あわてて引き返そうとしても、後方の平家四陣は約束によりすでに二分されていた各陣が閉じている。四方のすべてを包囲され、行家の軍は全滅し、かろうじて行家は身一つで逃げ出し、命が助かった。

大変面白いことに、少数で無策のままに精神論で大敵に正面衝突させる部隊の指揮官は、本人だけは命が助かっていることが多い。次に戦術的事例として挙げる「戸次川合戦」の仙石久秀もそうである。

天正14年（1586年）、九州の島津氏を討つために豊臣秀吉は九州征伐の軍を起こした。先鋒の役割を受け持ったのが四国勢である。千石秀久を軍監として長曽我部元親・信親親子、十河存保など総勢6000人。秀吉側の大友氏の鶴賀城（利光城）が島津軍2万5000人に攻められていることを知り、救援に向かった。鶴賀城が落城すると大友氏の本拠地・臼杵が危険な状態に陥ることになる。

四国勢はわずかに6000人にすぎない。敵情を調べて島津軍が大軍であることを把握した長曽我部元親は、上野原にて守りを固め援軍を待ち、その援軍と合力して会戦することを主張した。元親は、かつて四国を統一したほどの英雄であり野戦の達人でもある。十河存保も元親に同意し、守りを固めつつ敵が戸次川を渡ってくるのを待って反撃すべきだと述べた。存保も「鬼十河」と呼ばれ、元親と死闘を繰り広げた猛将である。

しかし軍監という立場の千石秀久は秀吉の威光をかさにきて、強硬に出撃を主張。自分一人でも出かけると言い切った。秀久の軍勢は2000人にすぎない。秀久を見殺しにすることは秀吉に逆らうこととなる。元親も存保もやむをえず従うこととなる。秀久にとってみれば鶴賀城救援は大功である。毛利氏らの援軍が来てはそれが半減する。功を焦っての行動であった。四国の英雄達が従ったことに気をよくした秀久はさらに無謀な作戦を強行する。鶴賀城の対岸、白滝台に着陣した秀久は即時鶴賀城救援のために渡河作戦を主張する。島津軍は4倍の大軍である。元親は、守るに適した白滝台にいて島津軍の渡河を待って戦いを開始すべきであると述べた。

「川の半渡を攻めよ」は兵法の常道である。しかも鶴賀城を包囲していた島津軍は、その包囲を解いたにもかかわらず対岸に姿を見せていない。島津軍の指揮官は奇襲の達人として名高い島津家久であるから何らかの策があると考えて当然である。

しかし功を焦った秀久は、ここでも強硬に渡河を命令する。ここでもやむをえず元親は従うこととなる。一方、島津軍は相手が予想外に少数なために一気に全滅させようと待ちかまえていた。元親の考えていた通りである。そして渡河中で兵が乱れているのを攻撃することもなく罠を仕掛けていた。小規模な部隊を敵の前面に配置し、敵軍がそれを攻撃したら適当に後方に下がり、あらかじめ後方に配置しておいた大軍で包囲してしまおうという島津軍の「釣り野伏せ」である。

島津先鋒と戦い、これを撃破した元親と存保はこれに気がつき、敵の先鋒が退くや、深追いを避けてこの場に留まろうとした。存保は急ぎ秀久にも制止の旨を連絡したが、先鋒撃退に気をよくした秀久は逆に叱責して、さらに前進をする。ここでも秀久を見殺しにできぬと元親も存保も前進を開始、結局は島津軍の罠にかかってしまう。周囲を大軍に包囲された四国勢は玉砕をする。存保は戦死、元親の長男で将来を有望視されていた信親も戦死した。信親戦死を聞いて元親は自らも死のうとしたが、部下に止められてかろうじて戦場を離脱した。以後、往年の活力は失われ、元親に覇気が見られなくなってしまったという。ところが秀久の身はまんまと逃げ切っているのだから、まさに「馬鹿な大将敵より怖い」である。

もっとも、愚かではあっても、部下だけを見殺しにしていない例もある。結果的には負けているから同じかもしれないが、「第1次国府台合戦」での小弓公方足利義明は、ちゃんと討ち死にしている。だからといって救いがあるわけではない。結果的には負けているから、同じかも知れない。ただましなだけである。

軍政関係

「夫れ、将は国の輔なり。輔、周なれば、則ち国必ず強く、輔、隙あれば、則ち国必ず弱し。故に、君の軍に患うる所以のもの三あり。軍の以て進む可からざる知らずして、之に進めと謂い、軍の以て退く可からざるを知らずして、之に退けと謂う。是を軍をびすと謂う。三軍の事を知らずして、三軍の政を同じうすれば、則ち軍士惑う。三軍の権を知らずして、三軍の任を同じうすれば、則ち軍士疑う。三軍すでに惑い且つ疑うときは、則ち諸侯の難至る。これを軍を乱し勝を引くと謂う」。これは、シヴィリアン・コントロールの問題である。

軍事行動は、政治目的のために大戦略のもとで遂行されるし、政治に従わずに勝手な軍事行動は時には自滅につながる。しかしひとたび戦場に入ったら、政治の干渉が敗戦につながることも多い。「君の軍に患うる所以のもの三あり」は『竹簡孫子』にあるとおり、君主のほうが、軍を煩わせるということである。

坊門宰相により、楠木正成が「湊川合戦」に向かったこと、スターリングラードでのヒトラーの命など、「君命受けざるところあり」と関連を持つ問題である。平清盛でも武田信玄でも、あるいは曹操でも自らが政治家と軍の指揮官を兼ねていれば、こうしたシヴィリアン・コントロールの問題は減少する。むしろ分業がすすんだ近代以降のほうが切実な問題になってくる。

ただ「軍の以て進む可からざる知らずして、之に進めと謂い、軍の以て退く可からざるを知らずして、之に退けと謂う」について、「賤ヶ岳合戦」の場合は非常に判断が難しい。佐久間盛政に対する柴田勝家の「退け」の命は、勝家の戦略から見れば正しい。しかし一気に戦線を拡大して「勢」を利用しようとする盛政の考えからすれば、むしろ「進め」という命が必要であった。おそらくどちらの考えも正しく、ところが相反する判断であったがためにぶつかり合って敗戦につながったのである。

曹操による『孫子』解釈では、適材適所での人材配置がない結果としてこうなる、となっている。優秀な将軍ならば君主を説得できるという考え方がある。曹操の場合だと、政治的目的のために軍を使い、その軍の最高指導者として、あとは適材適所を考えればよいということになる。しかし君主が愚かでは、有能な将軍の献策も却下される。こうした事態に陥れば「三軍の権を知らずして、三軍の任を同じうすれば、則ち軍士疑う。三軍すでに惑い且つ疑うときは、則ち諸侯の難至る」という軍の自信の喪失にもつながる。逆の立場でいえば、敵の上下を離間させる、敵から奪うのは忠誠心ということにもなるだろう。

なお、個々の文言を切り取って検証すると、「夫れ、将は国の輔なり。輔、周なれば、則ち国必ず強く、輔、隙あれば、則ち国必ず弱し」は政治の能力と組織の問題を意識するもので、曹操による『孫子』解釈では、「将、周密なれば謀の漏れざるなり」となる。

「軍の以て進む可からざる知らずして、之に進めと謂い、軍の以て退く可からざるを知らずして、之に退けと謂う。是を軍をびすと謂う」は、シヴィリアン・コントロールの課題であり「湊川合戦」の悲劇を招いたものである。曹操による『孫子』解釈では、「繋いで御すなり」としている。

「三軍の事を知らずして、三軍の政を同じうすれば、則ち軍士惑う」について、曹操による『孫子』解釈で「軍容は国を入れず。国容は軍を入れず。礼は以て兵を治む可からざるなり」となっている。政治の論理と軍事の論理は必ずしも一致しないということである。

「これを軍を乱し勝を引くと謂う」について、曹操による『孫子』解釈で「引くとは奪うなり」とし、梅堯臣は「是れ、自らその軍を乱し、自らその勝ちを去るなり」と註している。

そして『孫子』は続ける。「故に、勝を知るに五あり」と。『孫子』謀攻篇には、一般によく知られた名言「彼を知り己を知れば、百戦して殆うからず。彼を知らずして己を知れば、一勝一敗す。彼を知らず己を知らざれば、戦うごとに必ず殆うし」があるが、その前段として述べられているのが「故に、勝を知るに五あり」である。その五とは「もって戦うべきと、もって戦うべからざるとを知る者は勝つ。衆寡の用を識る者は勝つ。上下欲を同じくする者は勝つ。虞をもって不虞を待つ者は勝つ。将能にして、君御せざる者は勝つ。この五者は、勝を知るの道なり」となっている。

「もって戦うべきと、もって戦うべからざるとを知る」とは戦機を知ることである。戦いに踏み切って勝利する時と、戦えば負ける時の違いを把握していなければならないことがここで強調されている。「以て戦う可きと、以て戦う可からざるとを知る者は勝つ」の戦術的事例としては、伝説に近いが、戦術的事例として上杉謙信の「米山合戦」が挙げられる。

「米山合戦」は江戸時代に書かれた『北越軍談』に載っている話である。天文13年（1544年）正月23日、まだ15歳の謙信（当時の名は景虎）がいた栃尾城に敵が攻めてきた。蔵王堂方面から1万の長尾俊景、黒田秀忠軍が攻め込み、激戦となり敵をとりあえず撃退した。

その際に謙信は、一時撤退を開始した敵に対して迎撃を主張する家臣たちを抑えて敵の動きを静観し、追っ手が来ないことに敵が安心して乱れを見せて引き上げ始めたときに突如襲いかかり、撃破している。また天文13年4月、謙信に対し、今度は従兄弟の長尾晴景が攻め寄せた。敵は柿崎の浜に陣を構え激戦の末に謙信が勝利する。謙信は敵が米山を越えて府中に逃げ込もうとしているのを見て、追撃をやめて小休止をする。山上にさしかかったところで、謙信が追撃してきたら追い落としてくれようと考えていた敵は、追撃がないことに安心して山を下り始める。敵が3分の2ほど山を下ったところで謙信は突如追撃を再開し、一気に壊走させた。

これに類似する話は、様々なバージョンで『太祖一代軍記』『北越軍記』『上杉三代日記』『北越太平記』などの各種軍記物語で語られており、『名将言行録』にも収録されている。敵は長尾俊景、黒田秀忠であったり、兄・晴景であったり、長尾政景であったりしているし、攻め寄せ軍勢の数も異なっている。栃尾城合戦では、撤退を開始した敵が刈谷田川を渡るまで静観し、川を渡り始めたときに突如襲いかかり撃破している話とか、天文16年（1547年）4月のこととして、栃尾城にいた謙信（当時の名は景虎）に敵が攻め寄せた時、矢倉に登って敵陣を見た謙信は、敵に兵糧の用意がないのを見て今夜中に引き揚げることを予測し、夜間に撤退を開始したところを襲って敗走させたといった内容もある。

これらが史実ではないということは戦前すでに指摘されており、とくに後段の柿崎合戦では、柿崎の浜と米山の距離などを考えてもフィクションにすぎないことは明らかである。しかし、この話自体はフィクションかもしれないが、類似した話があったのではないか。そしてここに謙信の戦術の雛形があるのではないか、と思われる。

「衆寡の用を識る者は勝つ」も解釈に諸説があり、『仏訳孫子』では「重要な任務を帯びた兵力と、限定的な任務を帯びた兵力の、相互運用を知っている者は勝利する」としている。「衆寡の用を識る者」とは重要な任務を帯びた兵力と、限定的な任務を帯びた兵力の相互運用法に通じているということである。奇襲用の兵、その中でも夜襲のための兵、囮となる兵、敵方の城の押さえの兵、味方の城を守る兵、治安維持用の兵、兵站を守る兵、味方の陣地の守備の兵、そして決戦用の兵とみな役割が違ってくる。奇正の別に合わせても兵は使い分けなければならない、ということになるのだろう。

しかしここでの意味は、王哲が註するように「我々の、敵兵の衆寡に対して、囲・攻・分・戦するを謂う、是なり」のほうが文脈からいっても適切に思える。自軍、敵軍、それぞれが大軍、少数である各々の場合の対処法を知っているということと思われる。グリフィスも、大部隊と小部隊の動かし方としている。

ここで思い出されるのは、韓信である。少数で大軍を破るのは、たしかに見事である。しかし、漢の高祖・劉邦に、お前はどれほどの兵を操れるかと聞かれたとき、韓信は多ければ、多いほどよいと答えたといわれている。劉邦は、韓信を「百万の大軍を手足のごとく使い、戦えば勝つ」と評しているが、この韓信の言葉は、軍隊の性質を知り、よく統制できていないと不可能で、兵数の大小に従った攻略方法の変化、「用兵の法は、十なれば、則ち之を囲む。五なれば、則ち之を攻む。倍なれば、則ち之を分つ。敵すれば、則ち能く之と戦う。少なければ、則ち能く之を逃れ。若かざれば、則ちよくこれを避く」、続く「夫れ、将は国の輔なり」という将軍についての記述を受けていると思われるから、兵数の大小になるだろう。

張豫も「用兵の法は、少なきを以て衆に勝つ者有り、多きを以て寡に勝つ者有り。其の用うる所を度りて其の宜しきを失わされば則ち善し。呉子のいわゆる衆を用うる者は隘を務是なり」と記している。「寡戦」を出さない『孫子』だが、少数の小勢で戦うことも当然ありうると考えている、ということになる。

「上下欲を同じうする者は勝つ」は、「始計偏」の「五事七計」の「道」にも似ているが、組織としてはより小さい軍隊内の話となってくる。「上下欲を同じくする」とは、下級兵士から将軍に至るまでの全軍が共通の目的意識を持って進むことである。「全軍一丸となって」という言葉にも近いものがある。もし上下の心がバラバラに離れていては、軍隊は精神的に分解してしまっているようなものである。柴田勝家が「瓶割柴田」の異名を取ったときの突撃や、真田幸村が「大阪夏の陣」で行なった突撃は、「上下」が一体となってはじめて可能なものである。

さらに一歩進めれば、軍隊内を超えて国全体という解釈もできるから、「五事七計」の「道」と関連してくる。曹操による『孫子』解釈では、「君臣、欲を同じうするなり」と述べている。武田信玄の侵略も、君主は領土、民衆は経済的恩恵を得られるということで相互に利益があるから、合戦があっても民衆から不満が沸き起こることはなかった。

信玄の家臣であった真田昌幸は、領民を心服させ、君臣民を一体化し、共同体を形成することに成功した。昌幸の強さは、彼自身が合戦上手であっただけでなく、農民も加えた共同体を形成したことにもある。共同体の軍隊は強い。これはフランス革命後にナショナリズムの爆発の中で生まれた国民軍の強さを見れば明白である。ナショナリズムの基盤にあるのは共同体への帰属意識である。民族であれ国家であれ、そこに帰属意識があればナショナリズムは登場する。

昌幸は真田領を一つの共同体にまとめ上げる。当然のことながら領内の農民も武装化されていく。昌幸は上田の領主になったとき、年貢を半減している。戦争においては参加した農民に対して、首1つを取ってくれば土地を与えるという恩賞も提示している。真田領で農民は武器を持っていた。そうすると「刀狩り」が行われたではないかと反論する人も出てくるかもしれない。しかし刀狩りがどこまで徹底していたかは不明であり、とくに真田領ではかなり不徹底であったろう。

実は当初の「刀狩り」は、1人当たり大小1腰を差し出せばいいだけであった。しかも槍、弓矢、害獣駆除のための鉄砲や祭祀に用いる武具などは所持を許可している。そして地域差も相当にあった。それに加えて昌幸は刀狩りとセットの検地をやらなかった。秀吉も昌幸に検地を強制しなかった。そのため真田領では石高制も用いられずに、以前から使っていた貫高制のままであったという。

この結果として、単位当たりの動員力の多さは日本全国でも有数のレベルとなった。信州上田領3・8万石、上野の妻領と沼田領2・7万石で、合計6・5万石が真田領である。さらに関ヶ原合戦前は真田信幸（信之）の石高2・7万石は加わらないから、3・8万石にすぎない。もし兵農分離が徹底していれば1万石当たり250〜300人しか兵は集められないから関ヶ原合戦段階では1000人にも満たないはずが、規模的には2倍以上の兵数が集められているのである。

ただし、専門の兵士と農兵について要求したことは同じではない。農兵には専門的な判断業務を行わせたり武勇に長じた者しかできないような命がけの突撃をさせるのではなく、単純な作業を明確な指示により実行させた。これは仕事などで部下に命じるときにも大切なことで、かつて仕事のできる上司から「部下への命令はイエスかノーかで答えられるような単純明快なものにしろ」といわれたのを思い出した。昌幸だけでなく、決戦段階などでの名将の命令には単純明快なものが多い。

「虞《く》をもって不虞を待つ者は勝つ」。「虞をもって不虞を待つ」とは綿密で準備周到な状態で、準備不足で油断し安易な体勢にある敵を相手にするということである。「始計篇」の「其の備え無きを攻め、其の意わざるを出ず」、「軍形篇」の「勝つ可からざるを為して、以て敵の勝つ可きを待つ」とも似ている。

信玄の諏訪攻めでは、相手の諏訪頼重は信玄の姉を娶っており、姻戚関係にあったから武田氏に対しては信用して無防備であった。「一ノ谷合戦」では、後白河の仕掛けた偽りの和平という詭道によって平家は油断し武装解除されていた。ともに「虞をもって不虞を待つ」の大戦略的事例となっている。

やはり大戦略的事例としては、北条早雲（伊勢新九郎長氏、宗瑞）の「小田原城乗っ取り」が挙げられる。堀越公方のお家騒動に乗じて伊豆国を乗っ取った早雲は、次の標的として隣国で、関東への入り口に当たる相模国を狙い、その西半分を領有する大森氏に接近する。そして大森氏の居城・小田原城の奪取を試みた。

『北条記』によれば、明応２年（１４９３年）に伊豆国を支配下に収めて以来、早雲は、小田原城主・大森藤頼に進物などを贈り、よしみを通じておき、箱根山での鹿狩りのために領内に勢子を入れさせてほしいと頼んだ。層雲を信用しきっていた藤頼が許可すると、明応４年（１４９５

年）9月、勢子に仕立てた兵を箱根山に入れる。そして、夜になるのを待って、勢子に扮して箱根山にいた兵が鬨の声を上げて火を放ったため、突如として大軍に攻め込まれたような錯覚に陥った藤頼は、あわてて逃げ出し、早雲は小田原城を手に入れることに成功した。

「将、能にして、君御せざる者は勝つ」の「君御せざる者」とは、戦場にあって君主や政府からの干渉のない将軍のことである。現代、この点はかなり抵抗が出てくるかもしれない。というのも、シヴィリアン・コントロールに反しているような響きがあるからである。しかしシヴィリアン・コントロールという言葉は、あらゆる場合に万能なわけではない。シヴィリアン・コントロールとは、あくまで戦争目的の選定や、国家の資源配分といった大戦略が君主や政府の役割であり、その大戦略に従事する形で将軍は戦略を立てるという意味である。いざ、戦場に及んでも政治家が干渉すれば敗北に導かれることもある。その代表的なものが「湊川の合戦」である。これは「もって戦うべきと、もって戦うべからざるとを知る」とも結びついている。

建武3年（延元元年、1336年）年4月、一時九州にまで落ちていった足利尊氏は態勢を立て直し、総勢7500艘、20万騎と称される大軍を率いて海陸の二手に分かれて上洛軍を興した。第六章「作戦篇」でも述べたが、後醍醐天皇側の武将・楠木正成は圧倒的な大軍、しかも勢いに乗っている足利尊氏軍と戦うことは不利と分析し、天皇に足利尊氏と和解するよう進言し、さらに京都を放棄して比叡山に逃れるよう勧めている。正成の戦略は、後醍醐天皇を比叡山に籠らせ、比叡山を新田義貞勢に守らせ、足利尊氏軍を無抵抗のまま京都に侵入させる。足利軍が京都に入ったら正成が兵站線を断ち切り、一種の兵糧攻めのような形で京都で足利軍を枯渇させ、衰弱しきったところを河内の楠木正成軍と比叡山の新田軍で挟撃するというものであった。

しかし、素人の集まりでありながらも後醍醐天皇の側近は水際撃退での勝利を確信していた。坊門宰相清忠が、1年のうち2回も天皇が行幸したことはないし、新田義貞も勝利できるといっているとと述べ、湊川で戦うよう勅命を正成に与える。楠木正成はわずか700人で大活躍するも、所詮は多勢に無勢。後醍醐天皇方は大敗北し、正成は戦死してしまうことになった。「弓矢をもってすること」は軍の指揮官に委ねるという基本を守らなかったために起きた悲劇である。

曹操による『孫子』解釈では、「司馬法に曰わく進退は惟だ時にあり。寡人は曰うことなかれ」となっていて、君主は口を出すなということである。

「この五者は、勝を知るの道なり」で、曹操による『孫子』解釈が、これは私のことだとしているのはご愛嬌である。そして「謀攻篇」は、有名な「彼を知り己を知れば、百戦して殆うからず」で締められている。

第八章

軍形篇（不敗態勢と守備）

「軍形篇」全文書き下し

孫子曰く、昔の善く戦う者は、先ず勝つ可からざるを為して、以って、敵の勝つ可きを待つ。勝つ可からざるは己に在り、勝つ可きは敵に在り。故に、善く戦う者は、勝つ可からざるを為すも、敵をして必ず勝つ可からしむる能たわず。故に曰く、「勝は知る可し。而して為す可からず」と。勝つ可からざる者は、守るなり。勝つ可き者は攻なり。守るは則ち足らざればなり。攻むる則ち余りあればなり。善く守る者は、九地の下に蔵《かく》れ、善く攻むる者は、九天の上を動く。故に、能く自ら保ちて、勝ちを全うするなり。

勝を見ること、衆人の知る所に過ぎざるは、善の善なる者に非るなり。戦い勝ちて、天下善と曰うは、善の善なる者に非るなり。故に、秋毫《しゅうごう》を挙ぐるも多力と為さず、日月を見るも明目と為さず、雷艇を聞くも聡耳《そうじ》と為さず。古の所謂善く戦う者は、勝ち易きに勝つ者なり。故に、善く戦う者の勝つや、知名なく勇功も無し。故に、其の戦勝たがわず。たがわずとは、其の措く所必ず勝つ。已に敗るる者に勝つなり。故に、善く戦う者は、不敗の地に立ちて、敵の敗を失わざるなり。是の故に、勝兵は先ず勝ちて而る後に戦いを求め、敗兵は先ず戦いて而る後に勝ちを求む。善く兵を用うる者は、道を修めて法を保つ。故によく勝敗の政を為す。

兵法に、一に曰く度、二に曰く量、三に曰く数、四に曰く称、五に曰く勝。地は度を生じ、度は量を生じ、量は数を生じ、数は称を生じ、称は勝を生ず。故に、勝兵は鎰《いつ》を以て銖《しゅ》を称《はか》るが若《ごと》く、敗兵は銖を以て鎰を称るが若し。勝つ者の民を戦わしむるや、積水を千尋の谷に決するが若くなるは、形なり。

現代語意訳

孫子はいう。昔の戦の上手な人は、最初に自軍が負けない状態を作っておいて、敵が、こちらに勝てない状態（すなわち敵が負ける状態、こちらが勝つ状態）になるのを待つ。自軍が負けない状態になるのは、こちらの努力による。敵が負ける状態になるのは、敵自身が（油断や隙により）そうなっていくのである。だから戦の上手な人は、敵がこちらに勝てない（不敗）状態を作りつつも、敵が敗北しやすい状態にすることはできないことを熟知していた。だから、こういうのだ。「勝利することは（可能性的に）知ることができるが、実際にやって勝つのかどうかはわからない」。不敗は守備にあり、勝利は攻めにある。守るのは、足りないからで、攻めるのは余っているからである。守備に優れた者は、広く深い地の底に潜って隠れているかのようであり、攻めるのがうまい者は、天の上を動いているかのごとしである。だから自らの力を温存して完全に勝利することができる。

勝利することを、大方の人が予測できるようなものであれば最善の勝ち方とはいえない。その勝利を、天下の人たち皆が絶賛するようであれば、最善の勝ち方とはいえない。（動物の）毛を持ち上げても力持ちとはいわないし、太陽や月が見えるからといって目がよいとはいわないし、雷の音が聞けるからといって耳がよいともいわない。昔の戦上手は、簡単に勝てる相手に勝った。だから戦上手が勝っても、知謀の名声も、勇敢さへの賞賛もない。先勝することに疑いもない。必ず勝つことが決まっているからである。すでに破れている者（と戦って）勝っているのである。だから戦上手の者は、まず自分のほうで不敗態勢を確立し、敵が敗北する機会を必ず捉えているのである。それゆえに勝利する軍というものは、勝利できる状態に置いてから戦争を開始するが、負ける軍というものは、戦争を開始してから、どうやって勝つかを考えている。戦上手は、自らは道理に従い、軍に軍紀法令を守らせる。だから、勝敗が思うままなのだ。

兵法とは、第1に「度」（その土地の広さ、距離、高低などの空間的要素）を測り、第2に「量」（投入される物量）の計算、第3に「数」（兵力）の計算、第4に「称」（彼我の比較）、第5に「勝」（勝利の可能性）の予測である。戦場となる土地の空間的要素がわかれば、投入される物量が決まり、物量が決まれば、それによって動員すべき兵員数が決まる。それによって彼我の比較をすれば、勝てるかどうかが予測できる。だから、勝利する軍隊は、（天秤の測りでいえば380gの）重い分銅で、（0・7gの）軽い分銅を測るよう（に優勢が明白）である。負ける軍隊は軽い分銅で重い分銅を測るよう（に劣勢が明白）である。勝利する者の戦いは、せき止められて満々とした水の堰《せき》を切り、（一気に）千尋の谷底へと流すようなもので、（そうなるのは、そうなるような）形を作っているからである。

○郭化若は「九天の上を動く」を、高度に自らの力量を発揮し、天の時や天候をうまく利用しながら行動する、としている。
○「敵をして必ず勝つ可からしむる能たわず」は、曹操は「敵に、こちらに勝たせないようにする」
○郭化若は「道」を、政治としている。

勝つ可からざるもの　不敗

「軍形篇」では、不敗態勢と守備について書かれている。大意としては、戦争上手は自軍を勝てる状態にしておく。そのうえで戦闘に入るから負けることはない、ということが書かれている。まず勝利よりも先に不敗がある。

曹操による『孫子』解釈では、「軍の形なり。我れ動けば彼れも応じ、両敵、相に情を察するなり」と、彼我の動きの連動を注視する。「軍形」とは「軍」の「形」を作るということ、すなわち軍事戦略段階に入り、軍隊を整えることになるから、『魏武注孫子』の「謀攻篇」の後に「軍形篇」が来る形はわかりやすい。政略段階から軍事段階への移行になるからである。郭化若は、『孫子』が「軍形篇」で、物質を動的に捉えたことを高く評価している。

陰陽の対置の流れでは以下のようになっていて、正奇、虚実へとつながっている。

「不敗」―「守」―「余」　―「正」―「実」↓自己
「勝」　―「攻」―「不足」―「奇」―「虚」↓相手

「軍形篇」は、「謀攻篇」の「彼を知り、己を知れば」は、「始計篇」の「五事七計」、「詭道」と結びついていて、単に知るだけではなく、自己の優勢と共に、相手の「油断」「隙」を突くということになっており、「不敗」は「守」となり、「勝」は「攻」となっている。マーケティング的解釈で考えれば、以下のような対置となる。

不敗―着実さ↓　収益確保（成熟市場など）

勝利──迅速さ➡シェア占有率（成長市場など）

「孫子曰く、昔の善く戦う者は、先ず勝つ可からざるを為して、以て敵の勝つ可きを待つ。勝つ可からざるは己に在り、勝つ可きは敵に在り」、そして「勝つ可からざる者は守りなり。勝つ可き者は攻なり」と続く。戦争準備（防衛力のみならず攻撃する力も）を万端に整え、万全の防衛体制を取る守りは、そのまま不敗態勢の確立となっている。

しかし、勝てるか否かは相手の状態次第である。敵の隙を見つけ、過失を待ち（戦略・戦術を練って誘いをかけることも含む）、攻め、そして勝利につなげる。まず五事七計のような戦争（国家レベルも）準備、次に策を練る（詭道）、これが正と奇にも該当する。『仏訳孫子』では「不敗態勢は防御の中にあり、勝利の可能性は攻撃の中に生じる」と端的に指摘している。

防衛に始まり、守り抜いて反撃というのは、開戦後でも常道的な戦い方であり、籠城戦などでよく見られる。城攻めに失敗したり、諦めた側は撤退するしかない。籠城側も疲弊していて、敵が去って行くのを、ただ見守る場合もある。しかし、撤退するのを追撃されるとかなりの打撃を食らうことになる。追撃は、最も楽な戦い方の一つであるから、攻城軍を撃退して追撃した例は無数に見られる。真田昌幸が第一次上田合戦で徳川軍の攻城を跳ね返したときには、城門を開いて打って出て追撃している。

単に逃げる敵を追撃したというレベルではなく、攻守逆転し準備された籠城によって「勝つ可からざるは己に在り」「勝つ可からざる者は守りなり」から、疲弊して崩れだした敵を「勝つ可きは敵に在り」「勝つ可き者は攻なり」とした戦略的事例としては、天文11年の尼子晴久《あまごはるひさ》による

「月山富田《がっさんとだ》城籠城《じょう》」がある。

天文11年（1542年）1月、尼子氏の根拠地である出雲国月山富田城に向かい、大内義隆率いる大内軍が進撃を開始する。大内氏の重立った家臣である陶隆房、杉重矩、内藤興盛、冷泉隆豊、弘中隆包、義隆の養嗣子大内晴持、さらに安芸国・周防国・石見国の国人衆も加わり、『雲陽軍実記』によれば4万5000人という大軍であった。大内軍には毛利元就、小早川正平も加わっていた。進軍が極めてのろく、4月、出雲国に侵入したものの、『陰徳太平記』『雲陽軍実記』によれば4万人の大軍を投入して6月7日に開始した赤穴城の攻略に1カ月半近くも要し、ようやく天文12年（1543年）年になって、尼子晴久率いる1万5000人の尼子軍が籠る月山富田城を望む京羅木山に本陣を構えた。ここまでで1年近くたっている。

3月、いよいよ本格的な城攻めが開始されるが、兵站線が尼子軍によって脅かされ、食糧不足に悩まされる。そして、4月末には、もともと尼子氏に属していながら大内氏側に鞍替えして大内軍に加わっていた三刀屋久扶、三沢為清、本城常光、吉川興経など、城を攻めると見せかけて富田城の城門から入って尼子軍に合流していったといわれる。物理的に不利になったうえ、精神的にも打撃を受けた大内軍は5月に入って撤退に入る。この機会を待っていた尼子軍は一気に反撃に転じ、大内家の重臣のうち福島源三郎親弘や右田弥四郎が戦死し、晴持は帰途に事故で水死した。ここで、大内氏と尼子氏の力関係は逆転するとともに、攻守も入れ替わることになった。

やはり戦略的事例として「加納口合戦（井ノ口合戦）」として知られる稲葉山城の攻防が挙げられる。天文13年（1544年）9月22日に起きたとも天文16年（1547年）9月22日に起きたともいわれる「加納口合戦（井ノ口合戦）」は、美濃国の斎藤道三が、織田信秀、朝倉孝景、土岐頼芸を同時に相手にした合戦である。

道三は、主敵を信秀と絞り、信秀を稲葉山城まで誘致する。信秀は稲葉山城山麓の村々も焼き払って町口に迫り、さらに城を猛攻撃するが難攻不落の稲葉山城は微動だにせず、疲れて撤退しようとしたところを追撃されて大損害を受けている。『信長公記』では織田方の戦死者を5000人、『定光寺年代記』では尾州衆2000人が討ち死に、長井九兵衛秀元が水野十郎左衛門に宛てた書状では、土岐頼純・朝倉孝景・織田信秀合わせて2万5000〜2万6000人のうち道三は500〜600人を討ち取り織田軍は敗走、さらに木曽川で2000〜3000人が溺死し、信秀は6、7人で逃げ帰ったとしている。

道三は守るべきときと攻めるべきときをよく把握し、攻めに転じたら一気に「勢」を利用している。ちなみに、よく織田信長の師は斎藤道三という話があるが、それは『美濃国諸旧記』の中に妙覚寺で修行していたころに「和漢の軍書に目をさらし、合戦の指揮、進退駆け引きの奥義を学び、またよく音曲に達し、あるいは弓砲の術に妙を得ていた」とあり、そこから合戦で鉄砲利用を行なったと仮定し、さらに信長の鉄砲利用に結びつけていると推測したにすぎない。

斎藤道三はむろんのこと、尼子晴久も単に籠城して敵を撃退すればよいというものではなく、守り時と攻め時をよく理解して切り分けたように見える。というのも、斎藤道三の用兵能力からすれば野戦での迎撃も可能だったかもしれないし、尼子晴久は猛将であるから、野戦が得意なはずであったからだ。しかし兵力比を考え、まずは守勢に立って敵を疲れさせ、一気に攻勢に転じたのである。守勢の利点、とくに籠城の優位に鑑みれば、かなりの逆転が可能になる。少数で成功した戦術的事例としては、龍造寺隆信の「今山《いまやま》合戦」が挙げられる。

「今山合戦」は元亀元年（1570年）に北九州を中心に6カ国の支配者・大友宗麟と新興勢力として肥前国で勢力を拡大しつつあった龍造寺隆信の間に行われた合戦である。大友宗麟は龍造寺隆信の拡大に懸念を抱き、肥前国に侵攻する。宗麟の侵攻を、毛利元就との提携で一度はしのいだ隆信だが、差し出していた人質が逃走して和議は破れ、毛利氏と講和した宗麟は再度侵攻を開始する。宗麟は大軍を率いて進軍する。最終的に大友軍は6万人という規模に膨れ上がる。

隆信は佐嘉城へ5000人で籠城した。佐嘉城近くに着陣した大友軍は、城近くの高良山に臼杵鑑速、東方向の境原に吉弘鎮理、北方面の川上に戸次鑑蓮、南東の寺井、早津江には志賀氏、田北氏、田原氏を置き、幾重にも佐嘉城を包囲する体制を整えた。隆信は、完全な守勢ではなく、機会を見ては小規模な攻勢を仕掛けることで大友軍に打撃を与えた。

5月に大友軍の田尻親種の軍勢が佐嘉城の東方向から攻め込み撃退され、6月に城を打って出た龍造寺軍と大友軍の神代長良の長瀬での交戦は大友軍が勝利したものの、7月に再度城を打って出た龍造寺軍は浮盃で大友軍に奇襲攻撃を仕掛けて成功、さらに大友軍による大規模な城攻めも失敗する。8月には、龍造寺軍の鍋島信生らが大友軍の戸次鑑蓮の陣に向けて一斉攻撃を仕掛けて成功する。機を見て行う攻守の入れ替えは見事である。大軍を投入しながらもなかなか落城しない佐嘉城に対して、筑後国に布陣していた宗麟は、弟・大友親貞に3000人の兵を与えて総攻撃を指示する。親貞は今山に布陣し総攻撃の準備に入る。親貞は、勝利を確信すると盛大な酒宴を開いた。

一方、籠城していた隆信のもとには、親貞らが今山の陣内で酒宴を開いたという報告が入る。龍造寺軍の鍋島信生は、この機会を捉えて奇襲攻撃を仕掛けることを進言、隆信の母・慶誾尼から檄を飛ばされて隆信も同意し、信生は５００人の兵で夜襲隊を編成、暗闇の中を大友軍包囲網をすり抜けるように突破し、今山の陣の背後から鉄砲の一斉射撃を行う。

奇襲は、相手が用心しているときに行えば逆に補足されてしまう。相手が油断して予期しないでいるときに敢行されるからこそ成功する。今山への奇襲は大成功で、予定されていた大友軍による総攻撃は頓挫することになった。今山の合戦に大勝した龍造寺軍は翌日には多久梶峰城を収め、さらにその二日後には佐嘉城下の高尾口合戦にも勝利している。しかし大友軍の完全な撃退に成功したわけではなく、包囲体制は維持されたので、隆信は宗麟と和議を結んだ。隆信は何度か奇襲による打開を図ったが、それが本格的な攻勢に転じなかったのは、大友軍が圧倒的な大軍であったからである。しかし少数による奇襲が「小敵の堅は、大敵の擒なり」とならなかったのは、基本的な姿勢が籠城という守勢にあったということと、機会を見ての行動であったからである。長期の視点で見れば、隆信の佐嘉城籠城は「勝つ可からざる者は守りなり」で守勢に徹して負けなかったということだろう。

「勝は知る可し。而して為す可からず」とは、準備万端で彼我の比較において有利であるとの判断はできても、勝てるかどうかまではわからないという意味で、その先は敵の状態と味方の戦略・戦術次第ということになってくる。やはり「五事七計」だけではだめで、「詭道」が必要なわけの補足的な意味もあるだろう。

「桶狭間合戦」前の今川義元なども、準備万端で彼我の比較において有利であるとの判断はできていたのだろうが、それだけでは不十分であった。平時においてもできることとして、まずは自己強化に努めよということで、『孫子』の優等生的な存在である毛沢東は「自己を保存し、敵を消滅させる」と述べている。その上でチャンスが来るまで待つというのが、「持久戦」の思考である。

ここについての曹操による『孫子』解釈は、軍隊用としての特徴がある。組織内部を完璧にし、装備も秩序も不備がないようにし、味方の弱点を補い、敵の弱点・欠点を突く、敵内部の問題を拡大させ、うまく利用する。『仏訳孫子』では「勝利の理論・方法を知ることと、勝利を実現する手腕とは、必ずしも一致しない」となっているが、これは山鹿素行もほぼ同様に解釈している。

「勝つ可からざる者は、守るなり」を、曹操は「軍形を蔵すればなり」、すなわち策や布陣を用意しておくこととする。「勝つ可き者は攻なり」については、「敵、己を攻むれば乃ち勝つ可し」としている。劉基が『百戦奇略』で出した例として、孫権が、敵が勢力を拡大する前に皖城を攻撃した合戦を「攻戦」として当てはめている。

『孫子』の不敗態勢の重視、まずは生き残りを考えよ、はここだけではなく、全編の背後に潜むものである。軍隊レベルの話として出てくる「九変篇」の「その来らずを恃むことなく、吾の待つを以ってあることを恃むなり。その攻めざるを恃むことなく、吾の攻むべからざる所あるを恃むなり」も、国家レベルに置き換えると、敵がどう攻めてきても撃退できる力を持つこと、それは自己努力であることの再強調に過ぎない。

その前後数世紀にわたり、最も偉大な政治家にして名将の平清盛が行なった「平治の乱」鎮圧は、大戦略的事例・戦略的事例・戦術的事例すべてを兼ねていた。戦いが日本全国規模で東西対立になると別要因も出てくるが、少なくとも史実としては、平清盛は、伊勢国・伊賀国をおさえ六波羅に入り、天皇を奪還する。自らは攻守いずれでも有利にしておき、敵は混乱させている。そして内裏を攻略して、無傷で奪還している。

これほど見事で、完璧な戦争指導であった「平治の乱」鎮圧がなぜ脚光を浴びていないのか。それはまさに次の一言に尽きる。「古の所謂善く戦う者は、勝ち易きに勝つ者なり」、「故に、善く戦う者の勝つや、知名なく勇功なし」。しかし、「勝ち易きに勝つ」までに大変な努力をしているから、最後は簡単に終わるのである。

『孫子』「軍形篇」に見る攻守の問題

銀雀山漢墓で発見された『竹簡孫子』と、『魏武註孫子』をもとに派生した各種「孫子」では様々な相違点、差異が存在したが、とくに議論を呼んだのは、「軍形篇」に載っている攻守の問題である。まったく逆の内容が書かれていたからである。

『魏武註孫子（現今版孫子）』では「守るはすなわち、足らざればなり。攻むるすなわち、余り有ればなり。善く守る者は、九地の下に蔵れ、善く攻むる者は、九天の上に動く。故に、善く自ら保ちて、勝ちを全うするなり」と書かれていたのに対して、『竹簡孫子』では「守は即ち余りあり、攻は即ち足らず」となっていたのである。年代順に見れば、原典に近いのは『竹簡孫子』となる。『魏武註孫子（現今版孫子）』はより攻勢的であり、『竹簡孫子』はより守勢的である。郭化若は『魏武註孫子（現今版孫子）』に従い、「守るはすなわち、足らざればなり。攻むるすなわち、余り有ればなり」としている。

やっかいなのは、どちらにも解釈が可能であったからである。まず「始計偏」より続く波の連

動で見ると、

「不敗」―「守」―「余」
「勝」―「攻」―「不足」

『竹簡孫子』のような「守は即ち余りあり、攻は即ち足らず」が妥当となる。これは君主（政治家）による国家戦略（大戦略）として、万全の態勢で動かずという姿勢にもなる。『孫子』の本分は国の防衛という守勢にあるから、必然的にそうなってくるだろう。「五事七計」と「詭道」の連動から一貫している。守勢のほうが強いのは『孫子』以外の兵書も認めるところだから、「守」―「余」は理にかなっている。

一方、「謀攻篇」には「用兵の法は、十なれば、則ち之を囲む」とあり、大軍なら、すなわち余力があれば攻勢に出るように書かれている。どのようなときに打って出るかを、数の原理で表しているようにも見える。将軍に対する指示としては、兵数が多ければ攻めるという理論を提示していてわかりやすいし、「形篇」後半部にも合致している。『孫子』は、戦闘正面での「一」の優位を主張していて、これも一貫している。曹操にすれば、万全の態勢で動かずということになるから、戦略段階では「攻むるすなわち、余り有ればなり」で行け、ということだろう。

他方、読み方を変えて『竹簡孫子』を、守るときには力に余裕が出る、攻めるときには力に不足が出る、と考えると、曹操の改変は、本来の意味を誤りなく読ませるためのものという考え方にもなる。

『竹簡孫子』と『魏武註孫子』の攻守の差は、『李衛公問対』が回答を与えてくれている。「新書は諸将に授《さず》くる所以《ゆえん》のみ」、ここにある「新書」を『三国志演義』中に登場する「孟徳新書」(『曹公新書』)と見なす傾向があったが、「孟徳新書」が偽書である可能性が高いことがわかっている現在、「新書」は別のものとして見なければならない。

そもそも『三国志演義』自体が、明時代に書かれたフィクションである。おそらく「新書」は『魏武註孫子』のことではないだろうか。そして、もとあった『孫子』を『魏武註孫子』に改変する際に、攻勢原理を加えたのではないかと杉之尾孝生氏は示唆している。

諸将、すなわち将軍という軍人向けの改変となると、それ以前の『孫子』とは、立ち位置による普遍原則(戦略性)の変化が見られる。これは国家レベルの大戦略について書かれた書物と、軍事面の戦略について書かれた書物における、目的と手段の関係についての記述の差に見て取ることができる。

「目的に手段を適合させる」とは、大戦略についてハンス・モーゲンソーによって書かれた『国際政治』内の記述である。

「手段に目的を適合させる」とは、戦略についてリデルハートによって書かれた『戦略論』内の記述である。

〈立ち位置による普遍原則(戦略性)の変化〉

「目的に手段を適合させる」……大戦略　『国際政治』ハンス・モーゲンソー

「手段に目的を適合させる」……戦略　『戦略論』リデルハート

国の目標については、国家の各種の力を鳩合する。しかし戦場において将軍が率いている兵力は増えない以上、手持ちの兵力でなんとかできるよう目的を修正する必要は出てくるかもしれない。

ここに対象読者の問題を加味すれば、分業未発達時代の原典『孫子』では君主用も兼務していたから、大戦略として「守は即ち余りあり、攻は即ち足らず」となり、それが「始計篇」から全編の流れの中で位置づけられている。

しかし『魏武註孫子』は配下の将軍たちへテキスト化したものだから戦略、とくに作戦・戦略として「守るはすなわち、足らざればなり。攻むるすなわち、余り有ればなり」となり、それは「謀攻篇」の「兵を用いるの法、十なれば、則ちこれを囲み。五なれば、則ちこれを攻め。倍すれば、則ちこれを分かち。敵すれば、則ちよくこれと戦い。少なければ、則ちよくこれを逃れ。若からざれば、則ちよくこれを避く。故に、小敵の堅は、大敵の擒なり」の延長線上に位置している。まさに『李衛公問対』でいう「新書は諸将に授くるゆえんのみ、奇正の本法にあらず」になっているのである。

なお、原典『孫子』と『魏武註孫子』は、唐時代まで並列して存在していたのに、なぜ『魏武註孫子』のみが残ったのかは、やはり分業の発達により、より軍事に特化されたもののほうが有用性が高かったからかもしれない。

攻守の問題について、『孫子』にとどまって考え続けるのではなく、より掘り下げて考えるために、他の兵書・戦略所の記述と照らし合わせて立体化してみると、どうなるだろうか。おおかたは守勢の強さや利点を記す傾向がある。

『呉子』は、基本的には守勢の重要性を説きつつも、攻勢の有利さにも言及し、「数勝って天下を得るは稀」と記している。「要とは業を保ち、威を守るゆえんなり」と防御を第一とし、「戦って勝つは易く、守って勝つは難し」とし、同時に「それ国家を安んずる道は、先づ戒むるを寶となす。いま君すでに戒む、禍それ遠ざからん」と平時の防衛と危機管理を強調している。

『尉繚子』は、「居を以て攻の出づるには、則ち居は思からんことを欲し、陣は堅からんことを欲し」とし、防戦の原理は「地の利」に求め、救援軍の必要性は心理的要因と見なすなど、守勢の強さについて述べている。

『司馬法』もまた地の利の重要性について記し、「衆に称り地に因り、敵に因りて陣せしむ。攻、戦、守、進、退、止」と記している。

クラウゼヴィッツによる攻守論も、守勢の強さや利点とともに『孫子』と構造上の類似性を示している。『孫子』の「正をもってはじめ、奇で終わる」を補足説明するように、『戦争論』では、以下のように述べられている。「防御は攻勢よりも強力な戦争形式であるが、しかし消極的目的を持つにすぎないから、我々が強力であって、積極的目的をたてるのに十分であれば、直ちにかかる形式（防御）を捨てなければならないことはいうまでもない。ところで、この防御的形式適用して勝利を占めれば、彼我の力の関係は防御者に有利である。従って、戦争の自然的経過は、防御をもって始まり攻勢をもって終わるのが通例である……（中略）防御を究極の目的とするのは、やはり戦争の概念と矛盾する」。

『李衛公問対』には、李靖の言葉として「攻守は一法なり。敵、我と分かれて二事となる。もし我が事得ば、即ち敵の事敗れ、敵の事得ば、即ち我が事敗れん。得失成敗、彼我の事分る。攻守は一のみ。一を得るものは百戦して百勝す。ゆえに曰く、彼を知り己を知れば百戦して危うからずとは、それ一を知るの謂か」、さらに「攻むるはこれ守るの機、守るはこれ攻むるの策、同じく勝に帰するのみ。もし攻めて守るを知らず、守って攻むるを知らざれば、ただその事を二にするのみならず、そもそもまたその官を二にせん」と記されている。

すなわち李靖による攻守の解釈では、攻守は同一原理にあり、敵に対して勝機を見出せたら攻勢、敵に隙がなければ守勢を維持すべきだとする。多くの解釈の誤りは、「不足を謂ひて弱となし、有余を強となす」、つまり不足＝弱、有余＝強と見なしていることにあるというのだ。これが「けだし攻守の法を悟らざればなり」につながる。陰陽を彷彿させる中国的な解釈である。

攻守に対する李靖の見解では、「詭道」も単独で使用するのではなく、「五事七計」という不敗態勢と一体化して意味をなしていて、締めとして「廟算」がある。準備段階では、毛利元就ではないが「合戦は謀多きが勝ち、少なきが負けに候」とする。「攻守」が一体化したものであるという思想は、「九地篇」にある「常山の蛇」にも通じる考え方である。

『李衛公問対』では、攻守について多く語られている。「孫子いふ、勝つべからざるものは守る、勝つべきものは攻むと。敵いまだ勝つべからざるときは、則ち我れしばらく自ら守り、敵の勝つべきを待って則ちこれを攻むるをいふ爾。強弱をもって辞となすにあらざるなり」「守るの法、要は敵に足らざるを以てするに在り」「攻むるの法、要は敵に示すに余り在るを以てするに在り」と各種載せている。そして『司馬法』の「戦い好めば必ず滅ぶ」という不戦志向と守勢重視が組み合わさっている。「攻守一道」で、各局面によって変化するというのは、「天」の利用でも、正兵は追い風を利用して「勢」につなげていくのだろうが、奇兵ならば逆風利用で、それが「詭道」になっている。敵の状況次第（彼を知る）で使い分ける。「彼を知る」ことから攻勢では、城だけでなく「心を攻むる」、守勢では、陣を堅くするのみならず「気を守る」。さらに国の安定、平時の準備、組み合わせによる変化、情報収集と分析などが述べられている。

改変の当事者であった可能性がある曹操による『孫子』解釈では、チャンスが来るまで隠れていて、行軍位置を知られないようにし兵力を温存し、敵が攻撃してきたら勝利を収める。無理な強行軍は疲弊し、隠れて待ち伏せしていれば余裕があるという、極めて穏当な註をつけている。「善く守る者は、九地の下に蔵れ、善く攻むる者は、九天の上に動く。故に、善く自ら保ちて、勝ちを全うするなり」について意訳すれば、相手からはこちらの様子が見えないのに、こちらからは相手の様子が丸見えで、猛禽類が急降下して獲物に襲いかかるような戦い方ができる、ということになるだろう。

戦略的事例として、「千早城攻め」における楠木正成の籠城準備が該当する。このとき、『太平記』によれば、攻め手の関東の軍勢だけで30万7500騎で、むろん誇張であろうが、兵は日本全土から招集されていた。四国からは軍船300隻、長門国と周防国からは軍船200隻、甲信地方からは7000騎、北陸からは3万騎、総勢80万騎にも及ぶと書かれている。ちなみに『神明鏡』によれば48万騎、『保暦間記』によれば5万という数字が挙がっている。

元弘3年正月、阿曽治時率いる正面軍8万騎が河内道から赤坂城（上赤坂）へ、大仏高直率いる側面軍20万騎が大和道から金剛山千早城へ向かい、二階堂出羽入道率いる一手2万7000騎は紀伊道を経て護良親王が立て籠る吉野城へと向かった。側面軍ながら最大の兵力が千早城に向かったということは、鎌倉軍の重点を示している。

対して、正成は南河内一帯に多くの砦を築き、縦深陣地を構築していた。金剛山を大要塞と化したという説によれば、最前線（前哨陣地）を構成するのが大ヶ塚から持尾《もちお》に至る線で、第2防衛線（前進陣地）に相当するのが下赤坂城を中心にした一帯、赤坂城（上赤坂）と観心寺を結ぶ線一帯が主防御線（本防衛線）であり、詰めの城として千早城があった。赤坂城と千早城を結ぶ線は約8㎞である。護良親王は愛染法塔を本営にして、吉野川南岸に4つの塁が築かれ、丈六平から薬師堂までを第1次防御線、蔵王堂から金峰神社までが第2次防衛線を形成していた。鎌倉幕府軍からは山上の様子をうかがえないようにし、山上からは敵の分散状態を把握して「内線の利」を利用し、各塁に指示し、上赤坂を攻めれば光明寺から牽制、光明寺を攻めれば赤土山から牽制し、さらに森林と断崖も利用して、伏兵も指示するなどの態勢を整えたのである。

山々全体を利用して、「虚実篇」の「我は専にして一となり、敵は分かれて十となれば、これ十を以って一を攻むるなり」を態勢として作り上げたともいえる。これにより開始される攻防は、正成の手の中で進められていくのである。

なお郭化若は、「九地の下」「九天の上」が、各々2通りの解釈ができることを紹介している。一つは曹操のように「九地の下」を「さまざまな地形を巧みに利用して堅く守ること」、「九天の上」を「天の時や天候をうまく利用して攻撃の時期を積極的に選ぶこと」である。郭化若自身は、そのどちらの意味も通るとしている。曹操による『孫子』解釈は、「山川丘陵の固きに因る者は、九地の下に蔵れたるなり。天時の変に因る者は、九天の上に動くなり」で、街道から離れて人が住まないような山河丘陵に駐屯し、相手に悟られないように深夜や雨中を移動する、あるいは堅固な地形に隠れ、天時の変化により動くといった具体策が註で示されている。『仏訳孫子』では、「九地」は「きわめて広く深い地」とされている。

もう一つは、梅堯臣のように「九地の下」を「極めて深く自分の力を隠すこと」、「九天の上」を「極めて自分の力を巧みに発揮すること」とする解釈、梅堯臣は、「九地とは、深くして知る可からざるを言う。九天とは、高くして測る可からざるを言う。蓋し、守備は密にして攻取は迅やかなるなり」。

郭化若自身は、どちらの意味も通っているとしている。

なお、当該箇所を攻守に分けて記述しているのは、『魏武註孫子』『竹簡孫子』では防御の記述のみである。「善く守る者は、九地の下に蔵れ、九天の上に動く」と、不敗態勢からの指針のみである。九地の下、九天の上ともに姿が見えず、九天の上からは、こちらの姿が見えないでいる敵を攻撃するのである。

勝利する者とは

「戦い勝ちて、天下善と曰うは、善の善なる者に非るなり。故に、秋毫を挙ぐるも多力と為さず、日月を見るも明目と為さず、雷紕を聞くも聡耳と為さず」。曹操による『孫子』解釈では、一般の人が喝采するのは力戦の勝利にすぎないということだという。王皙は「謀を以て人を屈するは則ち善なり」とする。

これらの観点からも、この評価に最もふさわしいのが、前述した平清盛になる。「平治の乱」で、二条天皇を奪還することにより「すでに敗るる者に勝てばなり」「勝兵は先ず勝ちてしかる後に戦いを求め」の実践例を示しているからだ。曹操による『孫子』解釈では、部下の将軍への指導として、勝てる相手は攻め、勝てない相手とは戦わず、敵を疲弊させ、分散させて、簡単に勝てるよう弱めておく、戦争前に外交や謀略で敵を屈服させることは、人に知られることはない、敵国情報を把握して、勝算確実な戦争をするとなっている。

平清盛と並ぶ『孫子』の実践者・武田信玄についても、こうした例は多々当てはまる。毛利元就の「厳島合戦」も、いつでも引き金が引ける状態での奇襲であるが、織田信長の「桶狭間合戦」は結果的にはうまくいったが、決して褒められたものではない。「善く戦う者は、勝ち易きに勝つ者なり」について、劉基が『百戦奇略』で出した例の「易戦」は、北周の武帝による河陽征伐の失敗であるから適例とはいいがたいが、信玄が行なった「諏訪攻め」は、適例となるだろう。

「勝を見ること、衆人の知る所に過ぎざれば、善の善なる者にあらざるなり」は、まさに軍事の素人が褒めるような戦い、たとえば歴史学者程度に絶賛されるレベルでは、真の名作戦とはいえないということで、源義経の「一ノ谷合戦」「屋島合戦」「壇ノ浦合戦」などは例としてふさわしいだろう。逆に、上杉謙信の戦略などは、多くの人には理解されず、そのために「上杉謙信には戦略がなかった」という、とんちんかんな意見さえ出てくるのである。

なお補足的にいえば、『竹簡孫子』では「無奇勝（奇勝なんてない）」が挿入されていたが、戦勝は戦略の常道通りということだろう。奇想天外で見事な名作戦などない、ということである。またクラウゼヴィッツが『戦争論』で「敗軍の将は、退却のはるか以前から敗北に気付いているものであって、突発事が圧倒的な強さで全体の経過に影響を及ぼしたなどといったことは、大抵、敗軍の将が事故の敗戦を弁護するために用いる口実にすぎない」と手厳しく述べているのも大意は等しいだろう。曹操による『孫子』解釈では、教科書通りにやれば誰の目にも明らか、だから相手も対策を立ててくる、先頭に立って切り込むような目立ちたがりの将軍は失格ということになる。『戦争論』『孫子』、いずれも手厳しい。

「善く戦う者の勝つや、知名なく勇功も無し」、本当に今時の歴史家程度に分かるレベルの戦い方では程度が低いということだ。曹操による『孫子』解釈で、「敵の兵形、未だ成らざるに之に勝たば、赫々の功は無きなり」、杜牧は「力を用うること既に少なく、勝を制すること既に微にあり、勝ち易きに勝つもの」、梅堯臣は「大智は彰れず、大功は揚がらず。微を見て易きに勝つ。何の勇、何の智ぞ」と註している。

「其の戦勝たがわず。たがわずとは、其の措く所必ず勝つ。巳に敗るる者に勝つなり」について、曹操による『孫子』解釈では「敵を察すれば必ず敗る可く、差とくをせざるなり」となっている。

「故に、善く戦う者は、不敗の地に立ちて、敵の敗を失わざるなり」について、杜牧は「不敗の地とは、勝つ可からざるの計を為し、敵人をして必ず敗ることをえざらしむなり。敵人の敗を失わずとは、敵人の敗る可きの形を窺伺《きし》して、髪《ごう》も失わざることを言うなり」と註している。

「是の故に、勝兵は先ず勝ちて而る後に戦いを求め、敗兵は先ず戦いて而る後に勝ちを求む」について、曹操による『孫子』解釈では「謀の有ると慮《おもんばか》りの無きとなり」となっている。

「善く兵を用うる者は、道を修めて法を保つ。故によく勝敗の政をなす」では、「始計篇」の五事七計につながっている。「道」と「法」については、道を修め、部下をその法則に従わせるというのが一般的な見解だが、もう1つの解釈として、法を計算能力とすることという説もある。曹操による『孫子』解釈では「善く兵を用うる者は、まず自らを修治して勝つ可からざるの道を為し、法度を保ちて敵の敗乱を失わざるなり」となり、王晳は「法」を「兵法の五事」とみなす。『仏訳孫子』では「戦争の奥義を究めた者は「道」を修め、部下をしてその法則に従わせる。それ故に、彼は、勝利の政策を打ち出すことができるのである」としている。

「兵法は、一に曰く度、二に曰く量、三に曰く数、四に曰く称、五に曰く勝。地は度を生じ、度は量を生じ、量は数を生じ、数は称を生じ、称は勝を生ず」は個々には下記のような意味を持っている。

度：ものさし、距離　　『仏訳孫子』では空間、郭化若は国土の広さ
量：容積の大小、土地の広さ　　『仏訳孫子』では物力、郭化若は豊作と凶作
数：数　　『仏訳孫子』では兵数、郭化若は人口
称：秤、比較する

これは、部署配備→戦闘部隊の量→兵数→状況判断（廟算）→勝利という流れになっているが、基本には数の原理が生きている。物量は空間から算定し（戦場、距離）、物量に見合った兵力が必要になるということである。戦術的な意味合いも強い。地形で使用できる適正兵力、戦争遂行に必要な物資、軍隊規模、それに対する敵軍との比較による優劣は、戦闘前にわかってしまう。上杉謙信、武田信玄は、川中島という戦場において、動かすのに適した兵力を算出している。謙信

は機動を考えて8000人とし、信玄は決戦と突撃力とを考慮して2万人を連れてきている。

曹操による『孫子』解釈は「地の形勢に因って之を度《はか》る」と、極めてわかりやすい。つまり①地形的に有利な場所を計測によって明確化し、②距離の遠近や面積、敵軍の規模などを判定し、③敵の行動を予測し、勝敗における重点事項を見定め、勝敗の確率を求め決断するというものである。この点ではナポレオンも優れている。地形や空間の広がりを地図で把握しながら、コンパスや分度器、定規を使って戦術を考えている。グリフィスも、①戦場の広さ、②そこで使用される物資、③兵数、④比較としている。一方、郭化若や杜牧は、①国土の広さから物産の収穫が決まり、②物産量から集められる兵数が決まり、③国土の大小、物産量、平数が力量差となる、としている。

「兵法は、一に曰く度、二に曰く量、三に曰く数、四に曰く称、五に曰く勝。地は度を生じ、度は量を生じ、量は数を生じ、数は称を生じ、称は勝を生ず」は、マーケティグに応用しやすい。すなわち、長短を決める尺度→量目の計算単位→比較する数値データー→定理や方程式→確率と比較という流れに置き換えられるからである。

大戦略的事例・戦略的事例・戦術的事例の全てを兼ねているのが武田信玄である。外交による敵の包囲を行い、敵防衛力の分散による数の上での優位を作り上げ、棒道などを利用した戦地における自軍の集結での数の上での優位、実際の戦闘での数の上での優位をすべて保つようにした。

永禄4年の第4回川中島合戦の前には、今川氏、小田原北条氏との三国同盟の強化に加え、遠交近攻で石山本願寺を通じて加賀国の一向一揆ともよしみを通じ、越中国からも謙信を牽制し、甲府から八ヶ岳の裾野に向かう軍用道路（棒道）を建設して信濃国小県郡の湯川城から大軍がすみやかに川中島に集結することを可能にし、甲府と川中島の中間地点・海野への兵站基地を設置して食糧と武器とを備蓄し、十町おきに狼煙台を構築し、川中島への速やかな軍の移動を可能にし、海津城にも食糧と武器とを備蓄、常時足軽3000人・騎兵620人（北村建信『甲越川中島戦史』）とも1000人（布施秀治『上杉謙信伝』）ともいう兵を置いた。こうして領土全体でも戦場でも戦闘でも自軍の多さが勝るようにしている。

「故に、勝兵は鎰を以って銖を称るが如く、敗兵は銖を以って鎰を称るが如し。勝者の民を戦わすや、積水を千尋の谷に決するがごときは、形なり」と「勢篇」に続く言葉で締められている。

勝敗が明らかになってくると、彼我の差はさらに開く。多くの日和見勢力や敵からの裏切りが加わってくるからである。大体は勝ち馬に乗れである。それがなおのこと「勢」をつける。戦略的事例として、寿永2年（1183年）の木曽義仲の上洛が挙げられる。治承5年（1181年）の「横田河原合戦」段階では、義仲が率いていたのは3000人程度であったが、「横田河原合戦」に勝利してからは、次々と馳武者が加わり、北陸道を制圧しながら「倶利伽羅峠」合戦に臨む際には『平家物語』によれば5万人を超え、上洛直前には叡山の僧兵3000人までもが加わっている。これだけでなく、治承・寿永年間は平家であれ河内源氏であれ、合戦に勝利すると多くの馳武者が加わり、瞬く間に大軍となっていることが多い。

有機的構造で、各篇が相互に連動する『孫子』は、「軍形篇」の最後に「勝つ者の民を戦わしむるや、積水を千尋の谷に決するが若くなるは、形なり」と「勢」を出して、次の「勢篇」につなげている。

第九章

勢篇（奇正と勢い）

☆『竹簡孫子』では三章に収録（「謀攻篇」が五章）

「兵勢篇」全文書き下し

孫子曰く、凡そ、衆を治むること寡を治むるが如くなるは、分数是なり。衆を闘わしむること、寡を闘わしむるが如くなるは、形名、是なり。三軍の衆、必ず敵を受けて、敗ることなからしむ可きものは、奇正《きせい》、是なり。兵の加うる所、石《たん》を以て卵に投ずるが如き者は、虚実、是なり。

凡そ、戦いは正を以て合い、奇を以て勝つ。故に、善く奇を出だす者は、窮《きわま》り無きこと天地の如く、竭《つ》きざること江河の如し。終わりて復た始まるは、日月、是なり。死して復た生ず。四時、是なり。声は五に過ぎざるも、五声の変は、勝《あ》げて聴くべからざるなり。色は五に過ぎざるも、五色の変は、勝げて観る可からざるなり。味は五に過ぎざるも、五味の変は、勝げて嘗む可からざるなり。

戦勢は奇正に過ぎざるも、奇正の変は、勝《あ》げて窮む可からざるなり。奇正の相生ずるは、循環の端無きが如し。誰か能く之を窮めんや。激水の疾き、石を漂わすに至る者は、勢なり。鷙鳥の撃つや、毀折《きせつ》に至る者は、節なり。是の故に、善く戦う者は、其の勢は険にして、其の節は短し。勢は弩を彍《ひ》くがごとく、節は機を発するがごとし。紛々紜々、闘い乱るるも、乱す可からざるなり。渾々沌々、形、円なるも、敗る可からざるなり。

乱は治に生じ、怯は勇に生じ、弱は彊に生ず。治乱は数なり、勇怯は勢なり、彊弱《きょうじゃく》は形なり。故に、善く敵を動かす者は、之れに形すれば敵必ず之に従い、之に予《ため》うれば敵必ず之を取る。利を以て之を動かし、卒を以て之れを待つ。

故に、善く戦う者は、之を勢に求めて、人に責めず。故に、能く人を択《えら》びて、勢に任ず。勢に任ずる者の、其の人を戦わしむるや、木石を転ずるが如し。木石の性たる、安ければ則ち静かに、危ければ則ち動き、方なれば則ち止まり、円なれば則ち行く。故に、善く人を戦わしむるの勢い、円石を千仞の山に転ずるが如き者は、勢なり。

現代語意訳

孫子はいう。大軍を率いているのに、少部隊を率いているように扱えるのは、分数（しっかりした組織・編成）で戦うからである。大軍を戦わせるのに、少部隊で戦っているように（自在に）扱えるのは、形名（通信、連絡に相当する旗印や太鼓などの鳴り物が規定に沿って合図されること）が整備されているからである。全軍が、敵と戦って負けないようにできるのは、正（攻法）と奇（策）の使い分けによるものである。戦いとなって、石を卵にぶつけるかのように簡単に敵を撃破できるのは、（準備万端の状態で、油断して不備だらけの敵の隙を攻撃する）虚実の使い分けのおかげである。

戦いとは、正（正面衝突しても充分勝てる定石の状態で、真っ正面から）で敵と対峙し、奇（敵の意表を突く奇策）を巡らせて勝つのである。だから、奇策の使い手は天地の変化のように尽きることがなく、長江・黄河の流れが枯れることがないように無限に策を繰り出して終わりがない。（奇が変化して正となり、正が変化して奇となるのは）終わってもまた新たに始まる太陽と月の動きのようでもあり、終わっても、また生まれる四季の巡りのようでもある。音には5つの種類しかないが、5音の組み合わせは（無限で）、すべてを聴くことはできない。色は5つの種類しかないが、その5色の組み合わせは（無限で）、すべてを見ることはできない。味は5つの種類しかないが、5味の組み合わせは（無限で）、すべてを味わい尽くせない。

戦いの型も、奇正（の2種類）にすぎないが、奇正の組み合わせは（無限で）、すべてを極めることはできない。奇策と正攻法が互いに生じることは、丸い輪に端がないようなものである。一体、誰がその道理を極められようか。激しく速い水の流れが、石を押し流していくのが「勢」である。鷲や鷹が一気に獲物を襲い、一撃で骨を打ち砕いてしまうのが（タイミングを捉えて力を一点に集中させる）「節目」である。戦上手は、「勢」が最も強くなったときに、（一瞬の）「節目」を捉えるのである。「勢い」は弓を引き絞るようなもので、「節目」は一瞬で矢を放つようなものである（近距離で弓で狙ったほうが、距離は短く、威力は強く、命中精度が高いのと同じく効果的である）。戦場が混乱し、入り乱れても、分数（しっかりした組織・編成）と形名（通信、連絡に相当する旗印や太鼓などの鳴り物）があれば、自軍は混乱することがない。戦闘が混戦化、流動化して、円を描くように絶え間なく変化しても、分数と形名があれば、敗北することはない。

混乱は秩序から生じ、臆病は勇敢さの中から生じ、弱さは強さの中から生ずる。秩序ある状態か混乱する状態にあるかは、分数（しっかりした組織・編成）によって決まる。臆病になるか勇敢になるかは、戦いの「勢」（に乗っているかどうか）によって決まる。強くなるか弱くなるかは、軍の態勢である「形」次第である。そこで、敵を巧みに誘い出す者は、こちらの（偽装された）不備や弱点が相手にわかるように行動するから、敵は必ずこの誘いに乗ってくる。敵に餌を与えれば、敵は必ずこれを取ろうとする。利益を与えて敵を思い通りに動かし、つり出した敵を待ち受けの態勢で捕捉するのである。

したがって、優れた兵法家は軍の勢い（に勝利）を求めるが、兵士個々人の力に求めることはない。だから、人材を適材適所に配置した後は、勢いを利用させる。勢いを利用する指揮官が兵士を戦わせる様子は、木や石を勢いよく転がすようなものである。木や石は、安定しているときは静止しているが、不安定であれば動き始め、木や石の形が四角であれば止まり、丸ければ転がっていく。そして、兵士を上手く戦わせている者の勢いが、丸い石を千尋の山から転がり落とすような様を「勢」というのである。

奇正

「勢篇」（兵勢篇）では、奇正と勢い、そして部隊運営とかけひきについて書かれている。大意としては、組織と指揮系統がしっかりしていれば大軍も簡単に動かせるし、混戦状態でも乱れないから、詭道を行う前提でもあるということ、そして正攻法と奇策の様々な複合によって戦いが行われることが示されている。兵そのものに期待せず、勢いを利用して軍を動かすという考え方は、『呉子』などに見られる教育による精兵主義とは異なっている。曹操による『孫子』解釈では、「用兵は勢いに任ずるなり」ということになる。

「孫子曰く、凡そ衆を治むる事、寡を治むるが如くなるは、分数、是なり」は組織に関すること、「衆を闘わしむること、寡を闘わしむるが如くなるは、形名、是なり」は指揮系統に関することである。『仏訳孫子』では「治む」を統率、「闘わしむ」を指揮、「形」をインフォメーション、「名」を通信手段とする。曹操は「形」を「旗印」、「名」を「金鼓」としている。

「形」「名」は金鼓・旗につながっていくことで、軍事組織上の事例として、武田信玄の場合の孫子四如の旗（風林火山）が挙げられる。この旗を掲げることにより、信玄は武田軍に対して、現在要求されているのは、どの状態かを絶えず訓示している。そして命令系統の伝達として、百足衆がおり、信玄の軍配の動きを素早く各隊に知らせるとともに、太鼓でも全軍に各種伝令を伝えている。また突撃用として、騎兵と歩兵を混合した騎馬編成チームを作っている。

やはり軍事組織上の事例として、上杉謙信の場合は「毘」と「懸かれ乱れ龍」の旗があり、春日山城を出立するときには「毘」の旗を掲げてわが上杉軍は神軍であるという意識を持たせ、戦場において「懸かれ乱れ龍」の旗が振られているときは、いかなることがあろうとも退却が禁じられた。そして戦場によって部隊編成を替え、突撃力のために多くの槍をそろえながらも、槍を小隊に分けることによって細かな動きを可能にし、突撃用としては大部隊の編成にして「勢」をつけた。謙信は、指揮杖として青竹の杖を振り全軍を動かしている。

信玄、謙信は、上記のようにして大軍を手足の如く意のままに動かすことを可能とした。こうした軍の部隊単位の運営は、上杉謙信と武田信玄により初めて世に出たといっても過言ではない。

対照的なのは、「彼を知り、己を知る」ことなく、一騎打ちの考えしか持てずに「元寇」で元軍の集団戦法に翻弄され、右往左往した鎌倉幕府軍の惨敗ぶりである。

逆に元軍は、『孫子』を当てはめて考えるということをしており、『高麗史金方慶伝』や『高麗史節要』によれば、秦穆公の孟明の「焚船」や漢の韓信の「背水の陣」のたとえを引きながら、さらなる戦闘を望んだ高麗軍の金方慶に対して、『孫子』の「小敵の堅は、大敵の擒なり」を引用して、派遣軍総司令官・忽敦は撤退を主張している。劉基が『百戦奇略』で出した例は「弱戦」で、後漢時代の虞詡《ぐく》による羌《きょう》征伐。これは調虎離山《ちょうこりざん》（『兵法三十六計』「第十五計」）にも関わる。

企業組織制度も、企業目的に合わせて編成されており、一例としては本部─部─課─係─班と指揮命令系統により伝達させ、信賞必罰により徹底するということが行われている。「三軍の衆、必ず敵を受けて、敗ることなからしむ可きは、奇正、是なり」では整然とした布陣や整えられた具など正攻法擢要素と意表を突く詭道的な要素の組み合わせで敗北を知らず、「兵の加うる所、石を以て卵《たん》に投ずるが如き者は、虚実、是なり」では、卵を臼にぶつけて砕くような圧勝ができるのは実の体制で虚を突くからであるとして、さらに「凡そ戦いは、正を以て合い、奇を以て勝つ」とするのは、正攻法で負けない状態で、錬った戦略をもって開戦しながらも、戦いの経過で相手の隙や弱点などを突いて勝利する、ということである。

正とは「正攻法で敵を食い止める力」、奇とは「敵の意表を突く間接的な力」を指している。ここでも「戦いは正を以て合い」で、再度「不敗」が協調されている。なお郭化若は、奇正とは古代の軍事用語で軍の配置においては、警戒・守備部隊が正、主力の機動部隊が奇、戦闘においては正面攻撃が正、迂回して側面攻撃するのが奇、正攻法が正、奇襲が奇、一般法則が正で、状況により特殊な作戦を取るのが奇としている。曹操による『孫子』解釈では、「まず出て戦いを合わすを正と為し、後に出すを奇と為す」とし、『尉繚子』でも「正兵は先を貴び、奇兵は後を貴ぶ」とする。

さらに、梅堯臣は「動くを奇と為し、静なるを正と為す。静、以て之を待ち、動、以てのに勝つ」とし、『仏訳孫子』では「敵の攻撃を耐え抜けるのは、敵の意表を衝く間接的な力と正攻法で敵を食い止める直接的な力の組み合わせによる」と解説している。グリフィスは正規部隊と非正規部隊とし、「正規部隊を用いて会戦し、非正規部隊を活用して勝利する」としている。

しかし張豫は、「諸説はすべて、正を以て正と為し奇を以て奇と為すだけで、誰も、孫子のいわゆる奇正の相生ずるは循環の端無きが如しの義、つまり正から奇が生じ奇から正が生ずるが如き、或いは正または奇となり奇また正となるが如き、一方がその契機となって他方を生じてやまぬ両者相変ずる循環の義を理解していない」と評する。

曹操による『孫子』解釈では「正とは敵に当り、奇兵とは傍《かたわら》より不備を撃つ」、すなわち、正攻法で敵と正面衝突をして敵の主力を止め、奇策で敵の弱点に奇襲を行うという。八陣の発想（四陣を正、四陣を奇）と同じであり、ラクビーのフォワードとアタッカーの区分のようなものである。「官渡の合戦」で実践されたと見なせる。

『仏訳孫子』では「戦闘は正攻法で敵を喰い止める直接的な力とを以て構成し、勝敗は敵の意表を衝く間接的な力を以て決せねばならない」とし、「虚実」について『仏訳孫子』では「無力化せしめた敵に、我が圧倒的兵力を投ずること」としている。

『孫子の新研究』の中で阿多俊介氏は、奇について詭と虚との関係を「詭は敵を虚に導くための仮説手段であり、之に対して、奇は敵に生ぜる虚を収穫せんとするものである。別言すれば、詭は手段であり、奇はその結果の収る行為である。故に、善く闘う者は詭をからざるも必ずしも奇を用うるに苦しむ所がない」と解説している。奇と用兵は敵の敗形を失わずして行う攻撃、敗形は敵が作るものというべきであろうか。

『孫子』13篇全編を通じての正奇は、正は真っ正面から戦っても勝てる実力（客観的に見ても）、正々堂々であり、奇は実力不足ならば奇策を弄するという形を取っている。孫武の基本が不戦である以上、正の実力を持った者が戦いを仕掛けることはないため、基本は守備となる。

戦争的事例として、「長篠合戦」で織田信長は野戦陣地を築き立て籠り、武田勝頼が攻めてこない以上は打って出なかったが、攻め込んできた後は鉄砲隊という奇策によって打撃を与え、あとは勢に従って追撃した。さらに「長篠合戦」後の織田信長の武田政策は、敵の弱体化を図りながらも、積極的に攻撃することはなかった。「武田攻め」は「長篠合戦」より10年も後になる。

しかし実力不足な者が待っていては、攻め滅ぼされる。相対的に力が低下していくことがあるからである。だから攻勢を取るが、攻勢を取る以上は、勝ちに走る。武田勝頼は毎年のごとく徳川家康を攻めているが、家康の守備を打ち砕けなかった。

「凡そ戦いは、正を以て合い、奇を以て勝つ」は、単純にいえば、正々堂々と向かって奇策を弄するということになる。準備して戦略を練るのは、当たり前のことであり完璧に近づける。しかし数的なものは準備できるが、その先は敵が誘いに乗らなくては出られない。この2つを、いかに組み合わせるか。色というものは3元素しかないが、その組み合わせで無限の色彩が出来上がる。戦い方もまた同じようなことがいえる。唐の名将・李靖と太宗との問答集『李衛公問対』の中には、戦いは正・奇2種類しかなくとも、その組み合わせは数知れず存在することが述べられている。

そして『李衛公問対』には以下の内容が出ている。「孫武十三篇は虚実に出るはなし、それ兵を用いて虚実の勢を識れば、則ち勝たざるはなし」という太宗に対して、しかし、李靖は虚実の前段として奇正を知らなければならないと「奇をもって正となし、正をもって奇となすを知らず、かつ安んぞ虚はこれ実にして、実はこれ虚なるを知らんや」、そして「戦の勢は奇正に過ぎず、奇正の変、勝げて窮むべからず」と続ける。つまり奇正二種しかなくとも組み合わせは無限にある、色も声も混ぜ合わせ方で無限にできるのと同じだというのである。

たとえば一部隊を正面で正々堂々と対峙させ、別部隊が敵の背後に回るといったやり方である。『李衛公問対』では曹操は奇正を知っていたという。しかし「新書は諸将に授くるゆえんのみ、奇正の本法にあらず」と指摘する。

前述したように、この「新書」とは一般には「孟徳新書」(「曹公新書」)といわれているが、「兵書接要」ではなく、『魏武注孫子』と解釈したほうがよいように思える。なお、李靖は兵法書中『孫子』を最上と見なし、その中でも「虚実篇」を至上の部分としている。また、問対の中で奇正について多くを割いている。とくに曹操は奇正について知りながら、他者に教えないために、記述をわずかにとどめていると太宗が指摘している。ただし「謀攻篇」では、曹操は相手の2倍の兵力があれば「一術を正兵となし、一術を奇兵となす」と註している。

この正と奇の二種は、時には「正兵」と「奇兵」とも呼ばれているものである。優れた名将は、いわば応用に近い形で正・奇の組み合わせを行い、敵を翻弄する。とくに名将同士の戦いは、色彩が無限に出てくるように秘術が展開されている。

戦術的事例であるが、川中島合戦第3回戦は正兵と奇兵の組み合わせが明確に浮き出てわかりやすい。5回に及んだとされる川中島合戦は、終始謙信が押し気味であったが、領土そのものは信玄が着実に増やしている。弘治3年(1557年)、謙信は5月中旬に川中島地方を南下、15日には上田西方坂城、岩鼻付近の武田軍一部を撃破したが、主力の決戦にはならず対陣の形となった。

　7月、信玄は山県昌景隊を北安曇郡から糸魚川方面に向かわせた。糸魚川から春日山城までは40kmにすぎない。しかし謙信は動かず、そのために信玄も動けない。先に動いたほうが不利との計算が働いたのか、双方膠着状態での対陣が始まった。

　謙信は自軍の各陣所に薪を山のように積ませた。武田軍の間者（スパイ）が早速信玄に報告する。武田軍の諸将が「長陣支度でしょうか」と尋ねると信玄は「1両日後の夜半、きっと敵陣に火事が起こる。しかし、それは偽火事でこちらをおびき寄せ、伏兵で討ち取ろうとするものであるから、静観しているように」と指示を出した。

　1両日後の8月13日、払暁に上杉軍は小荷駄をまとめて馬に積み、陣営を引き払う準備をしている。武田軍諸将は追撃しようと進言するが、信玄はそれを厳しく制止した。その夜に上杉軍の陣所から火災が発生。上杉軍が大慌てて鎮火に努めている様子が月明かりに照らし出された。武田軍諸将としてはなんとしてでも攻撃したいが、信玄の制止が利いている。やむなく傍観していた。やがて夜が明けた。すると武田軍が来攻しようと考えていた道筋はがら空きとなっており、その両側に上杉軍の伏兵が展開しており、もし武田軍が中に入ってきたら包囲殲滅する体制になっていたことが明らかになった。

　一方、信玄も策を立てている。馬を数頭、上杉軍の陣所近くにはなった。そして、その馬を捕まえるために足軽50〜60人を派遣した。自軍の陣所近くに来た敵兵を放置しておけるものではない。上杉軍は必ずそれを捕らえようと攻撃してくるだろう。それに対して武田軍は救援に100人ほどを繰り出す。上杉軍はつり出されて、さらに多くの兵を出してくるはずである。そうしたら武田軍はさらに多くの救援軍を出す。こうして少しずつ多くの兵を出し、敵からより多くの兵をつり出し、ある程度の兵力となったら、頃合いを見計らって一斉に退却にかかる。上杉軍が勢いに乗じて追撃にかかったら、あらかじめ用意しておいた伏兵をもって討ち取ろうとしたのである。ところが謙信もまた信玄の計略を見抜き、まったく兵を出してこないため、これもまた不発に終わった。

このように、双方は正兵をもって不敗態勢で向かい合いながらも、奇兵を使って敵を挑発していたのである。双方ともに小手先の奇策は見破ってしまい、単純な挑発には乗らないと見るや、謙信も信玄も全軍をもっての行動を開始する。謙信は全軍退却を開始した。形のうえでは、山県昌景隊を北安曇郡から糸魚川方面進出に対応させた形を装っている。しかし「追撃」ほどに有利な戦いはないとされているから、半分は挑発である。信玄はこれを追撃する。すると謙信は見事な反転を見せて迎撃に移る。かくして同月26日、上野原（長野市東北方）にて戦闘が起こる。謙信軍の別働隊・長尾政景が信玄の本陣に襲いかかったのである。

『上杉年譜』には「越、甲の諸軍士、互いに旗をなびかし、追うつ返しつ、戦争三度に及ぶ」という激戦が開始され、武田一族の一条左衛門太夫が討ち取られた。しかし鉄壁の陣を組む信玄本隊は微動だにしない。そこに謙信の本隊が襲いかかった。合戦中も、正奇めまぐるしく変化する。謙信側の新発田隊が、信玄側の高坂隊を圧迫、さらに上杉軍の本庄隊がそこに突入したために武田軍は崩れ出すが、信玄本隊はそれでも動じない。

戦闘を有利に進めた謙信は、それで十分と考えて引き揚げにかかり、追撃しようとした武田軍を撃破。信玄も追撃不可能と悟り撤退に入り、朝から5回にわたる激戦を終えた。戦いは謙信の勝利といえたが、決定打はなく、それよりも戦闘に入った後も含めて、双方が見せた正・奇の駆け引きの見事さが目を引く戦いといえよう。

しかし、これらの行動を可能にしたのは正兵の強さであった。ゲリラ戦が敵を衰弱させてもなかなか致命打は与えられず、最終的には正規軍の決戦によって勝敗を分かつことが多いように、奇兵のみでは限界がある。上杉謙信は、後に長篠合戦の話を聞き「信長が使ったのは奇兵であり、結局はよく鍛錬された正兵には勝てない」と述べている。

正奇の連動を「始計篇」から見れば、以下のような対称となる。

正：大戦略にも戦略にも該当するが、より大戦略的　不敗の国家防衛体制
奇：大戦略にも戦略にも該当するが、より戦略的　戦略が存在するか
　『老子』第五十七章　正道をもって国を治め、奇策をもって兵を用いる
　戦争そのものが開始されたらば
正：不敗（負けない力をもって開始）　圧倒的な軍事的優位、戦略的に優位な位置
奇：勝（勝つための「詭道」）　練り抜かれた戦略
戦略的には、
正：正攻法（織田信長、ロシア）
奇：奇襲
戦闘においても、
正：兵数、地形、陣形などの有利（分数・形名の徹底も含まれる）　正面突撃

奇：駆け引きの巧みさ（勢も含まれる）
　上杉謙信も武田信玄も陣形を作り上げ、戦端が開かれると軍の駆け引きに入る

そして平清盛の「平治の乱」鎮圧は全局面で合致していて、以下のようになる。

大戦略における正　伊勢国・伊賀国をおさえ六波羅に入る
大戦略における奇　天皇を奪還する
戦略における正　優位な兵数
戦略における奇　六波羅への敵の誘致
戦術における正　内裏への正面突撃
戦術における奇　押しては引きの繰り返しによる内裏奪還

まさに「戦勢は奇正に過ぎざるも、奇正の変は、勝げて窮む可からざるなり。奇正の相生ずるは循環の端なきが如し。誰か能く之を窮めんや」である。

勢

このあとから「勢」についての記述が始まる。「激水の疾《はや》くして、石を漂わすに至るは、勢なり。鷙鳥の撃ちて、毀折に至るは節なり」は、勢いの利用についてである。「勢は弩を張るが如くし、節は機を発するが如くす」は、勢いの原理である。勢は爆発するエネルギーの蓄積とはず

み の力を、節はタイミングを見ることを意味する。後篇に登場する「死地」なども該当してくる。

「善く戦う者は、其の勢は険にして、其の節は短し」について曹操による『孫子』解釈では、「険とは猶疾きが如くなり」「短とは近きなり」としている。険はスピード、短は近きことの意味である。素早く、そして勢いが失われない距離で行うことが大切だというわけである。

「勢は弩を張るが如し、節は機を発するが如くす」は、拙速のために準備万端にして最高のタイミングに一瞬で終わらせるという意味で、曹操による『孫子』解釈は「度《はか》るところ在りて、遠からずして発すれば則ち中《あた》るなり」となっている。郭化若は、「勢は険」「節は短し」を利用するのが「奇を出して勢を作る」ということになり、それはひそかにできる限り敵に近づき、急襲をすることだという。優れた指揮官は「勢」を作ると同時に、「節」（突撃の距離）を短くすることで短期間に一気に片づけてしまうのである。

こうした「勢」については、勢いのついた軍の快進撃に象徴される。待機させておいて頃合いを見て繰り出すという形だけでなく、攻勢の命令を出すタイミングも含まれる。織田信長や豊臣秀吉の戦いには、しばしば見られるものである。

「勢」の戦略的事例として、織田信長が朝倉義景を滅ぼした「刀根坂合戦」が挙げられる。天正元年（1573年）8月、信長は3万人の兵とともに浅井長政が籠る小谷城をめざす。越前国から、朝倉義景が2万人を率いて浅井氏を来援、織田軍と朝倉・浅井軍双方の兵数は互角であった。小谷城と朝倉領を繋ぐ間道に信長が兵を配置し、小谷城との連絡の遮断を試みる。

当初、義景は小谷城とつながる大嶽砦に入って小谷城守備の城砦群を築き、そこに籠って持久戦をするつもりであったが、峻険な山地を信長が占領したため、義景は低い丘陵地帯で待ち受けることとなり、危険で不安定な布陣を余儀なくされる。信長は朝倉軍も小谷城も包囲する形を取っている。それでも義景が、そのままにらみ合いを続けていれば、浅井長政と挟撃態勢の形になっている。

事態が急変したのは、8月12日に大嶽城に籠っていた朝倉軍500人が豪雨の日に奇襲攻撃を受けて敗退、信長は降伏した兵をわざと義景の本陣方向に逃がして大嶽城陥落を知らせる。勝ち目がないと見た義景は撤退を開始し、これが引き金となって総崩れが開始される。信長は戦略的追撃戦を命ずることで、一気に越前国まで攻め込む。「刀根坂合戦」等、いくつかの抵抗はあったものの、8月20日、一族に見捨てられた義景は自害し、朝倉氏は滅ぼされた。返す刀で8月27日、信長は小谷城攻めを行い、29日、小谷城も落城している。

戦術的事例から戦略的事例にまで拡大した「賤ヶ岳合戦」での北之庄城までの進撃も、「勢」の典型的である。攻城方法としては「付けいり」と呼ばれるものである。賤ヶ岳で秀吉軍と対峙しながらも、秀吉本隊が遠く離れた場所にいると考え、安心していた柴田勝家軍は、大垣城から木ノ本までの丘陵地帯を含む52㎞をわずか5時間で移動した秀吉本隊の到着に驚愕する。とくに柴田軍の中でも、大岩山砦を占拠し続けていた佐久間盛政はパニックを起こし、急遽、勝家の本隊に向けて撤収を開始する。

これに対して、秀吉は三手に分かれて攻めたが、佐久間盛政は奇襲にも混乱せずに撤退した。すると秀吉は、佐久間隊の撤退を援護して、その後に撤退を開始した柴田勝政に攻撃を集中して追撃を開始したため、佐久間隊も引き返してきて激戦となった。

このとき、佐久間隊の背後にいた柴田軍の前田隊が突如撤退を開始して、戦場を離脱してしまったため、佐久間隊は前面と側面から敵の攻撃を受けることになって敗走、このため柴田軍は北国街道を挟む両側のすべてを秀吉軍にとられてしまい、隘路にいた勝家は、大きく包囲されることとなった。

実は、あらかじめ秀吉は利家らに味方になるよう誘っていたのである。しかも前田隊が、佐久間隊と勝家本隊の間を通過したため前線が敗走したように見えてしまい柴田全軍に動揺が走る。秀吉軍は勢いに乗った。勝家の軍勢は一気に崩れていく。秀吉軍はさらにそれを追って集福寺坂に至り、勝家本陣の側面から攻撃をかけたため、勝家は正面からの羽柴秀長隊とも戦わなければならず、敗走することになる。

すかさず秀吉は勢いを利用し、一気に北ノ庄城に攻め込み、ついに北ノ庄城も陥落してしまったのである。まさに「激水の疾き、石を漂わすに至る者は、勢なり。鷙鳥の撃つや、毀折に至る者は節なり。是の故に、善く戦う者は、その勢は険にして、その節は短し。勢は弩を張るが如し、節は機を発するが如くす」そのものである。

同様に、勢いをつけて一気に片付けた例としては、織田信長の「武田攻め」なども挙げられる。混戦状態となると、「乱は治に生じ、怯は勇に生じ、弱は彊に生ず」と、あたかも陰陽の波の如く軍隊は変化する。相互に連動するから、不利を有利に転じることもできる。弱い兵達を強兵のごとく使うことも可能である。混戦状態の中でも、軍が安定するには「治乱は数なり、勇怯は勢なり、彊弱は形なり」である。各々が以下のように対置される。

治乱は数なり　勇怯は勢なり　彊弱は形なり
　↓　　　　　　↓　　　　　　↓
分数　　　　　戦勢　　　　　軍形

編成を整え、全体の勢いを失わせないようにし、上意下達を徹底して規律を維持していけば軍は崩壊しない。

この点でも、特筆すべきは上杉謙信と武田信玄の軍隊である。たとえば開戦前ではあるが、「永禄四年川中島合戦」で八幡原決戦前の武田軍の例が挙げられる。敗走する上杉軍を捕捉して受け止め、追撃してくる別働隊と挟撃する予定で待ち構えていた武田信玄本隊は、霧の中から突如現れた上杉軍に度肝を抜かれパニックに陥ったが、信玄の軍配が動くと静寂状態になっている。

なお「数」は、兵力・装備との解釈も可能である。曹操による『孫子』解釈では、より積極的に、白兵戦中はわざと旗を振り、勝手な信号を送り、敵の判断を混乱させるとなっていて、「始計篇」の「兵は詭道なり」につながっている。ただし、自軍が確固な組織を保っているというのが前提である。『仏訳孫子』では「戦闘が喧噪とどよめきの坩堝と化し、乱戦状態に陥ったとしても『組織・編成（分数）と通信機能（形名）がしっかりしておれば』乱れることない。また戦闘が混戦して流動化しても『これ（分数・形名）さえしっかりしていれば』敗北することない」となっている。

「治乱は数なり、勇怯は勢なり、彊弱は形なり」についての註は様々で、曹操による『孫子』解釈では「皆、形をこぼちて情を匿すなり」となっているが、梅堯臣は「治なれば則ち能く偽りて乱を為し、勇なれば則ち能く偽りて怯を為し、強なれば則ち能く偽りて弱を為す」とし、張豫は「能く敵に示すに紛乱を以てするは、必ず己の治まればなり。能く敵に示すに怯を以てするは、必ず己の勇なればなり。能く敵に示すに羸弱《えいじゃく》を以てするは、必ず己の強なればなり。皆、形を匿して、以て人を誤らしむるなり」としているが、賈林は「治を恃まば則ち生じ、勇強を恃まば則ち怯弱生ず」としている。

張豫は以下について、各種の註をつけている。「治乱は数なり」について「実は治まるも、偽りに示すに乱れたるを以てするは、その部曲・行伍の明らかなればなり」、「勇怯は勢なり」について「実は勇なるも、而も偽りに示すに怯を以てするは、その勢に因ってなり」、これは「馬陵合戦」に当てはまる。「彊弱は形なり」について「実は強なるも、偽り示すに弱を以てするは、その形を見《あら》わすなり」。なお、『仏訳孫子』では「強弱は部署の問題」とする。

「故に、善く敵を動かす者は、これに形すれば敵必ずこれに従い、これに予うれば敵必ずこれを取る。利を以ってこれを動かし、卒を以ってこれを待つ」は、わが軍形が弱いように見せて敵を誘い出し、餌を与えて食いつかせ、堂々と破るということで、曹操のわざと旗を振り、勝手な信号を送れ、という註につながっている。まさに「始計篇」の「兵は詭道なり」である。島津軍得意の「釣り野伏せ」なども該当するのかもしれない。曹操はここでも「乱、怯、弱であることを偽り示す」と註をつけている。また『仏訳孫子』では「利益をちらつかせる」としている。「始計篇」の「詭道」、「虚実篇」の「よく敵人をして自ら至らしむるは、これを利すればなり」等と同じである。

「善く戦う者は、之を勢に求めて、人に責めず」は、兵隊の個人的資質や勇敢さに期待するのではなく、部隊に勢いをもたせるということ。ここに『呉子』などの教育による精兵主義に対する『孫子』の特徴の一つが見られる。また、武士の鍛錬や企業の精神的な研修が好まれる日本で嫌われる理由の一つもある。『仏訳孫子』では「有能な指揮官は、戦場の流れの中に勝機を求め、部隊や部下に無理な要求はしない」とあり、杜佑（『通典』）「勝負の道は、自らの中に図り、之を下の責に求めざるを言う」としている。郭化若は、「人に責めず」の場合の「人」を指揮官としているが、グリフィスは「配下の個人」と見なしている。

「よく人を択びて勢に任ず」について、適材適所で、部隊そのものに勢を起こさせる原理を理解している者を任命をするという意味である。曹操による『孫子』解釈では「之を勢に求むる者は、専ら権を任ずるなり。人を責めずとは、権変を明らかにするなり」とし、李筌は「勢を得て人の戦うや、怯なる者も能く勇となる。故に、能くその能とする所を択んで之に任ずれば、夫れ、勇者は戦う可く、謹慎なる者は守る可く、知者は説く可く、棄つる者は無きなり」と註し、『仏訳孫子』での註は「雄者は戦う術を知り、慎重なる者は防禦の術を知り、賢明なる者は献策をなす。よって、何人の才も濫用されることない」となっている。

この大戦略的事例は、毛利氏における山陰道担当が吉川元春になったことが挙げられる。元春は血気盛んで勇猛果敢な武将で、76戦64勝とかなりの戦績を誇っている。元就は、気候温暖な瀬戸内、山陽道は政略を駆使する小早川隆景が担当であったのに対して、宿敵・尼子氏が存在し、冬に雪が降り山が多い峻厳な山陰道を担当させたのが元春であったのは、元春の激しい個性が山陰道に適していると考えたからである。山陽道が、懐柔による取り込みが主体であったのに対して、山陰道では尼子氏との激戦が予想された。勢を出せる対象でなければ務まらないと判断されたのである。

戦略的事例としては、「関ヶ原合戦」で東軍の先鋒を猛将・福島正則にして、すさまじい突撃を行わせ、東軍全軍を引っ張らせたことが挙げられる。正則は、猛将タイプの猛々しい荒大名であるが、同時にもともと秀吉の親戚筋で、秀吉の子飼いの大名であった。慶長5年（1600年）の徳川家康の起こした会津征伐には兵6000人を率いて参加していたが、その途中に上方で三成が挙兵したという報が入る。その後を決める小山評定で正則は、豊臣恩顧でありながら、最初に家康の味方につくことを宣言したため、諸大名もこれにならい三成の西軍と雌雄を決することに決定するが、実は正則の元には事前に、家康の命を受けた黒田長政が訪れて説得してあったのである。

正則は、西軍の織田秀信が守る岐阜城を池田輝政や黒田長政らとともに陥落させ、関ヶ原では先鋒を務めて、宇喜多秀家勢1万7000人の部隊に突撃し、激戦を繰り広げた。さすがの正則も、宇喜多軍を指揮する明石全登によって翻弄されるが、正則の突撃によって東軍が牽引される形となっている。

戦略の中での位置づけとして、戦術的事例としては、「平治の乱」での平清盛が内裏を攻撃する前線の指揮官として平重盛を任命し、内裏に突撃させたことが挙げられる。このときに重盛は、突撃しながらもよく役割を心得、撃退された振りをして撤退し、敵を内裏から引き出している。

また「永禄4年第4回川中島合戦」で上杉軍の先鋒となった柿崎景家も、名うての猛将であった。霧の中の行軍で、どこが先鋒になるかわからない状態ながら、景家は比較的確率が高い位置にいて、猛烈な突撃で武田軍を切り崩す役割をこなしていった。

「勢に任ずる者の、其の人を戦わしむるや、木石を転ずるが如し。木石の性たる、安ければ則ち静に、危ければ則ち動き、方なれば則ち止まり、円なれば則ち行く。故に、善く人を戦わしむるの勢い、円石を千仭の山に転ずるが如き者は、勢なり」で、正で優位に立ち、しかも奇（詭道）まで使えば圧勝できるが、加えて兵の心理的、物理的原理で勢いも作れるし、早く戦闘を終わらすこともできる。兵を死地に入れるのも、その一つである。

勢の各種パターンは、国家戦略では国民の士気高揚、軍隊では兵士の士気高揚、さらに戦術レベルとしては「地」や「天」の利用で、上から下へ駆け下りる勢いで、敵を下へと追い落とすとか、風を背に戦う追い風の利用なども戦場の指揮官の能力によっては可能となる。

戦術的事例としては、「千早城攻め」で籠城軍の楠木正成は、攻め上がってくる敵に対して、岩石・丸太を落とし、煮湯をかけるという戦いで苦しませた。

すぐれた用兵能力を持つ武田信玄は、行軍により敵より優位に立つことをしてのけた。戦術的事例として、「三益峠合戦」では、より高い場所を制した武田信玄の用兵が挙げられる。なかなか進まない駿河侵攻は、北条氏康の妨害が主たる原因と考えた信玄は、威嚇のために関東に侵攻し、対する氏康は持久戦略をとった。

小田原北条氏の根拠である小田原を焼き払った信玄は甲府に向かい、撤退する。氏康は自らは退却する信玄の後を追い、一方で北条氏照、北条氏邦らに信玄の退路を遮断するよう指示した。氏照、氏邦は三益峠と志田峠方面に布陣を急いだ。信玄が三益峠と志田峠方面の北条軍を撃破して無事に撤退できるか、それとも手間取って挟撃されるかである。

永禄12年（1569年）10月7日、信玄は三益峠に向けて攻撃態勢を整える。小幡尾張に1200人を潜行させて、翌8日に三益峠北方の津久井城を押さえさせた。これは三益峠を前後から睨む形としたというよりも峠通過後の安全も確保したことになる。さらに行軍時に重要な意味をなす小荷駄を内藤昌豊に命じて先行避難させる。山県昌景には東方からの迂回を命じて三益峠西方の三益峠を前後から睨む形とした。こうした戦略上の配慮をしたうえで、信玄も高台に布陣する。信玄は8日未明に三益峠西南の田代北側に陣取った小田原北条軍と交戦に入る。

戦いは相当の激戦で、当初は武田軍の猛攻で半原まで押し出された小田原北条軍が、午後になって田代城を軸に反撃を開始した。勝敗の決め手は長竹から志田峠に移動して南下した山県昌景の攻撃である。より高所から奇襲に出ると、戦況は武田軍有利に傾く。小田原北条軍は背後の津久井城守備隊の内藤隊などの予備戦力が、小幡信貞、加藤景忠ら武田軍別働隊に抑えられて救援に出られない。これにより小田原北条軍は敗退する。

『関東八州古戦録』には、北条軍の死者3769人、武田軍では信玄の従兄弟・浅利右馬助信種が戦死したとされているから、相当の激戦であったことがわかる。氏照、氏邦も高台に布陣し勢いを利用したが、より高台を押さえた信玄が優位に立ったのである。

武田信玄は敵を惑わす行軍で優位に立つこともあった。戦略的機動として「三方ヶ原合戦」での武田信玄の行軍は、その典型である。最晩年になって、いよいよ上洛のための西進を開始した信玄は、元亀3年（1572年）12月22日、徳川家康（松平元康）が籠る浜松城直前のところで軍を返した。家康は、信玄の進路を見ておびえたに違いない。進軍方向から見て井伊谷を通って長篠に出、奥三河を進んで秋山信友と挟撃する形で、東美濃に侵攻するものと思われたからである。何もしないで籠城していたとなれば、信長から何をいわれるかわからない。

家康は8000人を率いて城の外に打って出た。これに信長の援軍3000人が加わり、総兵力は1万1000人である。信玄は家康を無視して西に兵を進めようとする。家康は祝田の坂を武田軍が下り始めたら追撃をしようと追ってきた。坂を追い落とす戦いは有利である。坂を駆け下りる力が利用できるから、坂の上に陣した軍は突撃力が強まり「勢」が利用できる。その程度のことは信玄は百も承知である。祝田の坂の上で突如前進をやめ停止し、反転して戦闘隊形を取った。重厚な「魚鱗の陣」であったと伝えられている。記録によって、信玄の軍は2万2000人とも2万7000人とも3万人とも4万人ともいわれている。

徳川軍は危うく武田軍に突っ込みそうになり、停止する。家康が狙っていた高所である坂の上を陣取られ、逆に「勢」を利用できる立場に武田軍が立ち、しかも兵数的にも不利な形で戦闘隊形に入る。「人を致して人に致されず」「能く敵人をして自ら至らしむる者は、之を利すればなり」「先に戦地に処りて、敵を待つ者は佚し」、そして「勢」の利用である。結果は、家康の生涯最大の負け戦となった。

「天の利」のうち、風はあまり当てにはならないようである。追い風に乗って戦うのは、高所から攻め下るのと同様に「勢」の効能があるが、風向きは時々あてもなく変わるからである。戦略的事例として、天慶3年（940年）2月の幸島郡《こうじまぐん》の北山における平将門の最後の合戦は、その典型となる。平貞盛、田原藤太秀郷に根拠地である下総国豊田郡へ攻め込まれる。劣勢に立った将門は400人を率いて出陣、幸嶋の北山に陣を張った。山陰から様子をうかがい、戦闘開始のタイミングを図っていたのである。対する貞盛・秀郷軍には藤原為憲も加わり、３千数百人にもなっていた。

将門は風を利用する。『孫子』のいう「天の利」である。未申の刻に開始された戦いは、当初は南風を背にした将門軍が矢戦を優位に展開、貞盛の陣中に変化の兆しを見て取るや突撃し、80騎を討ち取る。敵の最も弱いところから切り崩すのは戦場の変化を読み取る戦術家のなせるわざである。このほころびに乗じて将門は貞盛、秀郷、為憲の軍を撃破して追撃する。このため貞盛・秀郷・藤原為憲軍の中から２９００人が逃亡、残り３００人も逡巡するばかりという有様であった。

ところが突如として風向きが変わり、北風になる。追い風を受け、貞盛・秀郷軍がその期に逆襲に転じ、向かい風の中を奮戦しようとしていた将門に矢が当たり絶命する。将門軍で討ち取られた者の数は１９７人とされている。

同様に「摺上原合戦」での蘆名義広も、風向きの変化によって不運な敗北を喫している。天正17年（１５８９年）６月５日、蘆名義広は日橋の北の丘に陣取り、東進しながらも、伊達軍の進撃をみて引き返し、北方の山麓の摺上原に向かう。伊達側に寝返った猪苗代盛国は摺上原の朝方は西風が強く、昼過ぎから東風に変わるという進言をしたが、追い風を利用した蘆名軍の猛攻に伊達軍は切り崩されていく。伊達軍は、強い西風によって土埃などを真面に受けて目を開けることができない有様であった。しかし政宗の事前の調略によって芦名軍の富田美作守、佐瀬河内守らは合戦に加わらず傍観するのみであったため。芦名軍も決め手に欠く。

そうこうするうちに風が西から東に変わって形勢は逆転し、芦名軍は潰走する。「摺上原合戦」

はむしろ蘆名義広の機動が優れており、伊達軍２万３０００人、蘆名軍１万６０００人と数に勝りながら政宗は押され、風向きが西風から東風に突如変わり追い風になるまで持ちこたえたということで勝利したという幸運の産物であった。もし風向きが変わらなければ、兵力が優位なのに敗退したという不名誉な合戦になっただろう。

「木石の性たる、安ければ則ち静かに」で、武田信玄の孫子四如の「林、山」が連想できる。もともとが静寂で動かないものでも、弾みをつけて転がせば「勢」がつく。劉基の出した例は「安戦」で、「五丈原」での司馬懿《しばい》の態度であった。

なお『李衛公問対』では、奇正、虚実、攻守を詳細に論じている。組み合わせを好む『司馬法』も同じで、「正を先にし奇を後にす」を「前向を以て正しなし、後却を以て奇となす」とし、わざと後退して罠にかけるとする。「大衆の合する所を正となし、将の自ら出だす所を奇となす」「奇正の相性ずること、循環の端なきが如し」「奇正の別を分かたんや」、また「分合の出づる所、ただ孫武これを能くす」で分散集中は孫子が最高であるとしながらも、奇正に直接は結びつかないと指摘する。また呉子は奇正ではないとも指摘されている。兵の訓練は正のみとなる。

第十章

虚実篇（勝利の原則）

「虚実篇」全文書き下し

孫子曰く、およそ先に戦地に処《お》りて敵を待つ者は佚《いつ》し、後れて戦地に処りて戦いに趨《おもむ》く者は労す。故に、善く戦う者は、人を致して人に致されず。よく敵人をして自ら至らしむるは、これを利すればなり。よく敵人をして至るを得ざらしむるは、これを害すればなり。故に、敵佚すれば、よくこれを労し、飽けば、よくこれを餓えしめ、安ければ、よくこれを動かす。その趨かざる所に出で、その意《おも》わざる所に趨く。

行くこと千里にして労せざるは、無人の地を行けばなり。攻めて必ず取るは、その守らざる所を攻むればなり。守りて必ず固きは、その攻めざる所を守ればなり。故に、善く攻むる者には、敵その守るべき所を知らず。善く守る者には、敵その攻むる所を知らず。

薇《び》なるかな薇なるかな、無形に至る。神なるかな神なるかな、無声に至る。故によく敵の司命たり。進みて禦《ふせ》ぐべからざるは、その虚を衝《つ》けばなり。退きて追うべからざるは、速やかにして及ぶべからざればなり。故に、我戦わんと欲すれば、敵塁《るい》を高くし溝を深くすといえども我と戦わざるを得ざるは、その必ず救う所を攻むればなり。我戦いを欲せざれば、地を画してこれを守るも、敵我と戦うを得ざるは、その之く所に背《そむ》けばなり。故に、人を形せしめて我に形なければ、則ち我は専にして敵は分かる。我は専にして一となり、敵は分かれて十となれば、これ十を以って一を攻むるなり。則ち我は衆《おお》くして、敵は寡《すくな》し。

よく衆を持って寡を撃たば、則ち吾のともに戦う所の者は約なり。吾のともに戦う所の地は知るべからず。知るべからざれば、則ち敵の備うる所の者多し。敵の備うる所の者多ければ、則ち吾のともに戦う所の者は寡し。故に、前に備うれば則ち後寡く、後ろに備うれば則ち前寡く、左に備うれば則ち右寡く、右に備うれば則ち左寡し。備えざる所なければ、寡からざる所なし。寡きは人に備うるものなり。衆きは人をして己れに備えしむるものなり。故に、戦いの地を知り、戦いの日を知れば、則ち千里にして開戦すべし。戦いの日を知らず、戦いの日を知らざれば、則ち左は右を救うこと能わず、右は左を救うこと能《あた》わず、前は後ろを救うこと能わず、後ろは前を救うこと能わず。

しかるに況や遠き者は数十里、近き者は数里なるをや。吾をもってこれを度るに、越人の兵多きといえども、またなんぞや勝敗に益せんや。故に曰く、勝はなすべきなり。敵衆しといえども、闘うことなからしむべし。故に、これを策して得失の計を知り、これを作して静動の理を知り、これを形《あらわ》して死生の地を知り、これに角《かく》れて有余不足の処を知る。故に、兵の形の極みは、無形に至る。無形なれば、則ち深間も窺《うかが》うこと能わず、知者も謀《はか》ること能わず。形に因りて勝を衆に錯くも、衆は知ることを能わず。人みな我が勝の形の所以を知るも、吾が勝を制する形の所以を知ることとなし。故に、その戦いに勝つも復《ふたた》びせずして、応じる形に窮することとなし。

それ兵の形は水を象る。水の形は高きを避けて下きに趨く。兵の形は実を避けて虚を撃つ。水は地によ因りて流れを制し、兵は敵に因りて勝を制す。故に、兵に常勢なく、水に常形なし。よく敵の変化に因りて勝を取る者、これを神と謂う。故に五行に常勝なく、四時に常位なく、日に短長あり、月に死生あり。

現代語意訳

孫子はいう。およそ先に戦地に到着して、態勢を整え待つ者は（要地を占拠し、主導権を握っているから）有利であるが、遅れて戦地に到着したものは疲弊した状態で不利である。だから戦上手の者は、敵を（こちらが望む場所に）来させるようにして、自分が赴くようなことはしない。敵を（こちらの意のままに望む場所に）誘致できるのは、利益を与えるからであり、敵が進出できないのは（来られないような）妨害や工夫をするからである。だから敵に余裕があれば疲れさせ、食糧供給が十分ならば飢えるようにし、休息しているようならば、（疲弊するように）行動するように仕向ける（こうして敵の実の状態を虚に変えるのだ）。敵が出てこざるをえないような場所を占拠するために進出し、敵が思いもよらぬような場所を急襲する。

千里の道を行軍しても疲弊しないのは、無人の地を行くため（妨害も戦闘もないから）である。攻めて必ず奪取できるのは、敵が守っていない場所を攻めたからであり、守備が強力なのは、敵が攻撃できない場所を守るからである。だから攻めるのがうまい者に対しては、敵はどこを（どう）守ってよいかわからず、守備がうまい者に対しては、敵はどこを（どう）攻めていいのかわからないのである。

本当に微妙だ、（軍は）無形に至る。まるで神業である、無音にまで至っている。こうして敵の命運を掌握できるのだ。（我が軍が）進撃しているのに、敵が守れないのは（敵の油断、予想もしないこと、隙といった）虚を突くからである。（我が軍が）撤退しても追撃できないのは、其の撤退速度に追いつけないからである。だから、こちらが戦おうと思えば、土塁を高くし堀を深くしても（立て籠っていようにも、そこから出てきて）、戦わざるを得なくなるのは、敵が救援に向かわざるを得ないところを攻めるからである。こちらが戦いたくないと思うときに、地面に線を引いただけの陣地に籠っていても、敵が攻められないのは、敵の目標、進路などから逸れているからである。だから（敵の状態が明らかで）敵の形態がわかっていて、こちら（の状態がわからず）が無形であれば、我が軍が集中して、敵が分散していく。我が軍が集中してひとまとまりになり、敵が分散して十の部隊に分かれていれば、こちらの集中した10の部隊で、敵の分散した1つの部隊を攻めることとなる。つまり我が軍の大軍を以て、敵の少数部隊を攻めるのである。

大軍を以て、少数部隊を攻めれば、敵は弱小である。（我が軍は無形であるから）敵は戦う場所がわからない。戦う場所がわからないから、敵はあちらこちらの各所を守らなくてはならなくなる。敵が分散して各所に分散配備されているなら、（ひとかたまりになっている）我が軍と戦う敵は（そのうちの一つにすぎないから）少数である。前方に備えれば後方が少数となり、後方に備えれば前方が少数となり、左翼に備えれば右翼が少数となり、右翼に備えれば左翼が少数となるが、備えるところがなければ、少数となるところはない。兵力が少数となるのは、相手の動きに備える立場だからである。兵力が優勢になるのは、相手を自軍の動きに備えさせる立場だからである。だから、戦うべき場所と時節が想定されたなら、千里の遠方であっても（出向いて）戦うべきなのだ。戦いが起こる時節も、戦いが起こる場所も分からなければ、左翼の軍は右翼を救うことができず、右翼は左翼を救うことができず、前方は後方を救うことができず、後方は前方を救うことができない。

そうなると、遠い場合で数十里、近い場合で数里先の味方も救えない。私が（戦いの場所と時間を）想定すれば、越の兵士が多いからといって勝利できるわけではない。敵の兵がいかに多くとも、戦えない状況にできるのだ。勝利は創造すべきもの。敵の数が多くても、戦えないようにすることはできる。そこで、策を練って敵情を調べ（敵の企図を見抜き）、利害損得を測り、敵軍に威力偵察などを行なって、敵の（反応から）行動の基準を知り、敵軍の態勢を把握して、勝敗や死生の地（破ることのできる地と破ることのできない地）を知り、敵軍と小ぜりあいなどで接触してみて、相手の足りている部分と足りていない部分を知る。軍の究極の形は、無形である。無形ならば、内部に深く侵入したスパイもうかがい知ることができず、知謀の者でも対応できない。自軍が勝利を得られた形を見せても、一般の兵達は、その意図を知ることができない。人々はみな、味方が勝利する様を知っているが、味方がどのようにして勝利を収めたかを知ることはない。だから、勝ち方は一度きりで、二度と同じ型は使わず、敵の態勢に対応して臨機応変、無限に変化させていくのである。

そもそも軍の行動とは水のようなものである。水は、高いところを避けて低いところへと流れるが、軍の態勢も、敵が備えがあり抵抗が大きい「実」の部分を避けて、備えが手薄で、隙がある「虚」の部分を攻撃する。水は地形によって流れを決めるが、軍も敵軍の状態・態勢に応じて勝利を決する。軍には常に定まった形があるわけではなく、水にも定まった形はない。敵の出方によって変化して勝利を得る、これを神と呼ぶ。だから、陰陽五行において常に勝ち続けるものはないし、四季は移り変わり変化し留まることがない。日の長さには長短があり、月には満ち欠けがあるのである。

○曹操も郭化若も「その趨かざる所に出で」を、敵が出てこられない場所、と解釈している。
○「備えざる所なければ、寡からざる所なし」は、通常は「すべてに備えれば、全方向が手薄になる」と訳されているが、曹操の訳に従った。ただ同じことを、逆の言い方をしているだけである。
○「故に、これを策して」を曹操は「敵に対して策略をめぐらす」としているが、「様子の考察」が一般的である。
○郭化若は「故に、兵の形の極みは、無形に至る」を、陽動作戦が成功したときには、相手の動きを敵に悟られることがない、としている。
○郭化若は「形に因りて勝」を、敵情に応じて勝利を収め、としている。

先に戦地に処りて

「虚実篇」では、勝利の原則ともいうべき詭道の具体的解説がなされている。「魏武註孫子」(「現今孫子」)では「虚実」だが、竹簡本では「実虚篇」との名である。実をもって敵の虚をつく、すなわち敵を自在に操り、味方の優位を保ち、相手の弱点を突くの意味であるから、意味的には「実虚篇」のほうが内容を表しているが、詩人でもある曹操が、より響きの良い語呂に改変した可能性が高い。陰陽の対応は、以下のようになっている。

不敗―己―実―正(ちゃんとした形、万全な態勢)
勝利―彼―虚―奇(敵の隙、油断)

曹操の『孫子』解釈は「能く彼き己を虚実するなり」と註されている。「虚実篇」の最初に、孫子は「およそ先に戦地に処りて敵を待つ者は佚し、後れて戦地に処りて戦いに趨く者は労す」と記す。有利な態勢は、先に準備していたほうにあることが多い。様々な地形を利用して万全の態勢を取れるし、戦場の要点を占拠することで優位に展開することもできる。その半面、敵にもこちらの状態を知るという利点があるし、待っていたら来ないで別の所に攻め込まれたために、逆に間接的アプローチになってしまったこともある。ジョミニなどは、先に戦場に到着することが優位か不利かは、ケースバイケースと述べている。

実際に、先に戦地で待ち受けていながらも負けたことは、「関ヶ原合戦」の西軍、「壇ノ浦合戦」の平家軍、「承久の変」の後鳥羽上皇軍、「宇治川合戦」の木曽義仲軍、「三益峠合戦」の小田原北条軍、「山崎合戦」の明智光秀軍等数多く存在する。「関ヶ原合戦」「壇ノ浦合戦」は裏切りによるものだから戦略とは別の要因によるのだが、「承久の変」や「宇治川合戦」は大軍が素早い動きで「勢」をもって迫ってきたために、冷静に罠を仕掛けることができなかったのである。

「虚実篇」の「およそ先に戦地に処《お》りて敵を待つ者は佚し、後れて戦地に処りて戦いに趨《おもむ》く者は労す」は、「軍争篇」の「近きを以て遠きを待ち、佚を以て労を待ち」的観点で考えると、布陣そのものよりも、疲労の問題として捉えることも可能かもしれない。これだと『呉子』の「陣して未だ定まらず」とも重なることになる。「関ヶ原合戦」の西軍にしても、準備万端にして、到着段階の東軍を攻めれば勝つことはできたはずである。

したがって意訳すれば、主導権を握ること（地形的なものだけでなく、状況も）、そして準備して待つ、できれば「人を致して人に致されず」で、敵をこちらが望む戦場に誘致して待つということができなくてはいけない。

「軍争」「迂直」の難しさはここにも表れてくる。曹操の『孫子』解釈の通りで、余裕があれば、狙い定めたチャンスを生かせる「力、余り有るなり」である。劉基の出した例は、「労戦」で、石勒の西晋軍撃破が挙げられている。ここの部分は大戦略上のほうが重要であり、マーケティングでの応用としては、先に新商品を出して早めにシェアを確保するとか、先に優位な立地条件で店を出すとかいうことになってくる。

籠城するのは、なにしろ体制を整えて待っているのだから「先に戦地に処りて、敵を待つ者は佚し」の好例が多い。「千早城」や「金剛山」での楠木正成の籠城は、この意味でも好例となるが、真田昌幸もまた、この方面の達人である。

天正13年（1585）8月2日、第1次上田合戦（神川合戦）が開始された。『信州上田軍記』によれば真田軍の総数は2000人ほど、内訳は上田城本丸に昌幸自らが率いる400～500余人、城の横曲輪や諸所にも少数の兵を配置、城の東南の神川に200人の前衛部隊、伊勢山（戸石城）には嫡男・信之の800余人、その他に町家・山野に紙幟を立てさせ、約3000人の農民を伏兵としてしのばせている。防備体制も拡充させていて、上田城だけでなく城下町にも千鳥掛けという結《ゆ》い上げた柵を設けていた。

また配下の矢沢頼康は、矢沢城にて上杉景勝から届いたわずかな援兵と共に籠城している。徳川軍は神川で真田軍200人と交戦開始、すぐに真田軍は上田城へ退却する。見くびった徳川軍は上田城へと襲い掛かる。昌幸は若侍の手鼓で「高砂の謡」を歌い徳川軍を馬鹿にした。頭に血が上った徳川軍は上田城の大手門を突破しようとする。

徳川軍を十分に城に引きつけておいて、昌幸は東城門上に隠していた丸太を落とし、さらに至近距離から徳川軍に弓や鉄砲を撃ち掛けて反撃に出た。そして徳川軍の前進が止まったところで城内から500人の兵を繰り出し、同時に横曲輪からも真田軍が打って出、しかも城下の町家に火を放ち後方を攪乱《かくらん》、そして山に隠れていた農兵達、砥石城の真田信之らが遊撃部隊として徳川軍の退路を断つように出撃、徳川軍を挟撃する。

徳川軍は、退却しようにも城下は炎に包まれ、千鳥掛けの柵に引っかかり大混乱に陥る。なんとか神川まで逃げおおせた徳川軍に、さらに上流の堰を切られた神川の濁流が押し寄せる。徳川軍の歴史的な大敗北であった。

同様に戦略的事例として、慶長5年（1600年）の第2次上田合戦が挙げられる。第2次上田合戦は「関ヶ原合戦」と連動して起きている。目的は徳川秀忠軍が関ヶ原で他の東軍諸将と合流するのを阻止することである。決戦場への兵力の集中は戦略の常道であるから、東軍を劣勢にしてしまうことで西軍に勝たせようというわけである。

関ヶ原をめざして東山道を進む徳川秀忠軍3万8000人、対する昌幸の軍は2000人、これだけの兵力比があれば昌幸も降伏するだろうと考えた秀忠は、使者として真田信幸と本多忠政を向かわせて真幸に開城を勧告する。すると真幸は開城する旨を伝え、その準備のために時間が必要だと答える。真面目な秀忠はその言葉を信じて待っているが、真幸からは連絡が来ない。秀忠が確認の使者を送ると、実は開城するというのは嘘で、籠城の準備をしていたという。

激怒した秀忠は9月6日、上田城攻撃を決意する。頭に血が上っていては冷静な判断はできない。昌幸の罠は周到で、まず息子の幸村が籠っていた戸石城を放棄させて秀忠に勝ち誇らせている。

秀忠は、昌幸を挑発するつもりで上田城周辺の稲を刈り始める。対する昌幸は自ら騎馬隊を率いて出撃し、苅田を阻止しようとして鉄砲隊を繰り出す。徳川軍はこれを破ったかに見えた。しかし敗走を装う昌幸は、うまく徳川軍を上田城内に誘い込んだ。

深追いした徳川軍は隠れていた伏兵からの一斉射撃を浴び、しかも戸石城から出て遊撃軍となっていた真田幸村の部隊に側面を突かれ総崩れとなって上田城から撤退する。徳川軍は神川まで退いた。すると今度は昌幸と幸村が徳川軍の目前に偵察に現れて挑発する。再び頭に血が上った徳川軍は昌幸を討ち取ろうと先陣が神川を渡河し、真田軍と小競り合いを始める。

このとき、徳川軍は一瞬優勢に見えたため、真田軍に対して攻勢に転じる。ここで昌幸は上流で塞き止めていた人口堰を切ったため、神川の濁流が押し寄せて徳川軍を呑み込んでいる。さらに上田城側面に配置していた伏兵も動かして反撃に転じたため、徳川軍は大混乱に陥る。しかも、砥石城近くの虚空蔵山に配置していた伏兵に秀忠の本陣を急襲させたために、秀忠は小諸城まで撤退を余儀なくされている。この足止めに加えて、利根川増水による家康からの伝達が遅れたことが重なって秀忠は関ヶ原合戦に遅参して間に合わなかった。家康には怒られるし、豊臣家に縁ある東軍諸将に多くの領土を恩賞として与えねばならず、散々である。

籠城に近い野戦陣地を組んで「先に戦地に処りて、敵を待つ者は佚し」としたことは、とくに飛び道具の有効利用と堅固な要害を兼ね備えた場合に多く見られる。

「長篠合戦」の織田信長の鉄砲隊もそうだが、天正5年（1577年）2月の「雑賀攻め」では、信長が「後れて戦地に処りて戦いにおもむ趨く者は労す」となっている。雑賀衆とは紀伊国の北西部にあった雑賀五荘（雑賀荘、十ヶ郷、宮郷、中郷、南郷）を中心とした地域の地侍集団である。ルイス・フロイスの『日本史』での記録では、石山本願寺には雑賀衆の兵が常時6000～7000人、さらに兵船200艘を保有していたとしている。雑賀衆は優秀な鉄砲隊を編成していた。これは「雑賀三千挺」と呼ばれている。

天正4年（1576年）4月13日、信長と石山本願寺との戦いが再開されたときにも雑賀党が招かれており、『真鍋真入斎書付』によれば1000丁の鉄砲とともに鈴木孫一も本願寺軍に加わっていた。連射について、雑賀衆は集団利用では信長の上を行くものだった。『陰徳太平記』によれば、雑賀衆は25人で1組となり、2組50人を1小隊とし、2組が交代で射撃を行なったと記されている。

信長にとって、雑賀衆は石山本願寺に強力な鉄砲隊を供給するやっかいな存在であったから、「将を射るには馬を」の理屈で、雑賀庄そのものを殲滅しようと考えた。天正5年2月、雑賀衆の一部を味方につけることに成功した信長は、大軍を動員して雑賀に攻め込んでいった。兵数は諸説分かれ、『紀州発向之』では5、6万人、『耶蘇会日本通信』や『兼見御礼』によれば10万人、『多門院日記』では15万余人とされている。

それに対して、女子供までも総動員しても1万～2万人しか集められない防御側の雑賀衆は、巨大な防御態勢を整え、雑賀地方を城と化していた。『紀伊国名所図会・巻之二・雑賀合戦』によれば、雑賀川の底に逆茂木・桶・壺・槍先を沈めておいて、川を巨大な堀とし、織田軍方が渡河しようとしても足を取られて前進できず、川を越えても湿地帯で動きがスムーズではない状態にして、頭上から25人ずつが二列横隊を組んで間断なく鉄砲で狙い撃ちしたというから、まさに弾幕を張ったのである。

結果は信長にとって芳しくないものとなった。『続風土記』では織田軍は敗退していったことになっているし『上杉家文書』に載っている足利義昭や毛利輝元の書状でも、『イエズス会日本年報』でも敗北とされている。火力を主軸に、雑賀川の線で張られた防御陣を突破できなかったのである。

「凡そ、先に戦地に処りて、敵を待つ者は佚し、後れて戦地に処りて、闘いに趨く者は労す」は、時には戦略的不利を戦術で挽回させることも起こさせる。「壇ノ浦合戦」は、惜しいところで平家軍が敗北したが、阿波水軍の裏切りがなければ平家軍が勝利した合戦であった。

「沖田畷《おきたなわて》合戦」は、「凡そ、先に戦地に処りて、敵を待つ者は佚し、後れて戦地に処りて、闘いに趨く者は労す」によって戦略的不利を戦術で挽回させた好例となる。拡大する龍造寺氏に対し、島原の領主・有馬晴信は離反して島津義久に与《くみ》した。

これに怒った龍造寺隆信は島原を攻め、有馬氏に加担する島津氏もおびき寄せて葬り去ろうと大軍を動員したことで「沖田畷合戦」は、天正12年（1584年）3月、隆信と有馬晴信・島津家久連合軍が肥前国島原半島で行なった合戦である。島津家の当主・島津義久にとって隆信との争点は肥後国であったが、かといって有馬氏を見捨てることもできず、自らは肥後国の水俣付近に進んで隆信牽制とも肥後侵略とも取れる行動を取りながら、島原には弟の島津家久を総大将として軍勢を派遣したが、派遣された兵数は3000人程度とされている。有馬晴信の動員兵力が3000～5000人とされているから、合わせて6000人～8000人である。

対する龍造寺隆信は、フロイスの書簡では2万5000人、『龍造寺記』では4万人、『九州治乱記』では5万7000人、『長谷場越前自記』では6万人とされているが、確実なのは圧倒的な大軍であることで、連合軍の2〜10倍の兵力であった。名将として名高い島津家久も、家久を派遣した義久も、勝利は難しいと踏んでいたようである。相手は大軍のうえ、隆信という名将が率いているのである。

有馬・島津連合軍が勝利するために考えたのが、地形の利用である。有馬氏の根拠・森岳城を目指す隆信に対して、その前方にある沼地状湿地帯を通る一本道である沖田畷で迎撃を試みることにしたのである。片側は雲仙岳のふもとで片側が海である。かえって大軍であることが不利な地形ともいえる。

隆信は軍を三手に分け、中央部を隆信が率い、鍋島直茂率いる1隊を山手より、江上家種・後藤家信らが率いる部隊を浜手より進ませ、両翼を中央部より1㎞近く前に出した月形というか、まさに三日月型をしている。前面に鉄砲隊があった。大きく敵を包囲して射すくめ、仮に敵が包囲されなければ逆に縦深による中央突破ができるという完璧な五陣三手で、平原での合戦なら文句ない陣立てであったが、敵があまりに少数なので隆信は侮り、物見も出さなかったという。

対する有馬・島津連合軍は有馬軍5000人が浜手に陣し、浜の手の林には鉄砲隊を潜ませるとともに、海上の船に大砲二門を載せて待機させ、山手を猿渡越中守信光が担当する、そして沼沢地に通る一本のあぜ道は大城戸でふさぎ、その左右に芝垣で塀をつくって鉄砲・弓部隊を潜ませ、後方に島津家久と新納武蔵野守が左右に分かれた形で陣を敷いている。囮に食いつかせて後方、左右の伏兵が包囲する「釣り野伏せ」の体制である。戦闘が開始されると龍造寺軍最前列の鉄砲隊が火を噴いたが、島津軍は後方に退いてしまう。

龍造寺軍がさらに前進すると、今度は弓・鉄砲を芝垣から射撃して出鼻をくじく。龍造寺軍は中央部が進まない状態で片翼に重心を移そうにも、浜手では海上よりの砲弾が降り注いでいた。中央部は、まともに進めるのが一本のあぜ道で、その周りは沼沢地なのである。進むだけ進んで狭い地域に追い込まれ、待ち伏せていた伏兵が矢と鉄砲を撃ち込まれるが、後方部隊は前線で起きていることが理解できず、ただただ進むために、進むも退くもできない先陣は動きが取れないまま大混乱を巻き起こし、泥田に足を取られ、いたずらに死者を増やしていった。

隆信も大砲（大筒）を使ったが、田畑の上に砲弾が落ちるだけで効果がない。隆信は大軍を頼んで、ただ前進する命を出し、島津軍が左右から横やりを入れたため、戦局は一方的に有馬・島津連合軍有利に進み、混戦の中で浜手に移動した隆信が討ち取られることになる。唯一押していた山手の鍋島直茂軍も中央部が崩れたため敗走する。こうして「沖田畷の戦い」の敗戦で龍造寺氏は没落の道を辿ることとなる。

まず先に戦場で待つ者が楽であることを述べたあとで、孫子は続けて「人を致して人に致されず」と記しているが、これは自分の望む戦場で戦う、主導権を握るということで可能になる。この部分は「九地篇」にある「争地」、「先ず其の愛する所を奪わば、則ち聴かん」とも結びついてくる。単に先に到着するということではなく、それにより優位な体制を確保する、場合によっては相手が目標としているものを奪取してしまうことが含まれている。「九地篇」には「故に、兵を為すの事は、敵の意を順詳するに在り」も出てくる。

王晳は「人を致す者は佚を以て其の労に乗じ、人に致される者は労を以てその佚に乗ず」と註し、『尉繚子』の「戦権篇」にも主導権を取ることが大切だとして「兵は先を貴ぶ」とある。能動的に勝利を追求することが大事で、ただ消極的に待っているのではなく詭道を使うことが要求される。詭道に懐疑的なクラウゼヴィッツとは対照的である。「人を致して人に致されず。よく敵人をして自ら至らしむる」について、『百戦奇略』で劉基の出した例は、「到戦」として、張歩による巨里攻略を例にしている。

『孫子』は単に自軍のみが有利な態勢になるだけではなく、敵にも意識させぬままに不利な態勢を取らせることを示唆する。戦闘する場合も「善く戦う者は、人を致して人に致されず」。そのためにも「よく敵人をして自ら至らしむるは、これを利すればなり。よく敵人をして至るを得ざらしむるは、これを害すればなり」と『孫子』は述べる。

これは戦略というよりも政略的な事例となるが、天文24年（1555年）に起こった「厳島合戦」の陶晴賢も、毛利元就により厳島に誘致されている。陶晴賢率いる兵は2万人、対する元就は5000人、正面衝突して勝てる相手ではない。そのため元就は、大軍が身動きの取れないような狭い場所に陶軍を誘致することを考える。選ばれたのが厳島（宮島）である。「陰徳太平記」によれば、元就が晴賢を厳島に誘致する囮として宮尾城を築いたとされるが、もともと厳島は海軍戦略の要衝であったから、晴賢にすれば宮尾城がなくても占拠したいところである。元就は、要衝を囮としたのである。したがって要衝という利を示すことで、9月22日に「能く敵人をして自ら至らしむる者は、之を利すればなり」の通り陶軍は厳島に上陸してしまい、狭い島内に大軍を密集させていたところを、9月30日夜半に暴風雨を突いて元就が上陸して奇襲を仕掛けるのである。

敵人をして自ら至らしむ

「凡そ、先に戦地に処りて、敵を待つ者は佚し、後れて戦地に処りて、闘いに趨く者は労す」が、「能く敵人をして自ら至らしむる者は、之を利すればなり。能く敵人をして至るを得ざらしむる者は、之を害すればなり」に結びついているのは、「三方ヶ原合戦」前の武田信玄のように、徳川家康が追わざるをえない進路を取り、この戦場で戦えば家康でも勝てると思わせて自分が望む戦場に誘致する、そして、高所で待ち構えて万全の布陣で迎え撃つことである。「勢篇」でも取り上げた「三方ヶ原合戦」だけでなく、「三益峠合戦」も追撃しようとして「先に戦地に処りて、敵を待つ者は佚し」にかかった戦略的事例である。

戦略的事例として、「平治の乱」では、上洛後に平清盛は六波羅に入ってからは一歩も動かず、六波羅を要塞化して、侵入してくる敵の殲滅の準備万端とし、敵が六波羅に攻め込んでくるように仕向けた。

「能く敵人をして自ら至らしむる者は、之を利すればなり」の戦略的事例として、これも上杉謙信と武田信玄が激戦を繰り広げた「永禄4年川中島合戦」のことである。戦理に忠実で、しかも慎重このうえもない武田信玄を決戦に引き出すには、信玄が絶対勝つという確信を持つ必要がある。つまり「之を利すればなり」である。信玄に勝利を確信させて決戦に引き込み、その中で勝利する、まさに「天才の中の天才」しか考えつかない作戦を謙信は考え出す。

謙信は2万の兵を春日山城に残し、1万の兵に信濃衆3000人を加え、南下した。その1万3000人の兵のうち、さらに5000人の兵を善光寺に置き、犀川を渡り信玄領に入り、前線基地海津城を横目に睨みながら、わずか8000人の兵とともに敵中深く妻女山（西城山）に入った。戦理からいえば海津城を落とすことが最優先のはずである。そうすれば川中島の信玄の前線は大幅に後退する。

ところがその最も肝心なことをせずに、謙信は武田領に入りこんで陣を張ったのである。信玄に海津城を活用させるためである。少数の兵とともに敵中深く袋の鼠となった謙信の行動に信玄は判断がつきかね、とりあえず一戦場に兵力を集中させることとした。謙信の劇的な妻女山布陣は、その奇抜さゆえに信玄の目をそこに集中させてしまい、他の要因、とくに大規模な兵力配置を覆い隠してしまった。当初は、信玄も謙信本隊の行動以外の要因に注意を払っていたのかもしれない。

しかし海津城を放置したままでの妻女山布陣以降は、謙信本隊を謙信がどのように駆使するかにのみ神経を集中してしまう。この段階で信玄は、謙信が仕掛けた罠に完全にはまったのである。信玄は1万7000人の兵を率いて北上し、妻女山を避けながら茶臼山に入って、謙信の退路を断った。海津城にいる3000人の兵を合わせれば信玄が川中島に集結させた兵は2万人にもなった。1戦場への兵力集中で信玄は優位に立ったはずである。謙信の退路と善光寺との連絡を断つべく信玄は本隊1万7000人で茶臼山に陣取る。その東側に海津城があり、3000人の武田軍が籠っているから、謙信の妻女山は大きく包囲され、武田領内での袋の鼠状態になっているように見えた。

しかしその布陣を敷いてまもなく、実は包囲されているのは自分のほうであることに信玄は気がつく。善光寺は何の遮断も受けずに2万人の兵がいる春日山城と連絡が取れる。信玄の恐怖は、春日山城の兵力が南下して善光寺の上杉軍と合流することである。一定期間がたち、「凡そ、先に戦地に処りて、敵を待つ者は佚し、後れて戦地に処りて、闘いに趨く者は労す」が顕在化している。こうして謙信の罠にかかった信玄は、謙信を挟撃して殲滅する「キツツキ作戦」を実行するために、準備万端で謙信が布陣して待ち構える八幡原にやってきている。

孫子は、「人を致す」ために「能く敵人をして自ら至らしむる者は、之を利すればなり」と述べる。つまり餌を見せるということである。敵が戦理にのっとった行動をすると予期さえすれば、自分ならどうするかを戦利に合わせて考え、その裏をかくこともできる。これは各種の方法が考えられる。敵に一部の要衝を無防備にして占領の誘惑を誘う、敵の大切なものを奪うことで、取り返しに来るよう誘うこともできる。

敵の本拠地を攻撃すると見せかけて、本拠地に向かう途中で、慌ててこちらを追ってきた敵を迎撃するという「アンカラ合戦」でのチムールのような行為もある。曹操の『孫子』解釈でも、「之を誘うに利を以てするなり」とされている。マーケティング的解釈としては、おいしいと思えばライバル社も真似するという解釈が成り立つ。

戦術的事例として、「賤ヶ岳合戦」で中川清秀の大岩山、高山長房の岩崎山を置いた豊臣秀吉が挙げられる。いかにも敵に攻撃してください、奪取したらどうですか、という形で配置された大岩山と岩崎山の存在に、柴田勝家軍の佐久間盛政には誘惑を禁じ得なかった。

ここに連動する内容として、なぜ『孫子』は七分勝ちを重んじるといわれるかは、追撃の誘惑に惑わされないように、ということからであろう。追撃は楽な戦いであるが、力量のある相手なら、敗走と見せかけて罠を仕掛けることもある。つまり偽装された敗走は、「之を利すればなり」

になるからである。

「能く敵人をして自ら至らしむる者は、之を利すればなり」の逆で、「能く敵人をして至るを得ざらしむる者は、之を害すればなり」も数多くの事例がある。補給を脅かしたり、別な所を攻めたり、戦力削減したりすれば敵はなかなか来ることができない。「天」も利用できる。たとえば時節によっては、雪が降ることで、敵の進路が閉ざされる場合もあるから、冬場に戦端を開くという方法もある。曹操の『孫子』解釈では、「その必ず趨く所に出で、その救う所を攻む」となっており、張豫は「能く敵人をして必ず至るを得ざらしむ所以の者は、その顧愛する所を害するのみ」と註している。

さらに敵軍を疲弊させるために「敵佚すれば、よくこれを労し」と続くが、ここは「能く敵人をして至るを得ざらしむる者は、之を害すればなり」とも重なるものがある。曹操の『孫子』解釈では「事を以て之を煩わすなり」となる。

戦略的事例としては「始形偏」の「地」でも触れた、アテルイの延暦8年（789年）の戦い方が挙げられる。『続日本紀』によると延暦8年6月、衣川営を出発した征討軍は、北上川の両岸を二手に分かれて北進を開始する。北上川の両岸に山が迫っていたため、大軍は細長い長蛇の列をつくらざるをえない。

蝦夷は数百人の集団で神出鬼没に不意を襲う。しかも高橋崇氏は紀古佐美の将士としての質も低いものと見做している。征討中軍、征討後軍より各2000人ずつ選抜された計4000人の軍兵が、北上川を渡河して東岸に沿って北進し、征討前軍と巣伏村で合流する予定であった。胆沢の蝦夷の根拠を北上川東岸と信じ込ませたこと自体が罠であった可能性がある。

この征討中軍、征討後軍４０００人がアテルイの居宅に近づいたところで蝦夷軍３００人程が迎撃してきた。合戦となり蝦夷軍は退却したため征討中軍と征討後軍は村々を焼き払って追撃し巣伏村に至ったが、征討前軍は蝦夷軍に阻まれて北上川を渡河できないでいる。そこへ今度は征討中軍と征討後軍の前方に蝦夷軍８００人程が出現して再び戦闘となったが、蝦夷軍の勢いが強く征討中軍と征討後軍が少し退いたところに東の山上に潜んでいた蝦夷軍４００人程が後方に現れて遮断する。

川と山に挟まれた狭い場所に追い込まれ前後から挟み撃ちにあった征討軍は敗退する。『孫子』のいう「川の半渡」「川を背にした」のどちらにも当てはまりそうである。これが「巣伏村合戦（延暦8年の胆沢合戦）」である。

蝦夷軍は偽装撤退するという陽動作戦によって「能く敵人をして自ら至らし」め、望みの戦場まで誘致し、敵を分断したうえで包囲するという優れた戦い方であった。征討軍の損失は戦死者25人、矢による戦傷者２４５人、溺死者１０３６人、裸で泳ぎ生還した者１２５７人であった。戦死者には陸奥国磐城郡の別将・丈部善理、進士・高田道成、会津壮麻呂、安宿戸吉足、大伴五百継などが含まれている。かなりの敗北である。蝦夷軍の死傷者は明らかではないが、7月17日条には89人の敵軍兵士の首を取ったとあり、また「十四村、宅八百許烟」が焼き討ちにあっている。

現地の征討軍では厭戦気分が高まり、軍事作戦の難しさが語られるようになっていた。攻撃目標までの兵糧運搬に往復24日もの日数を要すること、食料の消費が激しくて兵糧が準備できていないこと、兵が疲弊していること、蝦夷は耕作できないからいずれは滅ぶだろうということから征討を中止すべきとされていた。そして許可を得ぬままに征討軍を解散してしまったようである。これは一時的ながらも挫折とも取れる。

敵軍を弱体化させるために「飽けば、よくこれを餓えしめ」が続く。曹操の『孫子』解釈では、「糧道を絶ち、以て之を饑えしむ」である。兵糧攻めは無数にある。

兵站線遮断は、国土面積の狭い日本ではあまり見られない。平知盛が河内源氏遠征軍に対して行なったのは、むしろ特筆すべきことである。寿永3年（元暦元年、1184年）8月に源範頼は、九州をめざして遠征を開始した。

知盛は、あえて迎撃せず、敵を山陽道の奥へ奥へと誘い込み、伸びきった兵站線を遮断したため、河内源氏軍は弱体化していき、『吾妻鑑』によれば、範頼は「周防国より赤間関に到り、平家を攻めんがために、その所より渡海せんと欲するところ、糧絶え舟無くして、不慮の逗留数日に及ぶ。東国の輩、すこぶる退屈の意ありて、多く本国を慕ふ」、侍所別当で剛勇をもって鳴る和田義盛でさえも「ひそかに鎌倉に帰参せんと疑す、いかにいはんやその外の族においてや」といった状態に陥り、壊滅寸前の状況になっている。

それよりも、兵糧攻めの圧倒的多くは城攻めで使われていた。最初の兵糧攻めであった「後3年の役」から「島原の乱」まで、戦略的事例には事欠かない。とくに豊臣秀吉の「鳥取の渇《かつ》え殺し」「三木の干殺し」は名高いが、かつて毛利側も月山富田城を攻めたときに兵糧攻めを行なっている。織田信長が、浅井・朝倉連合軍の叡山籠城に対して行なったのも兵糧攻めである。

『孫子新研究』では、ゴルツの下記の言葉が引用されている。「協商国ガ此大戦ニ於イテ独逸軍ノ征服ニノミ力ヲ致シタナラバ恐ラクハ目的ヲ達シ得ナカッタデアロウ……封鎖ノ効力ト敵ノ離間策ニ依ツテ生ジタル国民ノ内部ノ乖離トニ原因シタルノデアル」「故ニ戦争目的ヲ達スルニハ、今日ハ最早単ニ軍事的処置ニミニ依ラズシテ、尚其上ニ経済戦ヲモ精確ニ之ヲ準備スルノ必要ガアル」。

「敵佚《いっ》すれば、よくこれを労し、飽《あ》けば、よくこれを餓えしめ、安ければ、よくこれを動かす」も、奇正に見られたように、陰陽のごとく対置されるものが相互に変化している。安心して油断しているからこそ、詭道は仕掛けやすい。「飽けば、よくこれを餓えしめ、安ければ、よくこれを動かす」の例として、豊臣秀吉に兵糧攻めにされた鳥取城は、自分たちの根拠地だから遠征軍よりも食料調達に有利という油断をして、米を買い占められている。

なお、次の「安ければ、よくこれを動かす」は、「魏武注孫子」以下には載っているが、竹簡本にはない。曹操の『孫子』解釈では、「その必ず愛する所を攻め、その必ず趨く所に出ず。則ち敵をして相救わざるを得ざらしむなり」とあり、「九地篇」の「その必ず愛する所」と連動しているし、「その趨かざる所に出で、その意わざる所に趨く」の前段ともなっている。「その趨かざる所に出で、その意わざる所に趨く」について、曹操の『孫子』解釈では「敵をして相往きて之を救うを得ざらしむるなり」となっているからである。何氏は「敵人をして須《すべから》く我に応ぜしむるなり」と註している。

敵の軍を誘導し、誘致することを可能にするのは「その趨かざる所に出で、その意わざる所に趨く。行くこと千里にして労せざるは、無人の地を行けばなり」からである。ここのところを、『仏訳孫子』では「敵が必ずやってこざるをえない所は、先回りして奪取せよ。敵の予期しない地点は速やかに急襲せよ」と解している。そうすれば、否応なく敵は来るしかないというわけである。

陽動作戦も敵をこちらの意のままに、自由に操る方策の一つである。加えて、敵が首都を防衛などのための、最終集結地点（予想される戦場）は一つでも、進軍方法は多様であるから敵を混乱に陥れられる。さらに、不意を突く素早い行軍、予想されていなかった進路を取って裏をかく、予期しないことを行う、敵が救援に駆けつけられないようにする等、これらによって安心して進軍できることができる。

虚を衝く

さらに自らの進軍について『孫子』は、「行くこと千里にして労せざるは、無人の地を行けばなり」が望ましいと述べる。「行くこと千里にして労せざるは、無人の地を行けばなり」について、曹操の『孫子』解釈では「空に出でて虚を撃ち、その守る所を避けてその意わざる所を撃つ」とされている。無人の地を進む、守備されているところは迂回するのは当然のことで、問題は相手がそうさせてくれないことにある。そのために意表を突いた道を行くようなことが必要となる。行軍しやすい平坦で、しかも移動距離も短いが、敵が防衛体制を敷いていたり迎撃態勢を取りやすい道よりは、険しい遠回りを進むようなことが考えられるということである。

陳皞《ちんこう》は「夫れ、空虚とは止に敵人の備えざるを為すを言うには非ざるなり。但だ、之を備うるも厳ならず、之を守るも固からず、将弱くして兵乱れ、糧少なくして勢孤なれば、我の軍を整えて之を臨まんか、彼は必ず風を望んで自ら潰ゆ。是れ、我れ労苦せずして無人の地を行くが如きなり」と註する。なお竹簡本には、「行くこと千里にして労せざるは、無人の地を行けばなり」に続いて述べられている「その意わざる所に趨く」がないが、曹操が解説的な意味を込めて付記した可能性がある。

「攻めて必ず取るは、その守らざる所を攻むればなり」も竹簡本には存在しない表現であるが、李筌は「虞《おそ》れ無くして取り易し」と註している。敵が守っていないということは、全く価値がないから別に守る必要がないということではなく、ここは攻めてこないだろうと油断しているところという意味である。

「攻めて必ず取るは、その守らざる所を攻むればなり」と対になっている「守りて必ず固きは、その攻めざる所を守ればなり」であるが、これも単純に読むと、敵が攻める価値のないと判断しているところを無駄に人数を出して守っているようなイメージになるが、敵が攻撃できないと解釈することができる。小さな城でも守りようによっては無敵になる。「守りて必ず固きは、その攻めざる所を守ればなり」の部分は、竹簡本は逆の表現をしていて、攻めてくる所を守ると記されているが、このほうがより的確でわかりやすい書き方である。ただ、万全の態勢を取るという背景は同じである。

「故に、善く攻むる者は、敵、其の守る所を知らず。善く守る者は、敵、其の攻むる所を知らず。薇なるかな薇なるかな、無形に至る。神なるかな神なるかな、無声に至る。故に能く敵の司命を為す」。攻め上手の場合には、こちらが攻撃しても敵が守れない、防御がうまければ、敵は攻めることができない。そしてこの文言に続いて「無形に至る」が続く。つまりマニュアル的な固定観念の否定である。

韓信の「背水の陣」も、その好例といえる。曹操の『孫子』解釈では、「情をもらさざるなり」、すなわち企図の秘匿と註されている。「薇なるかな薇なるかな、無形に至る。神なるかな神なるかな、無声に至る」の前提は、自らが虚になるという、虚の効率を認めた積極的利用という考え方がある。これは「人を形せしめて我に形なければ、則ち我は専にして敵は分かる。我は専にして一となり、敵は分かれて十となれば、これ十を以って一を攻むるなり。則ち我は衆《おお》くして、敵は寡《すくな》し。よく衆を持って寡を撃たば、則ち吾のともに戦う所の者は約なり。吾のともに戦う所の地は知るべからず。知るべからざれば、則ち敵の備うる所の者多し。敵の備うる所の者多ければ、則ち吾のともに戦う所の者は寡し。故に、前に備うれば則ち後寡く、後ろに備うれば則ち前寡く、左に備うれば則ち右寡く、右に備うれば則ち左寡し。備えざる所なければ、寡からざる所なし。寡きは人に備うるものなり。衆きは人をして己れに備えしむるものなり」の背景にも、自らが虚になることで無形となり、敵に形を現させるという解釈につながるものである。

そして「始計偏」の「其の無備を攻め、その意わざるに出づ（敵の備えなき所を攻め、敵が予期しないときに攻撃する）」、そして前述の「攻めて必ず取るは、その守らざる所を攻むればなり」とも関連するのが、「進みて禦ぐべからざるは、その虚を衝けばなり」である。「竹簡孫子」では、防御できないではなく、迎撃できないと表現されている。「進みて禦ぐべからざるは、その虚を衝けばなり」は進撃しているのに敵が守れないのは油断や隙を突くからだ、また対応不可能な弱点を突くことによる、という意味である。

『孫子』で述べられていることは、それほど奇抜な内容ではない。「攻めて必ず取るは、その守らざる所を攻むればなり」「進みて禦ぐべからざるは、その虚を衝けばなり」など、よく考えれば、非常に常識的なことしかいっていない。「進みて禦ぐべからざるは、その虚を衝けばなり」

とは、相手の弱点を突くことの有利さを述べているのである。
大軍であっても最弱部分から切り崩すことで一気に全軍を崩壊させることも可能であるし、政治的な泣き所や、経済的欠点を突くことで有利に戦いを展開することもできる。補給線の長い敵に対しては補給線を断ち切ったり、自給のできない敵に対しては封鎖・兵糧攻めを行うなど、相手の弱点を見つけだせば戦いの仕方自体も変化する。もちろん名将ともなれば、わざと「弱点」があるように、演出することもあるから要注意ではある。

「進みて禦ぐべからざるは、その虚を衝けばなり」の例は、世界史上でも多々存在する。「ポエニ戦争」で、カルタゴのハンニバルは、ローマ側が突破不可能と考えていたアルプスを象の部隊を率いて乗り越えてきたため、来られないと思っていた方角からの進撃にローマはパニックを引き起こした。「ナポレオン戦争」で英国は、海軍力不足で守れないフランスの海外植民地を片っ端から攻め落としたが、フランスは手も足も出なかった。「第2次世界大戦」で、ドイツ軍の電撃戦は、マジノ線に籠もったフランス軍の虚を突くようにアルデンヌの森を突破したため、歩兵中心のフランス軍は追いつけず、浸透作戦を行われてしまった（なお、浸透作戦は国家をコントロールする技術機関が首都に集中したために可能となった作戦で、近代以降に成り立つことになった作戦である）。

もちろん、日本にも「進みて禦ぐべからざるは、その虚を衝けばなり」について、「進みて」を進撃からさらに一歩進んで攻撃も含めて考えると、攻撃に対して防御の形が取れなかった幾多の該当例がある。

「其の無備を攻め、その意わざるに出づ」で戦略的事例として挙げた「小牧・長久手合戦」での豊臣秀吉による織田信雄領南伊勢攻略は、「進みて禦ぐべからざるは、その虚を衝けばなり」にも該当する。「その虚を衝けばなり」の「虚」は、物理的なものと精神的（油断のような）なものとある。「小牧・長久手合戦」は物理的な虚であるのに対して、精神的なのは、先に挙げた上杉謙信の「仁科城攻め」、武田信玄の「海野城攻め」となる。他にも精神的な虚が突かれた例は多々存在する。

戦術的事例として、文明18年（1486年）正月、尼子経久が、わずか数十名の手勢をもって難攻不落の富田城を奪回したときは、正月を狙った奇襲であった。経久は河原者集団の鉢屋弥之三郎率いる鉢屋党70人ばかりに、恒例によって新年を賀す千秋万歳を富田城の前で舞ってもらう。経久は大晦日から富田城の搦手に亀井秀綱・山中勘兵衛・真木上野介らとしのび込んでいだ。

祝いに城内の気が緩んだ頃合いを見て、経久は火薬の詰まった武器を轟音発して城内の者を驚かせ、長屋に火をつけて回り、猛炎の中、混乱する城兵にいっせいに隠していた武器を振るって襲い、富田城を奪還している。

やはり戦術的事例として、第2次国府台合戦での北条氏康の奇襲も正月狙いだが、こちらは前段として一合戦があって、一時は撃退されたところから始まっている。

永禄7年（1564年）1月7日、北条軍は江戸城を出て里見軍攻撃を企図する。小田原北条方の先方は、氏康の本隊や北条綱成軍よりも先行して出陣してしまう。高台より静観していた里見軍が偽装撤退すると、小田原北条軍は矢切の渡し付近（搦木の瀬）を渡川、江戸川（太日川）を越えて国府台城を攻撃すると、里見軍伏兵が襲いかかり、偽装撤退していた里見軍も反転し坂の上から攻め下り、小田原北条軍を撃破する。そして小田原北条軍の氏康本隊が来ると、里見軍は素早く撤退し、国府台城に籠ってしまう。ここで終わっていれば氏康の敗北になったはずである。

しかし、緒戦の勝利に酔う里見義弘は正月であったことを配慮して兵士たちに酒を振舞うという油断を見せた。敵の驕りを誘う名手である氏康は、撤退と見せかけ再来襲、軍を二手に分ける。このへんは『孫子』「虚実篇」にいう「よく敵の変化に因りて勝を取る者、これを神と謂う」、「始計篇」の「卑にして之れを驕らせ」、やはり「始計篇」の「其の無備を攻め、その意わざるに出づ」も該当しそうである。

1月8日未明、「黄八幡」の旗を掲げる北条綱成の軍勢を先頭に江戸川を渡った。氏康自身は矢切の渡し付近を渡り、国府台搦《から》め手に向かう。氏康の子・氏政は根本（京成国府台駅付近）から渡って真間の森から国府台に接近した。小田原北条軍は態勢を整え、里見軍に朝駈けを敢行する。しかも「交を伐つ」（「謀攻篇」）で、事前工作により里見軍の主力の土岐為頼が戦場を離脱したため、奇襲もあいまって里見軍は大混乱に陥り、大敗北する。

年末年始の「はれの日」は、やはり油断が高まるのだろう。やはり戦略的事例として、小田氏治の小田城も、元亀3年（1572年）大晦日から元旦にかけての連歌の会で酔いつぶれたところを太田資正に奇襲されて陥落している。もっとも氏治は年中、落城の憂き目にあっているのだが。

謀将タイプは、相手が油断する祝祭日を狙っての奇襲が多く見られる。戦術的事例となるが、津軽（大浦）為信も、正月を狙った奇襲をしている。その前の天正2年（1574年）8月、為信は4000人の兵で、滝本重行が700人の兵で籠る大光寺城を取り囲んだ。重行は決死の覚悟で打って出る。為信は館田林目にいて別軍の合流を待っていた、そこに籠城しているとばかり思い込んでいた重行が切り込んできた。大浦軍はぬかるみに踏み込んだ所であったために混乱、深田に馬がはまり込み、討ち取られそうになる。敵の「地」の利にやられたのである。正攻法での攻略が困難と見た為信は、城側が気を緩める正月に攻撃することにする。天正3年（1575年）元旦、大雪が降って視界も利かないという悪天候であった。

重行は二重の意味で気が緩んでいた。正月という祝日、大雪だから敵が攻めてこられないだろうという安心感である。一方、為信は1日前倒しで正月を祝い、午前0時に1800人の兵とともに出立して、大光寺城に攻め寄せた。不意を突かれた重行は降伏する。「天」の利用も、「正」ではなく「奇」、竹簡本にある「順逆兵勝也」の通りである。

津軽為信は「端午の節句」も利用している。戦術的事例として、為信による石川城攻略は、『津軽一統志』によれば元亀2年（1571年）5月になっている。津軽地方の領有化をめざす為信は、猛将として名高い石川高信のいる石川城に狙いを定めた。高信は南部家当主・南部晴政の叔父にあたり、その子の信直は晴政の養子となっていて、次期南部家当主になることになっていた。

しかし晴政に実子が誕生して、晴政と信直の関係が険悪となっていて、晴政は石川城の救援に来ないだろうことを見越しての行動である。為信は石川城から2㎞ほど離れている自分の城（堀越城）を修理する許可を高信に申し出る。実際は石や土を運ぶと称して俵に兵糧や武具を入れて運びこんで合戦の準備をしたのである。そして作業が一段落すると、為信は堀越城修理完了の宴を行うことを高信に伝え、高信側の３人の重臣を招いて供応し、お土産まで持たせて帰す。そうしておいて、明日が「端午の節句」ということで、家臣の多くも家に戻り手薄になっていた石川城に８００余騎の兵で奇襲し、陥落させている。

　敵に城の内部に入られると、城中の者にとっては、虚を突かれるどころの話ではなくなるようで、竹中半兵衛の稲葉山城乗っ取りでは、『竹中雑記』によれば、半兵衛は稲葉山城にいた弟の重矩の看病のためと偽って武具を隠して城に入り込み、重矩の居室に入って武具を身につけ、齋藤龍興の重臣・飛騨守を殺したため、城内はパニックを起こし、混乱して冷静な判断ができなくなった齋藤龍興は城から逃げ出している。

　時間をかけて相手に虚が生じるようにする例も少なくない。北条早雲（伊勢新九郎、宗瑞）は、明応２年（１４９３年）に伊豆国を平定してから、小田原城主・大森藤頼に接近し、度々進物を贈るようになり、友好関係を装い油断させ、伊豆国の田畑を荒らす鹿の狩りのために箱根山中に勢子を入れる許可を得た。明応４年（１４９５年）に勢子に擬装した兵を送り込み、奇襲して小田原城を奪取したが、２年近くかけての懐柔の末に行われている。

　油断のさせ方も様々である。天正18年（１５９０年）に佐竹義宣が、江戸重道から水戸城を奪い取るときには、義宣は一時上洛して留守を装い、佐竹氏からの攻撃はないと重道に判断させ、安心して兵達を郷に帰させて城の守りが手薄になったときに攻め落としている。

　奇襲による反乱は、当たり前のことだが相手の虚を突いている。「平治の乱」で反乱をおこした藤原信頼、源義朝は、平清盛が少数の供を連れて熊野詣でに出かけた隙を突いて引き起こしている。平治元年（１１５９年）12月９日、清盛とその一族がわずかな人数で熊野詣でに出かけて平安京を留守にしている虚をついて、子の刻（午前0時）、信頼・義朝その勢500余騎が三条烏丸にあった院の御所・三条殿を奇襲、御所に火を放ち、後白河上皇及び上皇の姉である上西門院を内裏の東側にある一本御書所に幽閉した。同じく丑の刻（午前2時）、信西入道の宿所がある姉小路西洞院へ押し寄せて火を掛ける。

13日、信西は奈良への逃亡中に地中に潜伏している所を発見され、首をはねられたとされるが、陽明本・学習院本『平治物語』では発見段階で自害していたとされている。次いで内裏を占拠した信頼・義朝らは、二条天皇を清涼殿の北側にある黒戸の御所に押し込めている。ここまでなら成功といえるが、反乱者には反乱後の明確な構想も計画もなく、自己の軍事力強化も、対抗軍事力の構築もしなかったため、鎮圧されてしまった。

「本能寺の変」も、織田信長は以下の有力武将が各方面に出向いて敵と対峙し、信長周辺にはごく少数の兵しかいないことを見計らって敢行された。反乱成功後の明智光秀の位置は、一見すると「内線」にいながらも、3万人を率いる豊臣秀吉、3万人を率いる柴田勝家、3万人を率いる滝川一益のいずれよりも少なく、それよりも秀吉が毛利氏、勝家が上杉氏、一益が小田原北条氏と対峙していることから「外線」の中心にいる形となっており、毛利氏、上杉氏、小田原北条氏の各々と挟撃することも可能であった。

しかし、どの勢力も積極性ということでは当てにならなかった。秀吉と戦っていた毛利氏や滝川一益と戦っていた北条氏は鈍重である。北条氏など「本能寺の変」後のどさくさに紛れて信濃国と上野国と甲斐国の浸食をしている程度、それでもまだ毛利氏よりはましであった。毛利氏は元就以来の覇気のなさがもろに出てまったく動かない。北陸で柴田勝家と戦っていた上杉氏も

「御館の乱」で勢力が大幅に縮小していたこともあり、追撃を行わずに見送っている。こちらも信濃国などに進入しているだけである。

情けないのは、光秀と近い関係の長宗我部元親である。黒幕説を囁かれるほどなのにすぐに畿内に派兵することはせず、やはり四国内での勢力扶植に努めている。結局、光秀自身が北陸とか中国地方とかに出向かない限り挟撃はできない。

だが光秀は、近畿地方での城の接収と朝廷対策を先行させてしまった。これも現代だからいえることであり、当時の情報量は限られているから光秀にそれを求めるのは酷だろう。光秀は与えられた状況の中でチャンスを逃さずに反乱をおこしたが、そこでとまってしまった。入念に計画的に準備して事を進めるならば「本能寺の変」後の対応ももっとうまくいったに違いないが、せっかく「虚を突き」ながらも、結果的には「軍形篇」でいう「敗兵は先ず戦いて而る後に勝ちを求む」となっているのである。

戦略的事例としては、むしろ「本能寺の変」後の豊臣秀吉の「秀吉の中国大返し」が、秀吉が備中高松城で毛利軍と対峙して動けないはずだという明智光秀の判断を覆すものであったため、光秀に防御の態勢を取らせず、無人の野を行くような進軍を許している。

「平治の乱」「本能寺の変」ともに「不敗態勢の確立」がなされぬままに、状況を利用しただけである。だから「虚を突く」だけでは成果に限界があるのである。「六条合戦」なども、織田信長不在の「虚を突いた」が、失敗に終わっている。

「進みて禦《ふせ》ぐべからざるは、その虚を衝けばなり」と対として記されている「退きて追うべからざるは、速やかにして及ぶべからざればなり」は、撤退の素早さとして捉えられることが多い。

『竹簡本孫子』では、追いつけないのは遠くに行ったからという表現になっている。曹操の『孫子』解釈では、追撃でなく撤退についても触れていて、「卒《にわか》に往進してその虚けを攻め、退くとも又疾きなり」「退きて追うべからざるは、速やかにして及ぶべからざればなり」と述べるが、竹簡では、追いつけないのは遠くに行ったからという表現になっている。

この曹操の註の戦術的事例として、「川中島4回戦」での上杉謙信の撤退が挙げられる。「川中島四回戦」で武田信玄の本隊を蹂躙して中央突破を行い、そのまま撤退した謙信に対して、妻女山から急遽駆けつけ、遅れて戦場に到着した武田別働隊は、追撃して潰走させることを試みたが、謙信は犀川の急流を渡って対岸に到達し、反転して迎撃する態勢を取ったために武田軍は追いつけなかった。

「我戦わんと欲すれば、敵塁を高くし溝を深くすといえども我と戦わざるを得ざるは、その必ず救う所を攻むればなり」は、救援しなければならないような別な場所を攻撃すれば、城から出ざるをえなくなるという意味である。

戦略的事例として、「三方ヶ原合戦」直前の信玄の進路が浜松城に籠城していた徳川家康を城外に誘い出したことが挙げられる。「三方ヶ原合戦」で、浜松城に籠城していたかった徳川家康が、あえて城外に出ざるをえなかったのは、武田信玄が進路を変更して美濃国方面に向かったため、後々に織田信長からかけられる嫌疑を恐れたからである。曹操の『孫子』解釈では「其の糧道を絶ち、その帰路を守り、その君主を攻める」となっている。

ヨーロッパでは、リデルハートが間接的アプローチの例として挙げたスキピオがハンニバルをザマの戦場に引き出す方法などが参考になる。「我戦いを欲せざれば、地を画してこれを守るも、敵我と戦うを得ざるは、其の之く所に背けばなり」は、こちらが戦いたくなければ、堅固な城にあえて籠らずとも敵は手出しができないということで、敵の背後を牽制したりするなどしておく、あるいは偽りの状態を演出して敵の追撃の目をくらますなどの事例がある。

曹操の『孫子』解釈では、「軍は煩わさるるを欲せざるなり」、そして「乖戻するなり。その道に戻れば示すに利害を以てし、敵をして疑わしむるなり」としている。すなわち敵がそこを攻めるのは本来の目的から外れ、あえて強行するならば策を設けて利害ある所を示し、進撃に疑念を抱かせるのである。劉基が『百戦奇略』で出した例は「必戦」で、魏時代の公孫淵征伐についてである。それ以上の好例は、戦略的事例となるが「関ヶ原合戦」の東山道を進む徳川秀忠軍に対する上田城で、無視して前進すれば背後から突かれ、攻めれば「其の之く所に背けばなり」となるものであった。

人を形して我に形無ければ

戦闘においては数が多いほうが勝つとしながら、実際には味方の兵数が少ないことがある。それについて、『孫子』はそんな状態でも優位に立てるようにするにはどうすべきか、味方が優位を保つには「人を形して我に形無ければ、則ち、我は専らにして敵は分る。我は専らにして一と為り、敵は分れて十と為れば、是れ十を以て一を攻むるなり」と述べる。

『仏訳孫子』では「我軍の部署・配置は完全に秘匿し、敵の存在は浮き彫りに」「我軍がどこを戦場にしようと企図しているかを、敵に知らしめてはならない。戦場を知らなければ、敵は多くの地点に備えざるを得なくなる」とし、曹操の『孫子』解釈では、こちらが行方をくらませると、敵は一カ所での奇襲を避け、どこから来るかわからない敵に備えて分散配備するから各個撃破しやすいとする。劉基が『百戦奇略』で出した例は「形戦」で、曹操による「官渡合戦」を取り上げている。

たとえ味方が少数であっても、やり方次第で直接交戦する敵よりも多数になることは可能であると。こちらの姿が見えない、意図が見えない、行動が見えないことから、敵が探索のために部隊を分かつようにすればよい。

戦略的事例として、寿永3年（1184年）9月以降の平知盛による山陽道の河内源氏軍に対する海上からの攻撃が挙げられる。源範頼が関東だけでなく東海から近畿へと寡兵しながら西進し、『源平盛衰記』によれば総勢10万騎、舟1000艘が山陽道から九州をめざして前進する。対して知盛は屋島に海軍を集結させておく。瀬戸内海の中央位置・屋島を領有する平家軍は山陽道全体を作戦正面とできる。山陽道の瀬戸内海に面した狭い平野は、海上の平家軍に対して脆弱な下腹部をさらしている観があった。

河内源氏軍が大軍であることは野戦、城攻めには有利に働いたが、その分の兵糧が膨大なものになり、目的地の九州に至るまで長大な補給線と数多くの兵站を維持するという負担を背負わせることになった。最前線部隊に対して、後方の兵站基地は山陽道沿いに分散され、兵力も分散される。前線の兵力は補給線に反比例して減少する。対して平家は兵力を集中できた。河内源氏軍は長門から摂津に至る長大な作戦線を背負わされる形となっていた。しかも海上彼方の平家軍の姿を河内源氏軍は見えないのに対し、平家軍から兵站基地は一目瞭然となっていた。

敵から姿が見えぬように身を隠しつつの戦いは、ゲリラ戦にも典型的に見られる。ゲリラ戦などに典型に見られる分散と集合は「人を形して我に形無ければ、則ち、我は専らにして敵は分る。我は専らにして一と為り、敵は分れて十と為れば、是れ十を以て一を攻むるなり」そのものともいえる。

ゲリラ戦とは「巨大な一つの戦線を作らず、小規模の部隊に分かれ、会戦を徹底して回避して、小規模な襲撃と待ち伏せをもって戦争を継続する方法である。それは非対称な者同士の戦いである。ゲリラ側は自ら分散することによって敵正規軍に分散を強要し、有利な戦場だけで戦う。すなわち、ある時期と場所において相対戦闘力の優位を確保するため、自ら分散する」。「ゲリラが各地で蜂起すれば既存権力の支配地は失われる。そのため支配地を維持しようと、正規軍が分散される。分散されればされるほど正規軍各部隊は小規模となってゲリラによる奇襲・包囲などによる殲滅を受けやすくなる。ゲリラ側は一般に小部隊戦闘を基本としており、これらの部隊は独立した戦闘を行い、それに適した編成である。軍事的な戦闘力において劣勢なゲリラ側は必然的に決戦を回避するため、これらの戦いは一般に長期化し、持久戦、消耗戦化する。そしてゲリラ側が優位に立てる心理作戦や政治宣伝戦で勝利を収めようとする」というもの、まるで『孫子』の「人を形して我に形無ければ、則ち、我は専らにして敵は分る。我は専らにして一と為り、敵は分れて十と為れば、是れ十を以て一を攻むるなり」を現代語に変換したように近い。

この大戦略的事例としては、「建武の新政」前に、護良親王、楠木正成、赤松円心らが展開した倒幕の戦いが挙げられる。鎌倉幕府に反対する諸勢力が各地で反乱を起こし、討伐軍を釘付けにし、あるいは翻弄し、その隙に鎌倉を攻略して政権を倒すというもので、護良親王は各地に反乱を起こさせつつ革命軍を創設し、楠木正成、赤松円心の反乱によって鎌倉幕府を翻弄する。こうして大軍を引きつけることで、敵の分散をさらに誘い、薄くする。

元弘元年（1331年）9月10日に楠木正成が革命戦略として具体的に献策しているが、正成自身は河内・赤坂において挙兵し、鎌倉幕府軍を笠置山と赤坂に分散させ、さらに「倒幕の宣旨」を配布することで各地に反乱を起こさせて鎌倉幕府軍を分散させる。兵力が分散されて本拠地が手薄、わずかな兵の奇襲でも倒幕は完了するというもので、実際に最終段階で新田義貞により鎌倉はあっけなく陥落している。

攻め込んでくる敵に対する防衛策として、しばしば防衛する側が失敗に陥るのは、「敵は分れて十と為れば、是れ十を以て一を攻むるなり」の敵を演じてしまうことである。「奥入り」に際して、藤原泰衡は公称18万、実数は数万しかいない兵力で、薄い膜のような防衛網を守らせた。阿津賀志山東西に線を引くように太平洋岸まで総延長4㎞に及ぶ三重の防塁と二重の空堀をもった阿津賀志山防塁を築き、栗原、三迫、黒岩口一帯には数千の兵を配置して予備軍とした。日本海側では出羽国と越後国の境にある念珠関に防衛戦が作られ、泰衡の異母兄・国衡が守った。さらにその北方にも、苅田郡白石付近（四方坂）にも予備陣地として城が築かれ、名取川、広瀬川に川底に縄を巡らせている。

泰衡は陸奥国国分原鞭楯に本陣を置いた。長い薄い膜のような防衛線で、一番兵力が多い阿津賀志山付近でも2万人であった。対する鎌倉幕府軍は28万4000騎を三手に分けて攻め込んできたのだから、戦いはあっけなく終わっている。「攻めて必ず取るは、その守らざる所を攻むればなり」でもあった。

奥州藤原氏の場合には、要塞線のような野戦陣地であったが、籠城パターンでも「敵は分れて十と為れば、是れ十を以て一を攻むるなり」になることは多い。

大戦略的事例として、永禄11年（１５６８年）９月の織田信長上洛に際して六角義賢は南近江に点在する18の城に兵力を分散し、天正18年（１５９０年）の豊臣秀吉の「小田原攻め」に際して、北条氏政・氏直親子は関東の53の城に兵力を分散し、どちらも各個撃破された。信長上洛の折は、三好三人衆も畿内の各城に兵を分散配置して抵抗しようとした。伏見の淀城に４０００人、長岡京の勝竜寺城に２５００人、摂津の芥川城には５０００人、高槻は１０００人、茨木城に２５００人で結局は自落か「大軍に戦略なし」であった。信長は『孫子』的な名将ではないが、数の原理は徹底していた。「我は衆《おお》くして、敵は寡《すくな》し」だけは、信長に適例が多い。秀吉も基本は「大軍に戦略なし」であった。

この兵力分散しての小城への籠城は、名将でも犯す過ちで、天正13年（１５８５年）に秀吉による「四国征伐」にあった長宗我部元親は、『吉良物語』で小城に兵力を分散してしまったことが失敗だと指摘されている。「元親が防衛拠点を1、２カ所に定め、要害を堅固にかまえ、兵糧、矢玉を十分にそなえ、守兵も２０００以上の人数をたてこもらせておけば、羽柴軍が大軍で攻めかけても容易に陥落しなかったはずである。そのうえ元親が息子たちと3万の兵を三手とし、戦況によって一手に集結し、あるいは分かれ、自在に戦って危機にのぞむ城を救援し、敵の虚をついて味方を勢いづけたなら、幾年にわたり羽柴勢に攻められても敗北しなかったであろう。

ところが、元親は四国津々浦々に兵を分散して護らせたので、守兵は寄せ手の噂に聞くよりもはるかにおびただしい大軍に肝をつぶし、気を呑まれて、大方は一戦も交えず逃げうせてしまった。元親は君臣ともに四国での小競り合いの経験ばかり重ねていたので大軍の防ぎようを知らず、稚拙な戦闘をかさねたものである。元親は君臣ともに四国での小成に甘んじ、少人数の小競り合いばかりに慣れて、大軍での戦いようを知らなかった」。実際に戦闘経過を見てみると、伊予丸山城、讃岐喜岡城、讃岐植田城、阿波木津城、阿波牛岐城、伊予金子城、阿波一宮城、阿波脇城、阿波岩倉城、伊予高尾城、伊予高峠城と片っ端から攻め落とされ、元親が降伏した後でも、伊予仏殿城、伊予湯築城、伊予黒瀬城などで戦闘が起きている。

さすがに武田信玄級になるとこうした失敗はしていない。信玄は、川中島地方にたくさんの小城を築いたが、上杉謙信来襲時には、小城は捨てさせて海津城に集結させている。ただ上杉謙信という天才は、信玄のそれをも上回り、一戦場において兵力集中をしている信玄に対しても罠を仕掛け、妻女山に布陣をすることで信玄を疑心暗鬼に陥らせて最終的には「キツツキ作戦」という形での分散を誘った。

山城での籠城の利点の1つは、攻めては城の内側が見えないのに対し、籠城方は敵の動きがわかるために重点的に兵力を集中できることである。それが「吾のともに戦う所の地は知るべからず。知るべからざれば、則ち敵の備うる所の者多し。敵の備うる所の者多ければ、則ち吾のともに戦う所の者は寡し」となる。

戦術的事例としては、楠木正成の千早城籠城が挙げられる。なにしろ正成らは山上にいるため、敵からは城内が見えないのであるから、水桶が用意してあって雨水を溜めていたなど予想できなかった。

やはり戦術的事例として、元弘元年（1331年）に天台座主であった大塔宮護良親王が、鎌倉幕府軍を撃破した合戦が挙げられる。『太平記』によれば、鎌倉幕府軍は五畿内の軍5000騎を正面攻撃軍として赤山禅院麓に、搦め手には美濃国・尾張国・丹波国・但馬国などの兵7000騎を唐崎の松付近へと差し向けた。対する叡山では一夜にして6000騎が集結する。さらに出陣段階では1万騎にもなっていた。

官軍となった叡山は奮い立った。戦端は唐崎浜付近で開かれた。叡山軍300人が鎌倉軍7000騎と戦闘を開始したのである。このとき、叡山側は地の利を利用して劣勢ながらも善戦する。唐崎は東は湖、西は泥田、道も狭いため、大軍の利点は殺されていく。護良親王は叡山の上から、攻め寄せる鎌倉幕府軍の様子を見極めながら、「内線の利」を利用する。後方より進む叡山軍は三手に分かれていく。今道方面に3000騎、三宮林に7000騎、そして小舟300隻が大津に。一方面に重心を置き、しかも湖面を利用して背後を突こうというものである。新手の大軍の登場に動揺したうえ、背後を突かれた鎌倉軍は一気に敗退する。

ここまで、数の原理で、兵数が多くなるほうが強いのだから、そのための工夫を要求してきた『孫子』は、「則ち我は衆《おお》くして、敵は寡《すくな》し。よく衆を持って寡を撃たば、則ち吾のともに戦う所の者は約なり。吾のともに戦う所の地は知るべからず。知るべからざれば、則ち敵の備うる所の者多し。敵の備うる所の者多ければ、則ち吾のともに戦う所の者は寡し。故に、前に備うれば則ち後寡く、後ろに備うれば則ち前寡く、左に備うれば則ち右寡く、右に備うれば則ち左寡し。備えざる所なければ、寡からざる所なし。寡きは人に備うるものなり。衆きは人をして己れに備えしむるものなり」と記す。なお、「則ち我は衆くして、敵は寡し」は『竹簡孫子』には存在しない表現である。

上記の文言のうち「吾のともに戦う所の地は知るべからず」について、曹操の『孫子』解釈では、「形を蔵すれば敵は疑う。則ちその衆を分離して我に備うるなり。少なくなりて撃ち易きを言うなり」としている。また、『仏訳孫子』では、「寡きは人に備うるものなり。人をして己れに備えしむるものなり」について、「戦力を多方面に分散して過小にしてしまった者は、敵に対して守勢に立たざるを得なくなる。一方、優勢になった戦力を要点に自由に集中しうる者は、敵を否応なく守勢の立場に追い込むことになる」とする。

「戦いの地を知り戦いの日を知らば、則ち、千里にして会戦す可し」は、やはり臨機応変に動くということで、戦略的事例として、はるばる奥羽からの北畠顕家の上洛が挙げられる。顕家は、開戦場所が平安京付近になると見て、20日余りで1000㎞の道のりを走破している。

曹操の『孫子』解釈では、「度量を以て空虚（無防備地点）と会戦の日を知る」としている。また劉基が『百戦奇略』で出した例は「知戦」で「馬陵合戦」を取り上げている。

「戦いの地を知らず、戦いの日を知らざれば、則ち左は右を救うこと能わず、右は左を救うこと能わず、前は後ろを救うこと能わず、後ろは前を救うこと能わず。しかるに況や遠き者は数十里、近き者は数里なるをや。吾をもってこれを度るに、越人の兵多きといえども、またなんぞや勝敗に益せんや。故に曰く、勝はなすべきなり。敵衆しといえども、闘うことなからしむべし」について、曹操は「越人は相聚まるも、紛然として無知なるなり」と註をつけている。「九地編」にも「所謂、古えの善く兵を用うる者は、能《よ》く敵人をして前後相及ばず」と出ているが、「戦いの地」の問題である。

繰り返し述べられてきたように、大軍であっても分断されて孤立してしまえば少数になるだけでなく、状況が分からなくては遊軍の救援もできない。「桶狭間合戦」の今川軍は5つに分かれて各々戦闘していたため、本隊が信長に奇襲されても気がつかなかった。上杉謙信の罠により、2万人の軍を二分してしまった「川中島4回戦」の武田軍も同様である。霧が晴れるのを待って、妻女山の謙信本隊に奇襲を仕掛けようと待機していた武田別働隊は、八幡原の開戦を知らずにいたため、信玄本隊は壊滅的な打撃を受けている。情報が伝達されていないと、分割された軍は、戦う場所も、時期も分からないため、味方を助けに行くこともできないということになる。

「勝はなすべきなり」については、「軍形篇」の「勝は知る可し。而して為す可からず」との整合性がないように見えるが、「虚実篇」の「勝はなすべきなり」は、戦略段階のことであり、「軍形篇」は戦争段階のことである。両文言の違いは、立ち位置による視点レベルの差である。なお「勝はなすべきなり」を削除している『孫子』もある。

「策して得失の計を知る」「作して静動の理を知る」「形して死生の地を知る」「角れて有余不足の処を知る」についても、戦場における彼我の比較であり、いわば戦略レベル、戦争における「五事七計」という比較との対照といえる。

とくに「作して静動の理を知る」は「威力偵察」も含まれているから様々な事例がある。大成功を収めた戦略的事例としては、北条氏康による「川越夜討ち」が挙げられる。また「川中島四回戦」で、上杉謙信が使った「車懸の陣」は、謙信本陣を中心にした円形をしているが、防衛大教授であった淺野裕吾氏は、霧の中を進んでいることから、それもどこで遭遇するかわからない敵との接触を想定して、威力偵察をするために作られた戦備行軍の可能性を示唆されている（なお、装備単位での縦深だという説もあるが、軍事理論上成り立たない）。

「静動の理を知る」については「十一家註」でも様々な註がつけられていて、杜佑は『通典』の中で「両軍相当たるに、その将をしらざれば如何」と註し、王皙は「その理に以て動くべきや否やを候《うかが》う」「形して死生の地を知る」と註し、張豫は「之を形わ《あら》すに弱を以てせば、則ち彼は必ず進み、之を形するに強を以てせば、則ち彼は必ず退く」「角れて有余不足の処を知る」と註している。曹操は「角して量《はか》るなり」と註している。

こうした一連の軍の行動から、理想的な軍の動きとは「故に、兵の形の極みは、無形に至る」と『孫子』は断ずる。「無形なれば、則ち深間も窺うこと能わず、知者も謀ること能わず」で、意図を秘匿する、リデルハートは目標を複数持ち、リスク計算しつつ目標を変化させれば、なにしろ自分自身も決定していないのだから、敵がわかるはずがないと指摘している。曹操の『孫子』解釈では、敵軍の出方次第で戦術と勝利は決定するとしている。

「形に因りて勝を衆に錯くも、衆は知ることを能わず。人みな我が勝の形の所以を知るも、吾が勝を制する形の所以を知ることなし」で、勝ったかどうかはわかっても、どのような戦略・戦術かはわからない、なにしろ型にはまっていないのだから。戦い方は、相手に合わせて変化している。「形篇」の「勝を見ること、衆人の知る所に過ぎざれば、善の善なる者にあらざるなり」に対応している。曹操の『孫子』解釈では「之を形するに一を以てせず、万形にて勝てばなり。或いは曰わく不備を知ればなりと。勝を制するには、人は皆、吾が敵形に因って勝を制するを知ること甚きなり」となっている。

『孫子新研究』では、ゴルツの下記の言葉が引用されている。「其作戦計画ナルモノハ唯ダ最初ノ第一歩ダケヲ確定スル、夫レカラ先ノ事ハ大体ノ方針ノミヲ定メ、事情ノ許ス限リ維持スルコト」。戦局は予想がつかない形になるから作戦計画通りにはいかないということである。「故に、その戦いに勝つも復びせずして、応じる形に窮することなし」。これは「勢篇」「戦勢は奇正に過ぎざるも、奇正の変は、勝げて窮む可からざるなり。奇正の相生ずるは、循環の端無きが如し」に対応し、相手の状況次第で変化することである。曹操の『孫子』解釈では「動きを重複せずして之に応ずるなり」となり、張豫は「前謀を用いることをせず。但だ敵の形に随って、之に応じれば、奇を出すことも窮り無きなり」と註し、王哲は「勝つ所の形は窮り無きなり」と註している。

「兵形は水に象る。水の形は高きを避けて下きに趨く。兵の形は実を避けて虚を撃つ」は、前述の変化の重要性を、水という象徴的な物質で再度強調したもの、「形篇」の「勝つ可きは敵に在り」、「勢篇」の「戦いは正を以て合い、奇を以て勝つ」と関連し合っている。ともかく敵の正を避け、相手に合わせて奇の変化をする。だから「兵には常勢なく、水に常形なし。能く敵の変化に因って勝を取る者、之れを神と謂う」とする。上杉謙信の軍などは、常に同じ陣形は使わず、時と場合により変化している。「勢篇」での「戦勢は奇正に過ぎざるも、奇正の変は、勝げて窮む可からざるなり。奇正の相生ずるは、循環の端無きが如し」に対応している。相手の状況次第で変化することを、何氏は「敵の強弱に因って功を成す」と註し、張豫は「虚実・強弱、敵に随って勝を取る」と註する。

「よく敵の変化に因りて勝を取る者、これを神と謂う」について、曹操の『孫子』解釈では、「勢盛んなれば必ず衰え、形露わるれば必ず敗る。故に、克く敵に因って変化し勝を取るは神の若し」とし、王哲は「兵に常理ありて常勢無し。水に常性ありて常形なし。兵に常理有りとは、虚を撃つこと是なり。水に常性有りとき、下きに就くこと是なり。常形無しとは、地に因って以て曰わく制すればなり。夫れ、兵勢に変あれば、則ち敗卒と雖も復た勝兵を撃たしむ可し。況や精鋭なるをや」と註する。劉基が『百戦奇略』で出した例は「変戦」で、五代十国時代の「故元城合戦」を取り上げている。

「故に五行に常勝なく、四時に常位なく、日に短長あり、月に死生あり」について、曹操の『孫子』解釈では「兵に常勢無く、盈縮は敵に随う」。名将である楠木正成は「進むを知って退くを知らざるは良将に非ず」と述べているが、「逆櫓論争」で直進のみを主張した源義経が、いかに愚将かを彷彿とさせる。

第十一章

軍争篇（軍の運用）

「軍争篇」全文書き下し

孫子曰く、凡そ用兵の法、将、命を君に受け、軍を合わせ衆を聚《あつ》め、和を交えて舎《しゃ》す。軍争より難きはなし。軍争の難きは、迂《う》を以って直《ちょく》と為し、患を以て利と為すにあり。故に、其の途を迂にして、之を誘うに利を以てす。人に後れて発し、人に先んじて至る。此れ、迂直の計を知る者なり。故に、軍争を利と為し、軍争を危と為す。軍を挙げて利を争えば、則ち及ばず。軍を委《す》てて利を争えば、則ち輜《し》重《ちょう》損《す》てらる。

是の故に、甲を巻いて趨《はし》り、日夜処らず、道を倍して兼行し、百里にして利を争えば、則ち三将軍を擒《きん》にされる。勁《つよ》き者は先だち、疲るる者は後る。其の法十一にして至る。五十里にして利を争えば、則ち上将軍をくじかれ、其の法、半ば至る。三十里にして利を争えば、則三分の二至る。是の故に、軍に輜重なければ則ち亡ぶ。糧食なければ則ち亡ぶ。委《い》積《し》無ければ則ち亡ぶ。故に諸侯の謀を知らざる者は、予め交わることを能わず。山林・険《けん》阻《そ》・沮《そ》沢《たく》の形を知らざる者は、軍を行る能わず。郷導を用いざる者は、地の利を得ることを能わず。故に、兵は詐を以て立ち、利を以て動き、分合を以て変を為す者なり。

故に、其の疾きこと風の如く、其の静かなること林の如く、侵掠すること火の如く、動かざること山の如く、知り難きこと陰の如く、動くこと雷震の如し。郷を掠むるは衆を分ち、地を廓むるは利を分かつ。権を懸けて動く。まず迂《う》直《ちょく》の計を知る者は勝つ。これ軍争の法なり。

軍政に曰く、言うも相聞こえず、故に金鼓を為る。視るも相見えず、故に旌《せい》旗《き》を為る。夫れ金鼓・旌旗は、人の耳目を一つにする所以なり。人、既に専一なれば、則ち勇者も独りで進むを得ず、怯者も独り退くことを得ず。此れ、衆を用いるの法なり。故に、夜戦に火鼓を多くし、昼戦に旌旗を多くす。人の耳目を変ずる所以なり。

故に、三軍は気を奪う可く、将軍は心を奪う可し。故に、朝気は鋭く、昼気は惰、暮気は帰なり。故に、善く兵を用いる者は、その鋭気を避け、その惰帰《だき》を撃つ。此れ、気を治める者なり。治を以て乱を待ち、静を以て譁《か》を待つ。此れ心を治むる者なり。近きを以て遠きを待ち、佚を以て労を待ち、飽《ほう》を以て飢《き》を待つ。此れ力を治める者なり。正々の旗をむかうることなく、堂々の陣を撃つことなし。変を治むる者なり。

故に、用兵の法、高陵に向かうなかれ、背丘には逆うなかれ。いつわり北《に》ぐるに従うなかれ。鋭卒は攻むるなかれ。餌兵《じへい》は食うなかれ。帰師はとどむるなかれ。囲師は必ずかく。窮寇には迫るなかれ。此れ用兵の法なり。

☆「宋本十一家註孫子」を底本とした岩波版『孫子』（金谷治）では、「軍を委てて利を争えば、則ち輜重損てらる」の後に補足として「軍に輜重なければ則ち亡ぶ。糧食なければ則ち亡ぶ。委積無ければ則ち亡ぶ」を挿入していて、「則三分の二至る」の後には載せていない。

☆「宋本十一家註孫子」を底本とした岩波版『孫子』（金谷治）では、「夜戦に火鼓を多くし、昼戦に旌旗を多くす」を「人の耳目を一つにする所以なり」と「人、既に専一なれば」の間に載せている。

☆坂田本「孫子」は「故に、用兵の法、高陵に向かうなかれ、背丘には逆うなかれ。いつわり北ぐるに従うなかれ。鋭卒は攻むるなかれ。餌兵は食うなかれ。帰師はとどむるなかれ。囲師は必ずかく。窮寇には迫るなかれ。此れ用兵の法なり」を「九変篇」の冒頭に置いている。

現代語意訳

孫子はいう。軍を動かすにあたって、将軍が君主からの命令を受け、軍を編成し人員を集め掌握し、敵と対峙するまでに、(相手より先に有利な位置を占めて機先を制する)「軍争」より難しいものはない。軍争が難しいのは、(迂回行動などで)遠くにあるのを近くにし、自軍が危険なように見せておいて、有利に変えるからである。遠回りをするように見せかけて、敵を利益を見せて誘い出す(そうして、ぐずぐずして到着しないようにする)。敵より遅れて出発しながらも最終的には敵に先んじて到着する。これができるのは、(距離的には遠回りをする迂回をしながらも、直進よりも早い)迂直の計を知る者である。だから軍争は利益となるが、(同時に)軍争は危険ともなる。全軍が揃って有利な地点を確保しようと行軍すれば、遅れて間に合わない。軍の一部を捨てて、戦地で有利な地点を確保しようと行軍すれば、(足の遅い)輸送部隊は後方に置き去りにされる。

鎧を脱いで走り、昼夜強行軍で2倍の速度で走り、100里先の有利な地点を確保しようと争うときは、(前方、本隊、後方の)3将軍すべてが捕虜になる。体力のある隊だけが到着し、疲れた隊は置き去りにされる。その方法では、10人に1人が行き着く程度になるからだ。50里先の有利な地点を確保しようと争うならば上将軍を失い、半数の兵が行き着く。30里先であれば3分の2が目的地に行き着く。だから、軍に輸送部隊が無ければ敗れる。食糧が無ければ敗れ、備蓄が無ければ敗れてしまう。他国の諸侯がどんな謀略を考えているかを知らない者は、事前に外交交渉はできない。山、林、険しい谷、高低、低湿地、沢など地形の状態を知らない者は行軍させることができない。土地に慣れた道案内を使わない者は地の利を得ることができない。用兵は敵を欺き偽ることを基本とし、利によって行動し、分散集合しながら変化するものである。

軍は、早いことは風のように（移動し）、静かなることは林のように（兵を整え）、侵略することと火のように（激しく）、動かざること山のように（どっしりと構え）、知られないこと暗闇のように、動くときには雷のよう（に攻撃する）だ。敵の領土から略奪するときは、敵軍を分散させ、戦地を拡大する時は敵の利益を分散させ、敵の損得勘定を計算して動く。そして「迂直の計」を知っている者が勝つ。これは「軍争」の原則である。

古い兵法書『軍政』には「（戦場では）いっても（声が）聞こえないから鐘や太鼓を使い、示しても見えないから旗や幟を使う」とある。そもそも鳴り物や旗は兵士たちの行動を統一させるものので、軍隊がすでに一つにまとまっているなら、勇敢な者が一人だけ突出し猪突猛進することはなく、臆病な者が一人だけ退くこともない。これが大軍を運用する方法である。だから夜の戦には松明と金鼓を多く使い、昼の戦には旗や幟を多く使う。鐘や太鼓や旗や幟は、人の目や耳を（通して、全軍を）統一するためのものなのだ。

ところで将軍の心も、全軍の士気も萎《な》えさせることはできる。朝は鋭気に満ちているが、昼になると怠惰となり、日暮れになると気力は尽きる。だから戦上手は、敵の鋭気に満ちている時を避け、怠惰となり気力が尽きる時を狙って攻撃を仕掛ける。これが敵の気力を利用する戦い方である。秩序ある状態で乱れた敵を待ち、静かで落ち着いた状態で混乱状態の敵を待つ。これが敵の心理状態をうまく利用する戦い方である。また、戦場の近くで遠くから来る敵を待ち、休息がとれた状態で疲労した敵を待ち、食料が十分な状態で、敵が飢えるのを待つ。これが敵の（物質的な）力を利用する戦い方である。旗が整っているような（秩序だった）敵を攻撃してはならず、堂々たる陣容の敵に攻撃を仕掛けてはいけない。これこそ敵の（戦機の）変化を掌中に治めている者といえるのである。

軍を動かす原則は、用兵の原則は、高い丘に（いる敵に）向かっていってはならない、（攻めてくる敵を）丘を背にして迎え撃ってはならない、偽りの敗走する敵を追撃してはならない、鋭気があり士気が高い兵を攻撃してはならない、囮の兵士に攻撃してはならない、（母国に）帰ろうとしている敵軍を邪魔してふさいではならない、敵軍を包囲するときには、必ず敵が逃げられるための道を開けておき、窮地に追い込まれた敵軍を攻撃してはならない。これが軍事行動の原則である。

○「予め交わることを能わず」を、曹操は「交戦できない」と解釈している。
○郭化若は「背丘には逆うなかれ」を、高地を背にした敵をまともに攻撃してはならない、と解釈している。

迂直

軍争とは軍の争い、つまり戦場での駆け引きのことで、戦略の区分としては、作戦・戦略に近い。軍事戦略について書かれた「作戦偏」とは、同じ戦略でも重点に差異が見られる。戦術段階までの動きという、より一般的なイメージの戦略になっている。

だが、繰り返しになるが古代に成立した『孫子』は分業が未発達で、各種要素が渾然一体として存在している。『竹簡孫子』では、同じ7篇ながら「行軍篇」と「実虚篇」の間に位置しているのは、戦術とともに、軍事戦略と作戦戦略の要素も持っているためである。軍事戦略→作戦戦略（行軍）→戦術という流れが各篇に混在しているのだ。

「将、命を君に受け、軍を合わせ衆を聚め、和を交えて舎す」は戦役に該当している。つまり戦略が担当する分野で、情報を集め、軍を整え、出撃し、その後に戦闘に入るまでである。ちなみに「行軍篇」でも冒頭に「将、命を君に受け、軍を合わせ衆を聚め、和を交えて舎す」がついているものがある。『仏訳孫子』では「和を交えて舎す」を対陣ととらず、「陣営せしめた軍隊を完全に調和のとれた同質体のものとして、これを一手に掌握する」としている。「孫子曰く、凡そ用兵の法、将、命を君に受け、軍を合わせ衆を聚め、和を交えて舎す」について、曹操の『孫子』解釈では、「国人を聚め、行伍を結び、部曲を選び、営陳を起こすなり」としているから、ここまではマニュアル通りでよいもの、事前準備ができるもので、敵の動きに合わせての変化も要らないからである。

情報を集めて準備しておくことが前提であるが、軍を整えるような自助努力はできても、敵との戦いを有利にするのは大変である。なにしろ迂を直とするのだから。その意味で「詭道」も、言うはたやすいが、実行するための工夫をするのは大変ということになる。なお「迂直」には、単純に迂を直とするだけでなく、「詭道」も考慮して迂にするか直にするかの選択の意味も含まれてくる。郭化若は「軍争より難きはなし」の「軍争」を「機先を制するための争い」とし、『仏訳孫子』では「戦場の駆け引き」としているが、ほぼ同じことである。しかし、グリフィスは敵よりも先に戦場に到着することとしている。曹操は「勝ちを争う」としている。「始計偏」以来の連動の流れは、「軍争篇」では下記のようになる。

己―不敗―正―実―直
彼―勝利―奇―虚―迂

遠くにいても、近くにいるのと同じ効果を発揮させることは可能である。上杉謙信は「川中島4回戦」で、戦場から70㎞近く離れた春日山城に2万人を籠らせ、川中島地方における上杉軍の拠点となった善光寺との連絡、移動をスムーズにしておくことで、いつでも戦場に投入できる態勢を提示して、武田信玄を心理的に圧迫している。

「迂を以って直と為し、患を以て利と為すにあり」について、曹操の『孫子』解釈では「示すに遠きを以てし、その道里を速くして、敵に先んじて至るなり」となり、さらにこの曹操の言葉を受けて杜牧は「敵意、已に怠れば、復た敵を誘うに利を以てし、敵心をして専らならざらしむ」と続けている。敵が、こちらが遠くにいると判断すれば、敵の動きは緩やかなものとなり、急ぎ戦場に到着して出し抜くことができる。「此れ、迂直の計を知る者なり」の「迂直の計」を『仏訳孫子』は「直接的戦略と間接的戦略」としている。

「軍争を利と為し、軍争を危と為す」で、利益と危険は表裏一体である。曹操の『孫子』解釈では「善する者は、則ち以て利とし、善くせざる者は、則ち以て危とす」。また「軍を挙げて利を争えば、則ち及ばず。軍を委てて利を争えば、則ち輜重損てられる」について『仏訳孫子』では「利を得んがために、全軍を投入しても、それは得られないことである。そこで本隊を残置し、身軽な戦闘部隊だけを以て利益を争えば、軍需品を失う」としている。スピードは身軽さによるが、兵糧運搬は鈍重、食べなければ戦えない。だから『孫子』は、「作戦偏」で「知将は務めて敵に食む」としている。

寿永4年（1184年）「屋島合戦」の前に、源義経は阿波国勝浦に上陸し、桜庭良遠の舘を襲って打ち破り、阿波国と讃岐国の境にある大坂越を通り、讃岐引田に着いて小休止した後、夜通しで屋島まで進撃した。その強行軍で、もともと少なかった兵士から、さらに脱落者が出たうえ、兵糧も何も持たず疲労困憊しての屋島到着であったから、屋島の内裏を焼き討ちにしたのみ、その後の平宗盛との戦闘では、圧倒的に劣勢で、一時は屋島を奪還されている。

戦闘前に有利な態勢を取ろうとして素早く移動するには、軍が整っている必要がある。『孫子』がいわんとすることは、意味としては簡単なことである。「虚実篇」で「先に戦地に処《お》りて敵を待つ者は佚し、後れて戦地に処りて戦いに趨《おもむ》く者は労す」としているから、ともかく先に予想されている戦場に到着したほうが有利だ。

しかし、だからといって軍が移動についていけず、崩れてしまっては元も子もない。急ぎすぎて兵糧や兵士を置いてきてしまっては、戦闘そのものができなくなる。「甲を巻いて趨り、日夜処らず、道を倍して兼行し、百里にして利を争えば、則ち三将軍を擒にされる。勁き者は先だち、疲るる者は後る。其の法十一にして至る。五十里にして利を争えば、則ち上将軍をくじかれ、其の法、半ば至る。三十里にして利を争えば、則三分の二至る」で軍そのものから多くが脱落するから、敵と交戦しても敗北する。

軍の移動の問題は、単なる距離的問題としてのみ捉えないということが大切である。距離的に近くても、険阻な地形や敵の抵抗があれば困難となる。遠くても平坦で障害物がなくて、敵の抵抗がなければ近い。だから地形をよく知らなければ「迂直」などできるはずがない。このことを知らぬ者こそが愚将である。義経は「一ノ谷合戦」前に、地図も持たずに六甲の山中に入り込み、道に迷うという愚将ぶりを演じている。

敵の抵抗や迎撃という観点からは、単純な機動の問題ではなく「之を誘うに利を以てす」で、美味しい餌で他に注意を引きつけておく、さらに意訳すれば別なところで戦闘を起こしたり、敵の別な箇所が危ないと思わせたりして、敵の出撃や進撃を妨害して到着を遅らせるのである。敵の出陣が早くても、到着が遅ければ、こちらが先に戦地に到着して待ち構えることになる。

戦略的事例として、寿永3年（1184年）、平知盛は瀬戸内海で「中央位置」にある屋島から、「内線の利」を利用して山陽道沿岸部に機動戦を仕掛けた。河内源氏側は、瀬戸内海に援軍を送りたかったが、知盛の働きかけで伊勢国・伊賀国で「三日平氏の乱」が起きたために、なかなか瀬戸内海に攻め込めなかった。

ちなみにヨーロッパの例になるが、「ポエニ戦争」でハンニバルがアルプス越えをしたことについて、著名な戦略理論家の意見が分かれていて、リデルハートは象の部隊が突破困難と思われていたアルプスを越えることにより、ローマ側に心理的にパニックを起こさせようという間接的アプローチ、マハンは地中海の制海権をローマに握られていたことと述べている。

しかしリデルハートは平坦なところを進んで迎撃されるよりは、険しく移動が困難なところを進んだほうが有利と述べ、マハンは海上では迎撃されてしまうことを示唆していて、どちらにしても短距離で行くよりも迎撃を避けたほうがましということでは意見は一致している。

「軍争より難きはなし。軍争の難きは、迂を以て直と為し、患を以て利と為すにあり。故に、其の途を迂にして、之を誘うに利を以てす。人に後れて発し、人に先んじて至る」と、これが「迂直の計」である。しかし前述したように、「軍に輜重なければ則ち亡ぶ。糧食なければ則ち亡ぶ。委積なければ則ち亡ぶ」。

武田信玄の偉大さは、字面にとらわれず『孫子』の真髄を極めたことである。「三益峠合戦」では、あえて輜重を置き捨てて有利な地形を占めている。短期決戦と撤退だからできたことで、マニュアル的に『孫子』の字面を追っていてはできなかったろう。この信玄のやり方こそが、真に『孫子』を身につけた者の姿である。

「軍争」は敵の意表を突く戦略だから、よく工夫しなければならない。とくに「迂直の計」は、地図や行軍スピードなどの情報がなければできない。「人に先んじて至る」ことは、「虚実篇」の「先に戦地に処《お》りて敵を待つ者は佚し」だけではなく、「九地篇」でいう「争地」を手に入れることにもつながる。信玄が「塩尻峠合戦」で見せた進撃は、バラバラに少数の兵が移動して、1カ所に集結したら猛スピードで移動するという手法である。

豊臣秀吉もまた、「其の途を迂にして、之を誘うに利を以てす。人に後れて発し、人に先んじて至る。此れ、迂直の計を知る者なり」の達人である。「山崎合戦」等、本来は先手を取れるはずの明智光秀が後手に回る形となっている。そして、有利になるのは地形的な要素だけではない、心理的にも優位に立っている。

風林火山

「故に諸侯の謀を知らざる者は、予め交わることを能わず。山林・険阻・沮沢の形を知らざる者は、軍を行る能わず。郷導を用いざる者は、地の利を得ることを能わず」という「九地編」にも登場した文言があり、それに続けて「兵は詐を以て立ち、利を以て動き、分合を以て変を為す者なり。故に、其の疾きこと風の如く、其の静かなること林の如く、侵掠すること火の如く、動かざること山の如く、知り難きこと陰の如く、動くこと雷震の如し。郷を掠むるは衆を分ち、地を廓むるは利を分かつ。権を懸けて動く。まず迂直の計を知る者は勝つ。これ軍争の法なり」とある。ここで『孫子』は、詐道、虚を具体的に説明し、分数の必要性を説いている。「兵は詐を以て立ち、利を以て動き、分合を以て変を為す」は「虚実篇」で取り上げたもの。

「兵は詐を以て立ち」で解釈が分かれている。「企図の秘匿」なのか、それとも「敵を欺く」なのか。「企図の秘匿」と解釈する者は杜牧で、「敵人を偽りて我が本情を知らざらしめ、然る後に能く勝を立つるなり」と註している。対して「敵を欺く」とするのは、グリフィス、そして『仏訳孫子』が「敵を欺くことを以て基本とする」としている他に、梅堯臣が「詐道に非ざれば事を立つる能わず」、張豫が「変詐を以て本と為す。敵をして吾が奇正の在る所を知らざらしむれば、則ち我が立つるを為すべし」、王哲が「迂を以て直と為し、患を以て利と為す」と、各々註している。

なお、迂直とは遠回りをしながら近回り（速い勝利）になるということで、リデルハートが間接的アプローチと名付けた方法に近い。

地理的の条件の把握と軍に求められる理想像が、「其の疾きこと風の如く、其の静かなること林の如く、侵掠すること火の如く、動かざること山の如く、知り難きこと陰の如く、動くこと雷震の如し」で、ちなみに武田信玄の「風林火山」は「疾きこと風の如く、其の静かなること林の如く、侵掠すること火の如く、動かざること山の如く」という「孫子四如」から取られている。「其の静かなること林の如く」について、劉基が『百戦奇略』で出した例は、「緩戦」で前燕軍が広固を攻略した合戦を取り上げている。

「地を廓むるは利を分かつ」は諸解釈あるが、皆に利益を分配することとして捉えることが多い。しかし、グリフィスのように、占領地を拡大するには、要地を分けて守ると解釈すると、武田信玄が川中島地方に大量の小城を築いた理由がわかる。「まず迂直の計を知る者は勝つ」は、先に知ることで、早く到着して優位な立場に立つということである。

『孫子』は、ここで「軍政」を取り上げる。前述したように「軍政」は兵書の1つで、現存していない。梅堯臣は「軍の旧典」、王晳は「古軍書」と註し、『左伝』には「軍政、戒しめずして備わる」と記されている。

「軍政」の引用は「言うも相聞こえず、故に金鼓を為る。視るも相見えず、故に旌旗を為る。夫れ金鼓・旌旗は、人の耳目を一つにする所以なり。人、既に専一なれば、則ち勇者も独りで進むを得ず、怯者も独り退くことを得ず。此れ、衆を用いるの法なり。故に、夜戦に火鼓を多くし、昼戦に旌旗を多くす。人の耳目を変ずる所以なり」で、『孫子』は、全軍に指揮官の意思が伝わり、全軍の意思が統一され、統一された行動を取ることの重要性と、そのために視覚と聴覚に訴える「金鼓・旌旗」の必要性を記す。

各篇に連動が見られる有機的構造の『孫子』には、各々離れた篇に関連する箇所が見られているが、「金鼓・旌旗は、人の耳目を一つにする所以なり」は「勢篇」の「彊弱は形なり」に連なり、「既に専一なれば、則ち勇者も独りで進むを得ず、怯者も独り退くことを得ず」は、やはり

「勢篇」の「治乱は数なり」に連なる。「夜戦に火鼓を多くし、昼戦に旌旗を多くす」を、『仏訳孫子』では、「昼と夜とで変わる人の耳目の機能に応じた通信・連絡の手段を採用せよ」と註する。

「三軍は気を奪う可く、将軍は心を奪う可し」で、『孫子』は合戦における精神面の重要性を述べている。指揮官、軍隊内の各兵士がパニックに陥ったり、敗北感や厭戦気分に陥ったとすれば、その軍はほぼ敗北するか溶解する。指揮官については、冷静な判断ができなくなれば誤ったことを命ずる可能性も出てくる。意訳すれば、戦略そのものの崩壊も出てくるだろう。『孫子』が精神的な要素を重視しているのがわかる。

やはり状態を把握して行動するということが重要である。詭道を仕掛けて敵の崩れたときに攻撃をかけよ、と『孫子』は述べてきたが、精神的に攻撃を仕掛けるチャンスとして「善く兵を用いる者は、その鋭気を避けて、惰帰を撃つ。これ気を治める者なり」とも述べる。『六韜』「戦騎」にも「騎に十勝、九敗」で、鋭気を避け、その惰帰を撃つことが述べられている。

戦術的事例として、「詭道」のところでも述べたように、「手取川合戦」で上杉謙信が織田軍の撤退を待ったことが挙げられる。「手取川合戦」は『孫子』の宝庫である。謙信は、信長に罠を仕掛けるために10カ月前に布石を打ち、幾重にも罠を仕掛け、織田軍が上杉・織田国境の手取川を渡ったという知らせを受けると、謙信はすばやく七尾城を陥落させ、まずこうして織田軍の戦略、つまり「謀攻篇」でいう「上兵は謀を伐つ」をしたうえで、密かに前進して織田軍の目の前に布陣する。

織田軍は増水した手取川を渡河したところで、七尾城陥落の報を聞き、作戦計画も目的も喪失したことを知ることになる。背後には増水した手取川が控えている。そこに上杉軍が南下、すぐにでも逃げたい心境なのに、撤退が間に合わず織田軍はパニックを起こす。上杉軍が前面に展開、撤退しようとすれば追撃を受けるから動くに動けない。本来、ここですぐに攻撃を仕掛けても大勝利となるが、謙信は、勝利の可能性と効果とを最大限にまで高めるために、あえて動かず、不気味な沈黙状態を作り上げる。まさに「善く兵を用いる者は、その鋭気を避けて、惰帰を撃つ」である。

遠征の疲れ、豪雨の厭戦感、増水した河を背後にした不安、補給線の延び、突如現れた上杉軍、織田軍の不安と混乱は最大限にまで高まり、9月23日夜半過ぎ、ついに織田軍は退却を開始する。まさにその瞬間を待っていた謙信は突如、攻撃指令を出す。

謙信は、夜襲のために少数精鋭方式を取ってわずか8000人の兵のみを使用したとされている(『謙信家記』では1万5000人を使用、『松隣夜話』では率いていた2万人のうち1万人が投入されたとある)。溺死した者だけで1000人を超え、討ち取られた者数知れずという大敗北、謙信は「勢」に乗り、九頭竜川まで攻めて越前国の過半を制し、補給線の伸びを恐れてそこで停止する。「上杉に逢うては織田も手取川　はねる謙信逃げるとぶ長(信長)」との落首《らくしゅ》が立ち、謙信は「信長は、案外弱いようだから、私が天下をとるのは簡単なようだ」と述べている。

劉基が『百戦奇略』で出した例は「避戦」で、後漢時代に涼州での反乱を皇補嵩が鎮圧した合戦を取り上げている。

「治を以て乱を待ち、静を以て譁を待つ。此れ心を治める者なり」「近きを以て遠きを待ち、佚を以て労を待ち、飽を以て飢を待つ。此れ力を治める者なり」と、やはりここでも状態を把握して行動することの重要性がうかがえる。「戦略的事例としては、「平治の乱」で平清盛が六波羅で迎撃したことが挙げられる。

「正々の旗をむかうることなく、堂々の陣を撃つことなし。変を治める者なり」については、「正」には正面衝突はせず、乱れにつけ込むという『孫子』の流れの中でも位置づけられる。やる気満々の軍とは衝突を避けようということで、戦略的事例として、楠木正成が「四天王寺合戦」で、当初は宇都宮軍に拠点を明け渡したことが挙げられる。

劉基が『百戦奇略』で出した例は「整戦」で、三国志の魏が公孫淵を伐った合戦を取り上げている。

『孫子』は、戦理に従った原則を挙げるが、これは『戦争論』と対比すると、部分的には興味深い差異となっている。「生き残り」重視と、「殲滅」重視の差である。なお、ここの部分は「九変篇」でも取り上げられていて、変化とは何かということにつながっている。「九地篇」にも同じ文言が見られている。

第十二章

九変篇（指揮官の資質）

「九変篇」全文書き下し

孫子曰く、凡そ用兵の法は、将、命を君に受けて、軍を合わせ衆を聚《あつ》む。圮地《ひち》には舎《とど》まることなかれ。衢地《くち》には交りを合わす。絶地には留まるなかれ。囲地にては則ち謀る。死地には則ち戦う。孫子曰く、凡そ用兵の法は、高陵に向かうなかれ、背丘には逆うなかれ。いつわり北ぐるに従うなかれ。鋭卒は攻むるなかれ。餌兵は食うなかれ。帰師はとどむるなかれ。囲師は必ずかく。窮寇には迫るなかれ。此れ用兵の法なり。

塗には由らざる所あり、軍に撃たざる所あり、城に攻めざる所あり、地には争わざる所あり。君命も受けざる所あり。故に、将、九変の地利に通ずる者は、兵を用うるを知る。将、九変の利に通ぜざる者は、地形を知ると雖も、地の利を得る能わず。兵を治めて九変の術を知らざる者は、五利を知ると雖も、人の用を得ることを能わず。

是の故に、智者の慮は必ず利害に雑う。利を雑えて、務、信ぶ可きなり。害を雑えて、患、解く可きなり。是の故に、諸侯を屈する者は害を以てす。諸侯を役する者は業を以てし、諸侯を趨らす者は利を以てす。故に用兵の法は、その来たらざるを恃むこと無く、吾が以て待つ有るを恃むなり。その攻めざるを恃むこと無く、吾が攻む可からざる所有るを恃むなり。

故に、将に五危あり。必死は殺す可し。必生は虜とす可し。忿速《ふんそく》は侮る可し。廉潔は辱しむ可し。愛民は煩わす可し。凡そ、此の五者は、将の過なり。用兵の災いなり。軍を覆し将を殺すは、必ず五危を以てす。察す可からざるなり。

☆「宋本十一家註孫子」を底本の意味から改変をしている岩波版『孫子』（金谷治）では、「高陵に向かうなかれ、背丘には逆うなかれ」を冒頭の「孫子曰く、凡そ用兵の法は」の後に置き「圮地には舎まること無かれ。衢地には交りを合わす」を削除し「絶地には留まる無かれ」に続けている。

☆郭化若は「圮地」を「氾地」としている。意味は同じである。

☆郭化若は「孫子曰く、凡そ用兵の法は、高陵に向かうなかれ、背丘には逆うなかれ。いつわり北ぐるに従うなかれ。鋭卒は攻むるなかれ。餌兵は食うなかれ。帰師はとどむるなかれ。囲師は必ずかく。窮寇には迫るなかれ。此れ用兵の法なり」を削除している。

☆「宋本十一家註孫子」を底本の意味から改変をしている岩波版『孫子』（金谷治）では、「孫子曰く、凡そ用兵の法は、高陵に向かうなかれ、背丘には逆うなかれ。いつわり北ぐるに従うなかれ。鋭卒は攻むるなかれ。餌兵は食うなかれ。帰師はとどむるなかれ。囲師は必ずかく。窮寇には迫るなかれ。此れ用兵の法なり」を載せているが、代わりに「孫子曰く、凡そ用兵の法は、将、命を君に受けて、軍を合わせ衆を聚む」が「軍争篇」と、「圮地には舎まること無かれ。衢地には交りを合わす。絶地には留まる無かれ。囲地にては則ち謀る。死地には則ち戦う」が「九地偏」との重複を指摘し、「軍争篇」「九地偏」の方に載せることを優先している。

☆「宋本十一家註孫子」を底本の意味から改変をしている岩波版『孫子』（金谷治）では、「高陵に向かうなかれ、背丘には逆うなかれ。絶地には留まる無かれ。いつわり北ぐるに従うなかれ。鋭卒は攻むるなかれ。餌兵は食うなかれ。帰師はとどむるなかれ。囲師は必ずかく。窮寇には迫るなかれ」で「九変」としている。

現代語意訳

孫子はいう。軍を動かすにあたって、将軍が君主からの命令を受け、人員を集める（そして軍を編成し進撃し、陣営を設けるにあたり、次の5つの地形が問題である）、低い土地の（水がたまりやすい）「圮地」には宿営してはならない。（相互に連絡するのに便利な場所の）「衢地」では諸侯と親交を結んだり合流したりせよ。（無防備で進退困難な土地である）「絶地」にはとどまらない。（出入り不自由な塞がれた土地である）「囲地」では策を練り謀を立てて脱出せよ。（死に物狂いで戦えば生き残れる場所である）「死地」では、死に物狂いで戦え。高い丘に（いる敵に）向かっていってはならない、（攻めてくる敵を）丘を背にして迎え撃ってはならない、偽りの敗走する敵を追撃してはならない、鋭気があり士気が高い兵を攻撃してはならない、囮の兵士に攻撃してはならない、（母国に）帰ろうとしている敵軍を邪魔して退路をふさいではならない、敵軍を包囲するときには、必ず敵が逃げられるための道を開けておき、窮地に追い込まれた敵軍を攻撃してはならない。これが軍事行動の原則である。

道の中には通ってはならない道がある。敵には攻撃してはならない敵がある。城には攻略してはならない城がある。土地には取ってはならない土地がある。主君の命令でも、受けてはならないものもある。だから、これらの九変（9種類の変化への対応法）による利益を知っている将軍こそが軍事原則と戦略・戦術を知る者である。将軍でありながら九変による（対応がもたらす）利益を知らない者は、たとえ戦場の地形を知っていても、（臨機応変の対応ができないから）その地形がもたらす利益を得られない。兵を統率していながら九変の術を身につけていなければ、

（圮地、衢地、絶地、囲地、死地の）5つの地形での兵法を知っていても、兵士たちの力を存分に生かすことはできない。

このように、智者の思慮は、利と害とを交えて洞察する。利益になる事柄（に害の側面）を交えて考えることで、企図を狙い通りに実現し、害となる事柄（に利益の側面）を交えて考えるから憂いを払拭し、困難を打破できる。諸侯を屈服させる時は害を強調する。諸侯を使役するときは、（魅力的な）事業を用意する。諸侯を奔走させ（手足のように使うようにす）るときは、利益を見せるようにする。防衛の基本原則は、敵が攻めて来ないことを仮定して（その状態であることを）当てにするのではなく、いつ来てもいいように迎え撃つ備えをして敵を待つのである。敵が攻撃してこないことを期待するのではなく、攻撃できないような態勢を作り上げていることである。

（勇猛なだけで思慮の浅い）決死の覚悟ばかりの（無謀な）者は殺すことができる。生き残ることばかり考えている臆病者は、捕虜にできる。短気で怒りっぽい者は、すぐに頭に血が上るから侮り挑発する（ことで捕虜にできる）。清廉潔白で名誉を重んずる高潔な者は、辱める（ことで捕虜にできる）。民を愛しかわいがる者は、煩わせることができる。およそこれら「五危」は、将軍の問題であり、軍事的な危機をもたらす要因である。軍の崩壊と将軍の敗死の原因は、必ずこれら「五危」のいずれかである。よくよく深く考えるべきことである。

君命も受けざる所あり

「九変篇」は指揮官の資質について、戦場設定、戦闘開始などでの注意と将軍が陥る危険への注意について書かれている。『孫子』では、地形などの地理的要素について、この「九変篇」だけでなく「行軍篇」「地形篇」「九地編」などで様々な角度から述べられているが、「九変篇」では地形ごとの用兵上の注意が記されている。「九変」とは「九地の変」の意味であるが、単純に九を多いと解釈して、多様な変化と見なす解釈もある。

「九変篇」の冒頭は、「軍争篇」と同じく「孫子曰く、凡そ用兵の法は、将、命を君に受けて、軍を合わせ衆を聚む」から開始されていて、軍事行動開始後の、戦場への移動中の注意が書かれているが、「行軍篇」とは若干違っている。「変」とは、通常でないことである。「常」に対するもので、奇や虚につながる。地形と状況により注意点が異なるため、地形などに状況を加味し、それに応じた対応となる。地形に応じた正に対応するのが、奇や虚に該当する変ということになる。

その変であるが、王哲は「九変と言うも復た貫く」と註し、曹操は「その正を変じてその用うる所を得るものは九あるなり」としている。曹操とグリフィス、そして『仏訳孫子』は9つの変化として捉えているが、王哲は「形、無窮に応ず（「虚実篇」）」として無限にありとみなしている。

「圮地には舎まることなかれ。衢地には交りを合わす。絶地には留まるなかれ。囲地にては則ち謀る。死地には則ち戦う」に続けて、「軍争篇」の最後に出てきた「高陵に向かうなかれ、背丘には逆うなかれ。いつわり北ぐるに従うなかれ。鋭卒は攻むるなかれ。餌兵は食うなかれ。帰師はとどむるなかれ。囲師は必ずかく。窮寇には迫るなかれ」が繰り返されている。「圮地には舎まること無かれ。衢地には交りを合わす。絶地には留まる無かれ。囲地にては則ち謀る。死地には則ち戦う」は「九地編」でも繰り返されている。

なぜ各篇との重複が見られるのだろうか。「孫子曰く、凡そ用兵の法は、将、命を君に受けて、軍を合わせ衆を聚む」が「軍争篇」と重なるのは、戦略・戦術について述べるという前提だからである。「高陵に向かうなかれ、背丘には逆うなかれ。いつわり北ぐるに従うなかれ。鋭卒は攻むるなかれ。餌兵は食うなかれ。帰師はとどむるなかれ。囲師は必ずかく。窮寇には迫るなかれ。此れ用兵の法なり」は桜田本の「九地篇」と重なるし、「軍争篇」とも重なるため削除している本も見られる。

「圮地には舎まることなかれ。衢地には交りを合わす。絶地には留まるなかれ。囲地にては則ち謀る。死地には則ち戦う」は文言としては「九地篇」と重なるが、中身は異なっている。

「将、九変の利に通ぜざる者は、地形を知ると雖も、地の利を得る能わず。兵を治めて九変の術を知らざる者は、五利を知ると雖も、人の用を得ることを能わず」の後に、「杉之尾版『孫子』では削除されている。五利は荻生徂徠によれば「塗には由らざる所あり、軍に撃たざる所あり、城に攻めざる所あり、地には争わざる所あり。君命も受けざる所あり」で「九変」をさらに詳しく述べたものとするのだが、曹操は「圮地、衢地、絶地、囲地、死地」のことと解釈している。

「高陵に向かうなかれ、背丘には逆うなかれ。いつわり北ぐるに従うなかれ。鋭卒は攻むるなかれ。餌兵は食うなかれ。帰師はとどむるなかれ。囲師は必ずかく。窮寇には迫るなかれ」は、「塗には由らざる所あり、軍に撃たざる所あり、城に攻めざる所あり、地には争わざる所あり。君命も受けざる所あり」という荻生徂徠説の「五利」と、「行軍篇」とにかかっている。

なお『司馬法』「用衆篇」には「凡そ戦いは、風を背にし、高きを背にし、高きを右にし、険を左にし、沛《はい》を歴、圮《ひ》を歴、兼ねて環亀を捨てよ」とある。

「圮地には舎まることなかれ。衢地には交りを合わす。絶地には留まるなかれ。囲地にては則ち謀る。死地には則ち戦う」で「圮地」は低い土地、「衢地」は相互に連絡するのに便利な場所、「絶地」は「九地編」では国境を越えていくつもの城を通り過ぎたところの意味だが、「九変篇」では無防備で進退困難な土地のこと、「囲地」は出入り不自由な塞がれた土地、「死地」は、死に物狂いで戦えば生き残れる場所のことで、グリフィスは逃げ場のない土地としている。各種『孫子』の中には、ここの部分を「九変篇」に載せていない『孫子』もある。「九地篇」に詳細が出てくるからだろう。

「高陵に向かうなかれ、背丘には逆うなかれ。いつわり北ぐるに従うなかれ。鋭卒は攻むるなかれ。餌兵は食うなかれ。帰師はとどむるなかれ。囲師は必ずかく。窮寇には迫るなかれ」について、「高陵に向かうなかれ」は、石や大木などを落とされるわけで「千早城の攻防」が良い例となり、「背丘には逆うなかれ」は背後が安心な上、勢いをつけて攻め下って行けるからで「三方ヶ原合戦」や「三益峠合戦」が適例となる。

「いつわり北ぐるに従うなかれ」は「弘治3年の川中島第3会戦」での上杉謙信の偽装撤退の例があり、「鋭卒は攻むるなかれ」は「四天王寺合戦」初期における楠木正成の四天王寺からの撤退が典型例であり、「餌兵は食うなかれ」は島津軍に見られる「釣り野伏」に典型が見られ、「帰師はとどむるなかれ」は　敗走ではなく撤退のことで、「関ヶ原合戦」での島津軍撤退が挙げられ、「囲師は必ずかく」は「月山富田城への兵糧攻め」などのように最終的に囲みの一部を解いて城兵の大量離脱を促すことも当てはまるように見え、「窮寇には迫るなかれ」は「瓶割り柴田」や「今山合戦」の竜造寺隆信のような決死の突撃を生むことを恐れての話である。追いつめて窮鼠猫を嚙むにしないために、「信玄の矢文」のような試みがなされることもある。

「餌兵は食うなかれ」は、「軍争篇」で重複しているだけでなく、「始計偏」の「利にして之を誘い」、「行軍篇」の「半進半退するは誘うなり」とも関連する。これは戦術的事例として、楠木正成が四天王寺に見せた用兵にも現れている。

元弘2年（1332年）4月3日、楠木正成が河内国、湯浅城を奇襲する。正成は敵方の兵糧が運搬されているところを襲撃し、運搬者になりすまして城中に入り込んでいる。楠木軍は700騎にもなり、またたく間に和泉・河内の2カ国を平定、正成は四天王寺へ出陣して占領する。鎌倉幕府は軍5000騎を派遣。楠木軍は2000騎、正成は軍を三手に分ける。中心部隊を住吉・天王寺付近に隠し、囮として300騎を渡部橋の南詰に出して対峙する。「釣り野伏」の体制である。前面の楠木軍が小勢であることを確認した鎌倉軍は川を渡って進撃する。「河の半渡」を攻めるチャンスなのに、なぜか撤退する楠木軍。鎌倉幕府軍はあらかじめ待機していた楠木軍によって包囲されてしまう。天王寺の東からの1隊は敵を左手に受け、天王寺西門から別の1隊が魚鱗の陣で突撃し、もう一つの隊は住吉の待つ陰から鶴翼で包囲する。鎌倉幕府軍、慌てて撤退するも渡部川に一気に追い落とされてしまう。

「餌兵は食うなかれ」で劉基が『百戦奇略』で出した例は、「餌戦」で後漢時代に曹操が白馬で略奪に夢中の哀紹軍を破った合戦を取り上げ、「窮寇には迫るなかれ」で劉基が『百戦奇略』で出した例は、「窮戦」で、漢時代に趙充国が先零の反乱を鎮圧した合戦を取り上げている。

『孫子』は、9つの地形と状況による変化を複合させているわけで、下記のように考えられる。

奇―虚―九変

正―実―(常あるいは地形)

一般に考えられる九変は、「圮地には舎まることなかれ」「衢地には交りを合わす」「絶地には留まるなかれ」「囲地にては則ち謀る」「死地には則ち戦う」「塗には由らざる所あり」「軍に撃たざる所あり」「城に攻めざる所あり」「地には争わざる所あり」になっている。

しかし曹操は、九変として並列させず「圮地、衢地、絶地、囲地、死地」の5原則に、君命よりも現場判断で優先される臨機応変な「塗、軍、城、地」の四変を加える形を取っている。戦車についてではあるが、『六韜』「戦車」に「十死の地」が紹介され「往て以て還る無きは、車の死地なり。険阻を越絶し、敵の遠行に乗ずるは、車の竭地ちなり。前は易にして後は険なるは、車の困地なり。之を険阻に陥れて出難きは、車の絶地なり」と記されている。

「塗には由らざる所あり」は伏兵の危険、「軍に撃たざる所あり」は強敵は避けるためである。「城に攻めざる所あり」は落としにくい、そのために損害を出したり時間を食うというだけでなく、あえてその城を残すことで敵の作戦で利用させるという「川中島第4回戦」で海津城を攻めなかった上杉謙信、威嚇だけすれば十分と武田信玄に判断された「小田原攻め」前の八王子城、あえて攻めずに信玄によって城外に兵が誘致された「三方ヶ原合戦」での浜松城などもある。曹操の『孫子』解釈では「要害の地で糧食を多積する華費をそのままに捨て置いて攻めず、完全な似している。

る兵力を以て徐州に侵入し、その十四県を手中に収めた」となっており、信玄の浜松城の例に類似している。

「軍に撃たざる所あり」は、各篇に登場する各種の型、「鋭卒」「餌兵」「帰師」「正々の旗、堂々の陣」「窮寇」などである。曹操の『孫子』解釈で「軍は以て撃つ可しと雖も、地の険難にして、久しく之に留まらば前利を失い、之を得るも則ち利薄きが若きなり。困窮の兵は必ず死戦す」とある。

「地には争わざる所あり」について、曹操の『孫子』解釈では「小利の地方は争って得るも之を失う、則ち争わざるなり」であるが、張豫は「之を得るも戦に便ならず、之を失うも己に害無ければ、則ち争いをもちいざる」と註し、王哲は「地は要害と雖も、敵己に之に拠り、或いは之を得るも用うる所無く、守ること難きが如きなり」と註している。

「君命も受けざる所あり」は孫武自身の180人の美女を指揮した例があるが、政治家、文官が軍事分野に口だしして失敗した典型は、戦略的事例として延元元年／建武3年（1336年）5月、九州より上洛してくる足利尊氏を迎え討つ際に、楠木正成の献策に対して坊門宰相清忠が却下したことが、悪い例として挙げられることが多い。後醍醐天皇の比叡山臨幸を献策した楠木正成に対し、清忠は、朝敵征伐の官軍が一戦も交えないうちに、帝が都を離れて1年に2度も叡山に行幸することは帝位を軽んじることとなり、官軍の進むべき道も失われる、と答えた。

足利尊氏が筑紫の軍勢を率いて攻めてくるといっても、それはかつて関東から攻めてきたほどの勢威はないはずである。あのときすらも、味方は少数でありながらも合戦の開始から敵を敗走させるまで寄せ付けなかった。これは軍略が優れていたからではなく、帝の御運が天命にかなっていたからである。合戦の雌雄を都の外でして敵を滅ぼすのにどんな不都合があるというのかとして献策を却下する。もし正成の献策が実施されたら、おそらくは後醍醐天皇軍が勝ったとみられる。正成が「逆命利君」の気持ちで、「君命も受けざる」ことをしていたら、後醍醐天皇に勝利を献じられたのである。

政治家は大戦略、軍人は戦略を担当し、戦争は政治に従属するか、戦略レベルに政治家は口出しすべきではない。では、戦争のどの段階から戦略レベルに至るのか。それは「将、命を君に受けて、軍を合わせ衆を聚む」からである。それ以降に、軍事に口を出すと勝利をふいにすることがある。

「九変の利」

「九変の利に通ぜざる者は、地形を知ると雖も、地の利を得る能わず」と、「九変の利」を知っていなければ、地形に詳しくとも利用できないという。単なる地形ではなく、状況変化や敵の真理も加味するということで、『孫子』が「九変篇」「行軍篇」「地形篇」「九地編」で相互に重複させながらも取り上げた理由がここにある。韓信が、あえて川を瀬に「背水の陣」をとったことは地形だけでなく心理的要因も加味できたからである。

王哲は「地形を知ると雖も、心、変に通ずることの無ければ、あに、惟にその利を得ざらんのみならず、亦、恐らくは反って害を受けん。将は変に適うを貴ぶなり」「智者の慮は必ず利害に雑う」と註し、曹操の『孫子』解釈では「利に在りては害を思い、害に在りては利を思わば、当に難行も権とすべし」とする。

「圮地、衢地、絶地、囲地、死地」の理屈がわからなくては地形を知っていても用兵への利用が限定的なものになり、地形に応じての対応、軍隊運用の原則、状況判断などにおいて不完全となる。

「是の故に、智者の慮は必ず利害に雑う。利を雑えて、務、信ぶ可きなり。客を雑えて、患、解く可きなり」は、物事には利害の両面があるから、どちらか一つではなく利益と害の両面を考えよという「塞翁が馬」的な考え方である。

「諸侯を屈する者は害を以てす」で、大戦略的事例としては北条氏康が武田信玄に対して行なった「塩留」が挙げられる。信玄の領土は、根拠地の甲斐国だけでなく、すべて海に面していなかったから相当の打撃となった。

「諸侯を役する者は業を以てし」の政略的事例としては、「大阪の陣」の前に、徳川家康が豊臣家に仕向けた寺社仏閣の造立が挙げられる。方広寺建造などに費やした費用は莫大な金額に上り、戦費に対する圧迫となった。ただし、業には各種の解釈があり、曹操、王哲は戦争、李筌は農業妨害、杜牧、張預は労役と考えている。

「諸侯を趨らす者は利を以てす」は、何か美味しい餌を見せてそちらに注意を引きつけること、一歩進めて意訳すれば、侵攻するときに領土分割や割譲を条件に共犯者を作ることなどである。ビスマルクは、ナポレオン3世の中立を得るために低地国やルクセンブルク併合を匂わせ、後にイタリアとフランスを対立させるためにチュニジアにフランスの目を向けさせている。

領土分割や割譲を条件に共犯者を作ることは、数限りない事例がある。武田信玄が侵攻するときには、かなりの確率でこれを行なっている。諏訪攻めに際しては、諏訪頼重と一族の高遠頼継が対立していたことを情報として仕入れ、領土に一部を与えると約して頼継、さらに重臣・矢島満清とも結んだ。中信濃の小笠原氏攻略において信玄は、安曇郡の仁科道外が天文17年（1548年）の諏訪郡侵攻作戦のとき、戦後の諏訪支配をめぐって小笠原長時と対立していたという情報を仕入れていたから内応を誘っている。いずれも「謀攻篇」でいう「交を伐つ」でもある。永禄11年（1568年）の駿河侵攻では、北条氏康に分割を呼びかけるが、これはうまくいかなかった。しかし、徳川家康は呼びかけに応じて遠江国に侵攻している。

大戦略的事例として、大内氏を滅ぼす際に毛利元就が提案した大友宗麟に対する豊前・筑前分割案が挙げられる。元就は「厳島合戦」で陶晴賢を破ると、晴賢が傀儡として担いでいた大内義長も討ち滅ぼすこととするが、問題は義長は豊後国の大名・大友宗麟の弟であったことである。弟を大内氏の後継者にしていた宗麟は、当然のことながら、それをつてに拡大をもくろんでいた。義長を生かしておけば、宗麟を後ろ盾にして、義長を担いでの反元就の動きが現れる可能性が強い。さりとて義長を殺すことは、宗麟との全面対立が開始される危険があった。

このため、元就は慎重に手を打った。筑前国の秋月文種らによしみを通じて北九州内で宗麟を牽制しつつ、大内氏の滅亡に際して宗麟と元就とで密約を交わし、宗麟が弟・義長を援助しない代わりに、元就は大内氏の領土のうち豊前国・筑前国を宗麟が領有し、元就は長門国・周防国を手に入れるという分割案を提示して宗麟に承諾させた。この密約に従って、弘治3年（1557年）の大内氏滅亡に乗じ、宗麟は大内氏の北九州での拠点・門司城を奪取したが、北九州にも勢力扶植をもくろむ元就は、密約を簡単に反故にしている。

指揮官の資質を問う条件に対して、指揮官の危機として「将に五危あり」と『孫子』は述べる。様々な条件下での将軍の判断は、「君命も受けざる所あり」も含めて指揮官の条件となる。それは「将、九変の利に通じる者は、兵を用いることを知る」「兵を治めて九変の術を知らざる者は、他利を知ると雖も、人の用を得る能わず」「知者の慮は、必ず利害に雑う」「用兵の法は、その来らずを恃むことなく、吾が以て待つ有るを恃むなり。その攻めざるを恃むこと無く、吾が攻む可からざる所有るを恃むなり」となる。

対する「五危」は、「必死は殺す可し。必生は虜とす可し。忿速は悔る可し。廉潔は辱しむ可し。愛民は煩わす可し」だが、各篇の文言とも、また「五危」そのものも相互矛盾している箇所が見られる。

とくに「愛民は煩わす可し」は、「地形篇」の「惟民を是れ保ちて」や「卒を視ること嬰児の如し、故に之と深谿に赴くべし。卒を視ること愛子の如し。故に之と倶に死すべし。厚くして使う能わず、愛して令する能わず」とは、一見逆のことを書いているように見える。これは民衆を愛さないのがよいという意味でない。グリフィスは、人情味の厚い将軍は兵士の世話で苦労するとする。兵士を愛しすぎれば、兵士に犠牲が出ることを恐れて決断できないとしている。

『仏訳孫子』では「同情心に富み、小を殺して大を生かす道を知らない将軍は、決断を下せない」とし、曹操は「民を愛する者は、則ち必ず道を倍して兼行し、以て之を救わんとす。之を救わんとするは則ち煩労せしめられるなり」としている。自国の民を愛しすぎるばかりに、敵の攻撃に対して民の苦しみが座視できず、冷静な戦略が立てられなくなっている。それどころか、敵があえて民を苦しめることで「愛するところを攻められ」、「救うために相手の望む場所に招き寄せられる」ということにもなりかねないのである。

「五危」について、賈林、宋の梅堯臣は将帥論と見なし、張預は用兵論としている。用兵論としてみると、『六韜』「論将」に「十過」として詳細が載っている。曹操の『孫子』解釈では、「始計篇」の「将は宜しく五徳を具備すべきなり」が対置されるものとしている。

第十三章

行軍篇

（敵情を見抜く　こちらは進むべきかどうすべきか）

「行軍篇」全文書き下し

孫子曰く、およそ軍を処くには敵を相る。山を絶るには谷に依り、生を視て高きに処く。隆きに戦いは登ることなかれ、此れ、山に処るの軍なり。水を絶らば必ず水に遠ざかる。客、水を絶りて来らば、此れを水内に迎うることなかれ。半ば済わらしめて之を撃てば利あり。戦わんと欲する者は、水に附きて客を迎うることなかれ。生を視て高きに処れ。水流を迎うることなかれ。此れ、水上に処るの軍なり。斥沢を絶る時は、惟すみやかに去りて留まることなかれ。若し、軍を斥沢の中に交《まじ》ゆる時は、必ず水草に依りて衆樹を背にせよ。此れ斥沢《せきたく》に処るの軍なり。平陸は易に処る。而して高きを右背にし、死を前にして生を後ろにす。此れ、平陸に処るの軍なり。

凡そ、此の四軍の利は、黄帝の四帝に勝ちし所以なり。凡そ、軍は高きを好みて下きを悪み、陽を貴び陰を賤しむ。生を養いて実に処り、軍に百疾無きは、是を必勝と謂《い》う。丘陵堤防は、必ずその陽に処りて、之を右背にせよ。此れ、兵の利にして地の助けなり。上に雨ふりて水沫至らば、渉らんと欲する者は、其の定まるを待て。凡そ、地には絶澗、天井、天牢、天羅、天陥、天隙あり。必ずすみやかに之を去りて、近づくことなかれ。吾は之に遠ざかり、敵は之に近づかしめよ。吾は之を迎え、敵は之を背にせしめよ。軍行には険阻《けんそ》、潢井《こうせい》、蒹葭《けんか》、林木、翳薈《えいかい》者は、必ず謹みて之を覆索《ふくさく》せよ。此れ、伏姦《ふくかん》の処る所なり。敵、近くして静かなる者は、其の険を恃むなり。

遠くして戦いを挑む者は、人の進を欲するなり。其の居る所易なる者は、利するなり。衆樹の動く者は、来るなり。衆草、障多き者は、疑なり。鳥、起つ者は伏なり。獣、駭く者は覆なり。塵の高くして鋭き者は、車の来るなり。卑うして広き者は、徒の来るなり。散じて条達する者は、樵採なり。少なくして往来する者は、軍を営むなり。

辞、卑うして備を益す者は、進むなり。辞、強くして進駆する者は、退くなり。来たりて委謝する者は、休息を欲するなり。約なくして和を請う者は、謀るなり。軽車まず出で、其の側に居る者は、陣するなり。奔走して兵者を陳《つら》ねる者は、期するなり。半進半退する者は、誘うなり。杖つきて立つ者は、飢うるなり。汲みてまず飲む者は、渇するなり。利を見て進まざる者は、労るるなり。鳥の集まるは、虚なるなり。夜呼ぶ者は、恐るるなり。軍の擾れるは、将の重からざるなり。旌旗の動く者は、乱るるなり。吏、怒る者は、倦むなり。馬に粟して肉食し、軍には懸瓶無く、其の舎に返らざる者は、窮寇なり。諄《じゅん》諄《じゅん》翕《きゅう》翕《きゅう》として徐に人と言う者は、衆を失えるなり。数々賞する者は、窘《たしな》むなり。数々罰する者は困《たしな》むなり。先に暴にして、後に其の衆を畏るる者は、不精の至なり。来たりて委謝する者は、休息を欲するなり。兵、怒りて相迎うるに、久しく合わせず、また相去らざるは、必ず謹みて之を察せよ。

兵は、多きを益ありとするには非なり。惟武進するなかれ。以て力を併すること足りて、敵を料り人を取らんのみ。夫れ、惟慮無くして敵を易る者は、必ず人に擒にせらる。卒、未だ親附せず、而して之を罰すれば、則ち服せず。服せざれば則ち用い難し。卒、已に親附し、而して罰行わざれば、則ち用うべからざるなり。故に、之の令するに文を以てし、之を斉うるに武を以てす、是を必取と謂う。令、素より行われ、以て其の民を教うれば、則ち民服す。令、素より行われず、以て其の民を教うれば、則ち民服さず。令、素より行わるる者は、衆と相得るなり。

☆「宋本十一家註孫子」を底本の意味から改変をしている岩波版『孫子』（金谷治）では、「令、素より行わるる者は、衆と相得るなり」を「令、素より信なる者は、衆と相得るなり」としている。

現代語意訳

孫子はいう。およそ軍隊を配置・駐屯する場合、敵を偵察・判断するに際し、山を越えるには谷沿いに進み、（視界が広がるよう）敵よりも高い位置を占め、高い場所（から、低い場所に向かって）で戦い、低いところから高いところへ攻め上ってはいけない。これは山岳地帯で戦うときの基本である。川を渡り終えたならば、必ずその川から遠ざかる。敵が川を渡って攻撃してきたときには、敵軍がまだ川の中にいる間は、迎え撃ったりせず、敵兵の半数を渡り終えたところ（残り半数が川を渡っているところ）で攻撃するのが有利である。川の近くで戦う場合、上流の位置を占め、下流から川の流れに逆らって（攻めて）はならない。これは河川のほとりで戦う時の注意である。沼沢地を越える場合には、素早く通過するようにして、留まってはならない。もし、沼沢地の中で戦う場合は、水や（馬の飼料となる）草の近くで樹木を背に配して布陣せよ。これは沼沢地で戦う時の注意である。平原では、足場のよい（見晴らしのよい）平坦な場所にいるようにする。高台を右の背後におくと、（布陣すると）死（につながる低地）を前方にして、後方に生（につながる高台が来るように）布陣せよ。これは平原で戦うときの注意である。

この4種の戦場での原則で戦ったからこそ、黄帝は四方の敵に打ち勝ったのである。（布陣や駐屯をするには、）高地を好み、低地は嫌う。陽を好み、日陰は嫌う。（そういうよい場所にいることで）健康的で安全な衛生的場所にいて、病がない（軍は）、必ず勝つ。丘陵や堤防などでは、日のあたる（南側の）場所に布陣し、丘陵や堤防が背後と右手となるようにする。こうしたことにより、軍に利益をもたらし、地の利も得られる。上流に雨が降り、川に泡が流れてくるときは、渡河しようとする者は、流れの落ち着くのを待つべきである。およそ地形に、（絶壁の挟まれた深い谷間である）絶澗、（四方が切り立って水が溜まる）天井、（3面を囲まれ出口のない天然の牢獄のような）天牢、（網の目のように草木が生い茂っている自然の取り網のような）天羅、（陥没し落ちくぼんで自然の落とし穴のような）天陥、（谷の細い道、隘路である）天隙があれば、我が軍は速やかにそこを立ち去って近づいてはならない。我が軍はその地を避け、敵は近づくように仕向ける。自軍はこれらの地形を正面に見て、敵は（これらの地が）背後になるように仕向ける。軍のそばに（高低ある険しい地形や隘路である）険阻、（池や窪地である）潢井、（葦のような水性の草の茂った）蒹葭、山林・（草木などの密生により覆い隠せる地である）翳薈があったら、注意深く調査すべきである。これらは伏兵が潜んでいる場所であるからだ。敵が我が軍の近くにいながら平然と静かでいるのは、敵の布陣している（要害の地にいるという）地形の険しさを頼りにしているのである。

遠くにいる敵がわざわざ攻めてくるのは、こちら（を誘い出そうとして）進軍させることを望んでいるからである。平地に布陣しているのは、彼らの地形が有利だからである。木々がざわめくのは、敵軍が森林の中を移動して進軍しているからである。草を覆い被せてあるのは、伏兵の存在を疑わせようとしているからで、草むらから鳥が飛び立つのは、伏兵がそこにいるからである。獣が驚いて走り出てくるのは、潜む敵軍が奇襲攻撃をしようとしているからである。砂塵が高く舞い上がって、その先端が尖って（細くなって）いるのは、戦車部隊が進撃してくるからで、砂塵が低く垂れ込めて、広がっているのは、歩兵部隊が進撃してくるからである。砂塵があちこちに散らばって細長いのは、木を切って薪を集めているからである。（砂塵の量が）少なくて行ったり来たりするのは、陣を張る作業をしているからである。

敵の使者がへりくだりながら、戦いの準備を整えているのは、進撃をしようとしているからである。敵の使者の態度が強気で、進撃する（ような）のは、退却するからである。軽戦車が隊列の外に出て先にあり、隊列の左右側面を部隊が固めているのは、布陣しているからである。（人質を出すといった事前交渉もないままに）和睦を求めてくるのは、なんらかの策謀がある。（伝令、または兵隊が）あわただしく走り回って、各部隊を整列させているのは、決戦しようとしているからである。敵の部隊が進んだり退いたりを繰り返しているのは、こちらを誘い出そうとしている。兵士が（武器を）杖をついて立っているのは、その部隊が飢えているからである。兵が水を見つけた時、真っ先に水を汲んで飲むのは、（その部隊が飲み水に困って）喉が渇いているからである。利益がある状況なのに進撃してこないのは、兵が疲労しているからである。鳥がたくさん集まっているのは、その陣はもぬけの殻なのである。夜に叫ぶ声がするのは、兵が臆病で怖がっているからである。軍営の騒がしいのは、将軍に威厳がないからである。旗が動いて落ち着かないのは、軍規が乱れているからである。将校が腹を立てているのは、厭戦気分になっているからだ。馬に兵糧米を食べさせ、兵士が軍馬を食べ、軍の鍋釜の類はみな打ち壊して、その幕舎に帰ろうとしないのは、追い詰められて（戦おうとして）いるからである。兵士達がひそひそと話しているのは、指揮官から心が離れているからである。むやみやたらに賞を与えているのは、（将軍が）士気が上がらず困っているからである。むやみやたらに罰しているのは、（将軍が）困難に陥っているからである。最初、乱暴に扱っておきながら、そのあとで（兵士たちの離反を恐れて）

下手に出るのは、思慮が足りないからである。わざわざ贈り物を持ってきてわびるのは、軍を休めたいからだ。敵軍がいきり立って向かってきたのに、いつまでたっても戦端を開かず、撤退もしないときは、（奇兵、伏兵の可能性があるから）注意深く状況を観察すべきである。

軍は兵数が多いほどよいというものではない。（数に任せて）猛進しないようにして、戦力を集中して敵情をよく分析して行動すれば敵を破ることができる。よく深謀遠慮することもしないで（過小評価して）敵を侮っている者は、きっと敵の捕虜にされてしまうだろう。兵士たちがまだ将軍に親しんでいない（だから忠誠心も持っていない）のに懲罰を行なうと、彼らは心服しない。心服しないと、（その軍を）用いることができない。反対に、兵士たちがもう親しんで（だから忠誠心も持って）いるのに懲罰を行なわないでいると、規律が乱れて、やはり（その軍を）用いることができない。だから、兵を指導するにあたっては、温かな仁愛や恩義をもって行い、命令するにあたっては厳しい軍規をもって行う。これを必勝の軍という。法令を普段から守らせ、教えていれば、命令すれば民は従う。法令が普段から守られていないと、教えていても、命令に民も従わない。命令が普段から守られているのは、指導者と民衆と心が一つになっているからである。

○曹操は「樹の動く」を「木を伐採しているから」と註している。

○「其の居る所易なる者は、利するなり」について、『仏訳孫子』では攻撃されやすい地にいる者は囮であるとし、「宋本十一家註孫子」を底本の意味から改変している岩波版『孫子』（金谷治訳）では、利を出して誘い出そうとしている、としている。

○『仏訳孫子』では「衆草、障多き者」を、「茂みの中に多数の障碍物が置かれている」としている。

○『仏訳孫子』では「期するなり」を、「合流を確信した」としている。
○曹操は「先に暴にして、後に其の衆を畏るる者は、不精の至なり」を、「(敵を軽んじて) 激しかった後に、敵が大軍であることを恐れているのは、精密に分析しなかったから」としている。
○『仏訳孫子』では「不精の至なり」を、軍規の弛緩が限界に達したとしている。

行軍上の注意

「現今孫子 (『魏武註孫子』が元)」での「行軍篇」は9篇であるのに対して、竹簡本では「形篇」と「軍争篇」の間に6篇として位置づけられている。内容的には、敵情を見抜く、こちらは進むべきかどうすべきかが記されていて、「九変偏」と関連した軍の移動という位置づけである。『仏訳孫子』では、ただ進むのではなく、「進撃」としている。戦ってはいけない場所、布陣すべき場所、近寄ってはいけない場所など様々な条件が示され、後半には、戦って有利な場所をしめることを前半に、敵の状態を様々な要因で予測すること、兵士の統率と「道」を記している。

他の7書にも「行軍篇」に近い記述はあり、各々の「行軍篇」該当箇所は、『呉子』の「敵の必ず撃つべきの道」、『六韜』の「犬韜」「武鋒」にある「十四変」、「戦車」にある「十死八勝」、「豹韜」「戦車」の「十死八勝」、『尉繚子』の「威、天下に加うるに十二」などである。

地形、地理的要素、地勢など様々な視点を加えている『孫子』であるが、「行軍篇」は、そこの場所での兵達の健康や飲料水確保など軍の維持についての記述が見られている。「行軍篇」における4つの地理的条件と4つの戦術は下記になる。

山　　　河川　　　沼沢地　　　平原
高地を好む　陽を好む　衛生を好む　病がない

また、自軍を置く場所と同時に「敵を相る」、すなわち「彼を知る」ことを連動させている。「九変篇」でも「九変の利に通ぜざる者は、地形を知ると雖も、地の利を得る能わず」としたが、単に地形だけの問題として捉えていない。ここから、行軍篇の各項目における彼我の比較が展開し、彼に対しては「半ば済わらしめて之を撃てば利あり」のように詭道も加味している。「行軍篇」は、文脈全体が大きく正と奇に分かれながら、各箇所に正と奇（正兵と詭道）が組み合わさっている。

正「孫子曰く、およそ軍を処くには敵を相る。山を絶るには谷に依り、生を視て高きに処く。隆きに戦いは登ることなかれ、此れ、山に処るの軍なり。水を絶らば必ず水に遠ざかる。客、水を絶りて来らば、此れを水内に迎うることなかれ。半ば済わらしめて之を撃てば利あり。戦わんと欲する者は、水に附きて客を迎うることなかれ。生を視て高きに処れ。水流を迎うることなかれ。此れ、水上に処るの軍なり。斥沢を絶る時は、惟すみやかに去りて留まることなかれ。若し、軍を斥沢の中に交ゆる時は、必ず水草に依りて衆樹を背にせよ。此れ斥沢に処るの軍なり。

平陸は易に処る。而して高きを右背にし、死を前にして生を後ろにす。此れ、平陸に処るの軍なり。凡そ、此の四軍の利は、黄帝の四帝に勝ちし所以なり。凡そ、軍は高きを好みて下きを悪み、陽を貴び陰を賤しむ。生を養いて実に処り、軍に百疾無きは、是を必勝と謂う。丘陵堤防は、必ずその陽に処りて、之を右背にせよ。此れ、兵の利にして地の助けなり。上に雨ふりて水沫至らば、渉らんと欲する者は、其の定まるを待て。凡そ、地には絶澗、天井、天牢、天羅、天陥、天隙あり。必ずすみやかに之を去りて、近づくことなかれ。吾は之に遠ざかり、敵は之に近づかしめよ。吾は之を迎え、敵は之を背にせしめよ。軍行には険阻、潢井、蒹葭、林木、蘙薈者は、必ず謹みて之を覆索せよ。此れ、伏姦の処る所なり。敵、近くして静かなる者は、其の険を恃むなり。遠くして戦いを挑む者は、人の進を欲するなり。其の居る所易なる者は、利するなり。衆樹の動く者は、来るなり。衆草、障多き者は、疑なり。鳥、起つ者は伏なり。獣、駭く者は覆なり。塵の高くして鋭き者は、車の来るなり。卑うして広き者は、徒の来るなり。散じて条達する者は、樵採なり。少なくして往来する者は、軍を営むなり」

奇「辞、卑うして備を益す者は、進むなり。辞、強くして進駆する者は、退くなり。来たりて委謝する者は、休息を欲するなり。約なくして和を請う者は、謀るなり。軽車まず出で、其の側に居る者は、陣するなり。奔走して兵者を陳ねる者は、期するなり。半進半退する者は、誘うなり」

軍の移動の際の各地形の特質と注意は、「行軍篇」の前半においては、各種の利便性から見られている。

「山を絶るには谷に依り」は、飲料水が得やすいからである。曹操の『孫子』解釈でも「水草に近くして利便なればなり」とされ、クラウゼヴィッツ『戦争論』にも山中行軍の注意が出ている。『仏訳孫子』では、「生を視て高きに処く」を「行軍地域の死命を利する高地を占拠せよ」としている。

「隆きに戦いは登ることなかれ」は、高いところにいる敵は駆け下りるという地形的な「勢」を得やすいからである。『六韜』の「竜韜」にある「奇兵」では、高地を好む理由が載っている。山城の利点も同じようなものである。なお竹簡本には「戦降無登」と書かれている。

正の中に奇（詭道）が混じっている関係を見ると、「水を絶らば必ず水に遠ざかる。客、水を絶りて来らば、此れを水内に迎うることなかれ」とあり、我が軍を危険から遠ざけ安全にするとともに、敵を渡川に誘致し「半ば済わらしめて之を撃てば利あり」を狙っている。曹操の『孫子』解釈では「敵を引きて渡らしむるなり」を続けている。なお、王哲と杜牧は「水内」を内ではなく「ほとり」と見なす。

「半ば済わらしめて之を撃て」は、いわゆる「川の半渡」である。敵の全軍が渡り終えれば、布陣して待ち構えられるが、半分が川の中にいては態勢を整えることもできない。「弘治3年の川中島第3回戦」で上杉謙信と武田信玄が180日も対陣したのは、ともに「川の半渡」を避けるためであったが、殲滅戦を狙った「平治の乱」「墨俣川合戦」「戸次川合戦」は、あえて「川の半渡」でなく、敵軍をすべて渡川させている。韓信のように「背水の陣」に構えるなど、ここもマニュアル通りというわけではない、応用が見られる。

「生を視て高きに処れ」は水攻めを避けるため、また上流から毒などを流される可能性もあるからである。必ずしも適例ではないが、元亀3年（1572年）の武田信玄の上洛戦の際、途中の二俣城を攻略するときには上流を押さえることで陥落させている。前述したように、二俣城は天竜川と二俣川に三方向を守られた天然の堀をもった城塞でもある。

この二俣城攻略においては、城兵が天竜川から水を汲み上げていることを知って、天竜川上流から筏を流して井戸櫓の釣瓶を壊して水の手を断ち落城させているからである。建武2年（1336年）の「手越河原の合戦」では新田義貞軍と足利直義軍とで8時間近い激戦が続き、決定的な勝利を得られないままに両軍は安倍川を挟んで向かい合ったが、新田軍は屈強の射手500人に上流を渡らせ、藪の陰に身を隠し足利軍に接近して背後から一斉射撃を行なって勝利しているが、ここでは迂回の意味が強いから、あえて上流でなくてもよい。

「斥沢を絶る時は、惟すみやかに去りて留まることなかれ。若し、軍を斥沢の中に交ゆる時は、必ず水草に依りて衆樹を背にせよ。此れ斥沢に処るの軍なり」は、軍の動きがとれなくなるからである。斥沢とは沼沢地のことで、泥に足を取られがちとなるし、衛生状態も悪い。曹操の『孫子』解釈でも斥沢での戦闘は巳むを得ざる場合のみとしている。

行軍中ではないが、龍造寺隆信が敗死した「沖田畷合戦」は田圃の中のあぜ道である畷で、龍造寺軍の大軍は田に足を取られて大混乱している。郭化若は「斥沢」を「アルカリ沼沢地」、『仏訳孫子』では「塩分を含んだ低湿地帯」としている。

やはり行軍中ではなく合戦であるが、戦術的事例として木曽義仲が最後を迎えた「粟津合戦」が挙げられる。寿永3年1月20日（1184年3月4日）に、わずかな残党とともに北陸道に落ち延びようとしていた義仲は、一条忠頼の甲斐源氏軍と近江国粟津で出会い戦闘の末、潰滅し、自害の場所を求めて粟津の松原に踏み込んだところで義仲の乗っていた馬が深田に取られて動けなくなり、そこを顔面に矢を射られて討ち死にしている。

「平陸は易に処る」について、曹操の『孫子』解釈では「車騎の利とするところなり」とする。「而して高きを右背にし」は「九変編」の「高陵に向かうなかれ、背丘には逆うなかれ」からも導かれる。ただ、なぜ右かについては諸説あり、杜牧は「右」「左」を「たすけ」と見なす。つまり「高きを背にしてたすけ右とし」としている。曹操の『孫子』解釈では、「戦いに便なるなり」となっている。なお、どうでもよいことだが、「四帝」とは誰か不明なため、曹操は四方の諸侯、梅堯臣は四軍と解釈している。

「凡そ、軍は高きを好みて下きを悪み、陽を貴び陰を賤しむ。生を養いて実に処り、軍に百疾無きは、是を必勝と謂う。丘陵堤防は、必ずその陽に処りて、之を右背にせよ。此れ、兵の利にして地の助けなり。凡そ、地には絶澗、天井、天牢、天羅、天陥、天隙あり。必ずすみやかに之を去りて、近づくことなかれ」で、軍隊を最良の状態で維持するための地形的条件が比較的に示され、用兵上の有利さとともに、病気を発生させないことが留意されている。

「地には絶澗、天井、天牢、天羅、天陥、天隙あり。必ずすみやかに之を去りて、近づくことなかれ」について、曹操の『孫子』解釈では「六害から遠ざかり、敵は近づけて之を背にせしむれば、則ち我は利となり敵は凶となる」としている。ここには正の中に奇（詭道）が混じっている関係がみられる。「地には絶澗、天井、天牢、天羅、天陥、天隙あり。必ずすみやかに之を去りて、近づくことなかれ。吾は之に遠ざかり」という正に対し、「敵は之に近づかしめよ」という奇が組み合わさっているのである。

「軍行には険阻、潢井、蒹葭、林木、翳薈者は、必ず謹みて之を覆索せよ。此れ、伏姦の処る所なり」で、伏兵が置かれている場所の注意である。「険阻」について、梅堯臣と仏語訳では隘路、張豫は「丘阜の地なり」、曹操は「険とは一高一下の地にして、阻とは水の多きなり」と各々註している。

「上に雨ふりて水沫至らば、渉らんと欲する者は、其の定まるを待て」は行軍に限らず避けるべきことだろう。戦略的事例として、「手取川合戦」では、慌てて撤退しようとした織田軍は、増水した手取川に呑み込まれて溺死者数知れずという状態に陥った。

地形的な内容から、今度は敵陣の様子などの観察に移り、「敵、近くして静かなる者は、其の険を恃むなり。遠くして戦いを挑む者は、人の進を欲するなり。其の居る所易なる者は、利するなり。衆樹の動く者は、来るなり。衆草、障多き者は、疑なり。鳥、起つ者は伏なり。獣、駭く者は覆なり。塵の高くして鋭き者は、車の来るなり。卑うして広き者は、徒の来るなり。散じて条達する者は、樵採なり。少なくして往来する者は、軍を営むなり。辞、卑うして備を益す者は、進むなり。辞、強くして進駆する者は、退くなり。来たりて委謝する者は、休息を欲するなり。約なくして和を請う者は、謀るなり。軽車まず出で、其の側に居る者は、陣するなり。奔走して兵者を陳ねる者は、期するなり。半進半退する者は、誘うなり。杖して立つ者は、飢うるなり。汲みてまず飲む者は、渇するなり。利を見て進まざる者は、労るるなり。鳥の集まるは、虚なるなり。夜呼ぶ者は、恐るるなり。軍の擾れるは、将の重からざるなり。旌旗の動く者は、乱るるなり。吏、怒る者は、倦むなり。馬に粟して肉食し、軍には懸瓶無く、其の舎に返らざる者は、窮寇なり」と記されている。

自然状態や軍周辺状態から敵の動静を見抜く「敵を相る」「彼を知る」である。『六韜』「竜韜」にある「兵徴」に近い。敵の軍隊内の心情や配置などを見極める方法である。「鳥、起つ者は伏なり」は、源義家の「前九年の役」で名高い。

敵陣の様子をうかがった戦術的事例として、「川中島第4回戦」での上杉謙信の海津城観察は有名である。霧が出ることを察知した謙信は、夕刻過ぎに武田軍が籠る海津城を見に行く。海津城から、大量の炊煙が上がっているのを見た謙信は、夜半過ぎに敵が動き出すことを確認する。大量の炊煙は飯の煮炊きのためである。夕飯は済んでおり、朝食なら作るのが早すぎる。夜半出立の兵士の携行食のためである。

やはり戦術的事例としては、加藤清正の京城入城についても挙げられる。

また軍記物語が描くところではあるが、天文16年（1546年）4月のこととして、栃尾城にいた謙信（当時の名は景虎）に敵が攻め寄せた時、倉に登って敵陣を見た謙信は、敵に兵糧の用意がないのを見て今夜中に引き揚げることを予測し、夜間に撤退を開始したところを襲って敗走させたといった内容もある。

「其の居る所易なる者は、利するなり」の戦術的事例は、度々取り上げている島津軍の「釣り野伏」で、「戸次川合戦」でも見られている。先方は本軍を背後に控えた囮である。

「衆草、障多き者は、疑なり」で劉基が『百戦奇略』で出した例は、「疑戦」で南北朝時代の「北周軍の撤退」である。

自然状態と敵情を組み合わせて観察してきた『孫子』は、さらに敵との駆け引きを敵情から考えていく。「詭道」の具体的な例にもなっている。「辞、卑うして備を益す者は、進むなり。辞、強くして進駆する者は、退くなり。来たりて委謝する者は、休息を欲するなり」で、表面的な言動より相手の心の内を読み取れ、ということである。

「辞、卑うして備を益す者は、進むなり」について、曹操の『孫子』解釈では「その使いの来たりて辞を卑くし、間をして之を視しむるは、敵人の備えを増すなり」とする。スパイによって確認しておくことも付記している。

「約なくして和を請う者は、謀るなり」で、小出しした兵による威力偵察と併用して最大限の効果を発揮したのが、戦術的事例としての「川越夜討ち」である。

天文14年9月26日（1545年10月31日）、関東管領山内上杉憲政、扇谷上杉朝定、古河公方足利晴氏の連合軍約8万人（下総の千葉利胤を除く全関東諸将が参加したとされ、7万〜8万5000人とされる）が北条家の河越城を包囲。河越城は北条綱成（北条の地黄八幡）が約3000人で守備していた。関東連合軍は長期戦の態勢で河越城の南方一里の砂窪に本営を置き、包囲陣を敷く。

天文15年（1546年）4月1日、北条氏康、約8000人の兵を率いて救援に向かう。戦況は数ヵ月間膠着状態であったが、氏康の救援軍にいた福島勝広（北条綱成の弟）が使者を申し出て、単騎で上杉連合軍の重囲を抜けて河越城に入城、兄の綱成に奇襲の計画を伝えた。氏康は、まず妹婿の古河公方晴氏に使者を送り「籠城の将兵の命をお助け下さるならば、城を明け渡した上、私も小田原へ兵を引揚げまする」と伝える。さらに氏康の助命、所領安堵を乞う北条の使者が上杉憲政や晴氏の本陣を幾度も訪れる。

これが「始計篇」の「兵は詭道なり。故に、能なるもこれに不能を示し、用なるもこれに不用を示し」、「行軍篇」の「辞の卑くして備えを益すは、進まんとすればなり」になっていく。そして「作して静動の理を知る」で、遭遇戦が起こるたびに北条軍はほとんど抵抗せずに逃げることを繰り返す。すでに戦勝気分となった両上杉、古河公方連合軍は氏康の懇願を拒否するが、勝った気分になって全軍の気がゆるむ。その状況を確認し、氏康は4月20日、ついに夜襲命令を出す。これが戦国時代でも最大級の逆転劇となった。

劉基が『百戦奇略』で出した例は、「和戦」で秦末の「嶢《ぎょうかん》関攻め」を取り上げている。「半進半退する者は、誘うなり」の戦術的事例として、「平治の乱」における内裏の攻防が挙げられる。「平治の乱」の賊軍鎮圧と内裏奪還のために攻め寄せた平重盛は、500騎を大宮面に残して500騎にて押し寄せ、待賢門へ向かう。反乱軍の待賢門の守備は藤原信頼であった。平頼盛は義朝の固める郁芳門へ押し寄せる。平教盛（経盛？）は源光保・光基らが守備する陽明門に向かった。平家軍の攻撃は一見すると数にまかせた単純な正面突破に見えるが、真の狙いは隠されている。思慮の浅い悪源太義平は挑発に乗ってきた。

軍記物語は義平の華々しい活躍を描写するが、じつは義平は敗戦にのみ貢献している。重盛が待賢門を破ると、逃げ出した信頼に代わって悪源太義平が防戦、有名な大庭での騎馬戦が繰り広げられる。『平治物語』では、平家軍は河内源氏軍に撃退されたことが強調されているが、河内源氏軍にとって最大の問題は、戦いの末の目的が明確ではなかったことである。

対して平家軍は、この小戦闘にさえ目的が明確であった。戦術的目的は戦略的目的に従属しながらはっきりと定められている。そのために攻めては引き、再び攻めてを繰り返していく。河内源氏軍は「半進半退する者は、誘うなり」と見破らなければならなかったのである。待賢門攻略の平家軍指揮官・重盛は機を見計らって大幅に退き、義平は内裏を出て追撃を開始する。一方の頼盛も郁方門から引いて義朝の軍勢を誘い出す。その間に平教盛の軍勢が陽明門に迫り、光保、光基は門の守りを放棄して寝返ってしまった。教盛は内裏に入り門を固めてしまう。失火もなく内裏は奪還された。ここで平家軍は偽装撤退を開始し、追撃というおいしい餌を示して「利して之を誘う」ことをしたのである。こうしてほとんど無傷で平家軍は内裏を手に入れている。

「軍の擾れるは、将の重からざるなり」を、『仏訳孫子』では軍紀とともに隊形の乱れも含める。「旌旗の動く者は、乱るるなり」が続くからであろう。「窮寇なり」は「軍争篇」「窮寇には迫るなかれ」とつながる。

「諄《じゅん》諄《じゅん》翕《きゅう》翕《きゅう》として徐に人と言う者は、衆を失えるなり」について、曹操の『孫子』解釈では「諄々とは語る貌にて、翕々とは志を失える貌」として、将軍が自信を失っている様と解釈している。しかし李筌は、「諄々翕々とはひそかに語る貌なり。士卒の心、上を恐れ則ち私語して言う。是れ衆を失えるなり」とし、張預は「諄々とは語るなり。翕々とは聚《あつま》るなり。徐ろにして緩となるなり。士卒の相聚りて私語する、低緩にして以て其の上の非なるを言う。是れ、衆心を得ざるなり」とし、ともに兵隊が将軍を信じないと解釈している。

「数々賞する者は、窘《たしな》むなり。数々罰する者は困むなり」について、政治的事例として「平治の乱」で藤原信頼が、手前勝手に除目を行い、急遽上洛してきた悪源太義平にまで官位を与えようとして、断られたことが挙げられる。

「不精」については解釈が分かれ、梅堯臣、何氏は統率を知らぬとしているが、曹操、李筌、杜牧は用兵を知らぬとしている。

「兵、怒りて相迎うるに、久しく合わせず、また相去らざるは、必ず謹みて之を察せよ」について、曹操の『孫子』解釈では「奇伏に備うるなり」となっているが、相手が名将であれば、何らかの策があると見なせる。戦略的事例として、「川中島第3回戦」「川中島第4回戦」ともに、上杉謙信は、戦場である川中島にやってきてから、動かずに静観していた。

「兵は、多きを益ありとするには非なり。惟武進するなかれ。以て力を併すること足りて、敵を料り人を取らんのみ。夫れ、惟慮無くして敵を易る者は、必ず人に擒にせらる」だが、曹操は「兵は、多きを益ありとするには非なり」に註をつけ「権もて力均しくするなり」として、謀略で力を等しくするとしている。「以て力を併すること足りて、敵を料り人を取らんのみ」は、各篇の文言と関連を持っている。「勢篇」では「善く戦う者は、其の勢は険にして、其の節は短し。勢は弩を張るが如し、節は機を発するが如くす」、「虚実篇」では「我は専にして一となり、敵は分かれて十となれば、これ十を以って一を攻むるなり。則ち我は衆《おお》くして、敵は寡《すくな》し」、「軍争篇」では「分合」である。

王晳は「善く分合の変をなす者は、以て力を併すこと足り、敵の間に乗じて勝を人に取るなり」と註し、賈林は「知謀を以て敵を料り、力を併すこと足らば、敵人を取るなり」と註し、『呉子』には「法令明からず、賞罰信ならず、これに金するも止まらず、これに鼓するも進まずば、百萬ありといえども何ぞ用に益あらん」とする。

そして、少数の兵が大軍を相手にする具体的な方法として平坦な野戦を避け、山岳地帯の狭隘地にて邀撃することを提唱する。とはいえ「暴寇の来る、必ずその強をおもんばかり、よく守って応ずるなかれ」ともいう。『呉子』も、基本的には孫子同様大軍の利は認めている。『六韜』「竜韜」にある「軍勢」と「奇兵」にも、大軍を破るための方法がある。

「未だ親附せず、而して之を罰すれば、則ち服せず。服せざれば則ち用い難し。卒、巳に親附し、而して罰行わざれば、則ち用うべからざるなり」では「死地」とは異なった観点での兵隊の強化が述べられる。それは「令、素より行われ」である。法令が平時より守られていなければならず、そのためには、民衆の心が、法令を受け入れていないといけない。

政治的事例として、肥後国を与えられた佐々成政が早急に検知を行い、大規模な一揆を招いてしまったことに対して、「甲州法度次第」を定め、「定書」で徹底させ、一度も反乱を起こさせなかった武田信玄の成功が対比される。

「故に、之の令するに文を以てし、之を斉うるに武を以てす」について、曹操の『孫子』解釈では「文とは仁なり。武とは法なり」となり、「令、素より行われず、以て其の民を教うれば則ち民服さず」としている。王哲は「民、素より教えざれば、卒として用を為すことは難し」と註し、何氏は「人、既に訓を失えば、安《いず》んぞ教えに服するを得んや」と註する。「令、素より行わるる者は、衆と相得るなり」について、『仏訳孫子』では「命令が、あらゆる場合に於いて有効・適切であるならば」と解釈している。

なお、数を頼み、敵の状況を調べなかった鎌倉幕府軍の「千早城攻め」は、多くで引用される失敗例であるが、『楠木合戦注文』によれば鎌倉幕府軍の軍法自体は優れたもので、5カ条からなり「一、合戦の陣頭において先陣争い統制を乱す者は不忠とす。一、主人が負傷しても退くな、親子、孫が命を落としても退かず戦勝せよ。一、押買、押捕などの狼藉を禁ず。一、王塔宮護良親王を逮捕、誅殺した者には近江国麻庄を賜る。一、楠木正成を誅殺した者には丹後国船井庄を賜る」というものであった。この点は評価すべきと思われる。

第十四章

地形篇

（地形の軍事的特質とこれに基づく兵種、これに基づき判断する将軍）

「地形篇」全文書き下し

孫子曰く、地形には、通なる者あり、挂なる者あり、支なる者あり、隘《あい》なる者あり、険なる者あり、遠なる者あり。我れ以て往くべく、彼れ以て来るべきを、通という。通形は、先に高陽に居りて、糧道を利して、以て戦えば則ち利あり。以て往くべく、以て返り難きを、挂という。挂形は、敵に備え無ければ、出でて之に勝つ。敵に備えあらば、出づるも勝たず、以て返り難く、利あらず。我れ出でて利あらず、彼れ出でて利あらずを、支という。支形は、敵、我れを利すと雖《いえど》も、我れ出づることなかれ。引きて之を去れ。敵をして半ば出でしめて之を撃たば、利あり。隘形は、我れ先ず之に居り、必ず之を盈《み》たして以て敵を待て。若し、敵先ず之に居りて、盈さば従うことなかれ、盈たさざれば而して之に従え。険形は、我れ先ず之に居り、必ず高陽に居りて、以て敵を待て。若し、敵先ず之に居らば、引きて之を去り、従うなかれ。遠形は、勢均《ひと》しければ、以て戦いを挑み難し、戦いて利あらず。

凡そ、此の六者は、地の道なり。将の至任、察せざるべからずなり。故に、兵には、走なる者あり、弛む者あり、陥る者あり、崩るる者あり、乱るる者あり、北《に》ぐる者あり。凡そ此の六者は、天地の災に非らず、将の過なり。夫れ勢の均しきに、一を以て十を撃つを、走という。卒、強く、吏、弱きを、弛という。吏、強く、卒、弱きを、陥という。大吏、怒りて服せず、敵に遇えばうらみて自ら戦う。将、其の能を知らざるを、崩という。将、弱くして厳ならず、教導明らかならず、吏卒常無く、兵を陳《つら》ぬるも縦横なるを、乱という。将、敵を料ること能わず、少を以て衆に合わせ、弱を以て強を撃ち、兵に先鋒無きを、北ぐるという。

凡そ、此の六者は、敗の道なり。将の至任、察せざるべからずなり。夫れ、地形は兵の助けなり。敵を料りて勝を制するに、険阨遠近を計るは、上将の道なり。此れを知りて戦を用うる者は必ず勝ち、此れを知らずして戦を用いる者は必ず敗る。故に、戦いの道必ず勝たば、主、戦うことなかれと曰うも、必ず戦いて可なり。戦いの道勝たざれば、主、必ず戦えと曰うも、戦うこと無くして可なり。故に、進みて名を求めず、退きて罪を避けず、惟民を是れ保ちて、利を主に合わせるもの、国の宝なり。卒を視ること嬰児の如し、故に之と深谿に赴くべし。卒を視ること愛子の如し。故に之と倶に死すべし。厚くして使う能わず、愛して令する能わず、乱して治むる能わず、たとえばもし驕子の若し、用うべからざるなり。

吾が卒を以て撃つべきを知りて、敵の撃つべからざるを知らざるは、勝の半なり。敵の撃つべきを知りて、吾が卒を撃つべからざるを知らざるは、勝の半なり。敵の撃つ可きを知り、吾が卒を以て撃つべきを知るも、而も、地形の以て戦うべからざる知らざるは、勝の半なり。故に兵を知る者は、動いて迷わず、挙げて窮まらず。故に曰く、彼を知り己を知らば、勝、乃ちあやうからず。天を知り地を知らば、勝、乃ち全うすべし。

☆曹操は「挂」ではなく「掛」という語を使っている。険阻で互いの勢力圏が交錯する所である。

現代語意訳

孫子はいう。地形には、（四方に通じ開けた）「通」、（行動が妨げられやすく罠にかかりやすい）「挂」、（途中で枝道が分岐している）「支」、（谷間を通る狭隘な）「隘」、（山や丘のような起伏のある）

「険」、（両軍の遠く離れている）「遠」がある。我が軍、敵軍ともに行き来しやすい土地は、「通」という。この「通」のような地形では、敵よりも先に高台を占拠し、兵糧補給の道を確保しておいてから戦えば、有利になる。進むのは容易であるが、引き返すのが難しいような土地は「挂」という。「挂」のような場所では、敵に備えがなければ進撃し勝つことができるが、敵が防御していれば、進撃しても勝つことが難しく、退却も難しいので不利となる。我が軍が進撃しても不利となり、敵軍が進撃してきても不利となる場所を「支」という。「支」のような土地では、敵が利で誘ってきても進撃してはいけない。「支」より、一旦退いて、敵を半数ほど出てこさせてから攻撃するなら有利になる。「隘」のような土地では、こちらが先にそこを占拠していれば、自軍で、「隘」の口の部分を固め、敵軍が来るのを待ち受けるようにする。もし、敵軍が先に「隘」の口の部分を占拠しているようであれば、そこに進んではならない。敵が先にいても、「隘」の口の部分を占拠していなければ攻めてもよい。起伏の激しい土地「険」では、先に自軍が布陣しているなら、高地の日当りの良い場所を押さえて、敵を待ち受けよ。もし敵軍が先にその場所を占拠していた場合には、軍を退いて立ち去り、敵軍に攻めかかってはならない。双方の軍が遠く離れている場合に、軍勢、兵力が互角であれば、自軍から戦いを仕掛けるのは難しく、無理に戦いを仕掛けようとすると不利となる。

　これら6つ（の地）は、地形についての原理原則である。こうした道理を知ることは、将軍の最も重要な責務であるから、充分に研究し、考えておかなければならない。軍（の敗北の形態）には「走る（逃亡をする）」「弛む（不服従）」「陥る（士気喪失する）」「崩る（崩壊する）」「乱るる（混乱する）」「北ぐる（敗走する）」ような六つのことがある。これら（6つの敗因）は、天災や災厄ではなく、将軍の過失である。勢力（軍の勢い、兵の状況など、他の条件）が同じな時、一の兵力で10倍の敵を攻撃しようとすれば、兵達は「走る（逃亡をする）」。兵士は強いのに、将校が弱いと軍は「弛む（反抗的、不服従になる）」。将校が強気で、兵士が弱いと、軍「は陥る（士気喪失する）」。高級将校が将軍に対して憤怒して服従せず、敵に遭遇した際にも将軍への心中の不満から独断で戦うような状況となり、将軍が高級将校の意図・能力を把握していないような場合、軍は「崩る（崩壊する）」。将軍が精神的に弱くて威厳もなく、軍規を徹底できず、兵や将校に対する指示が一貫性を欠き、布陣も乱れていい加減であるのを「乱るる（混乱する）」という。将軍が敵情判断できず、少数で優勢な敵に当たらせたり、弱兵で敵の強兵と戦わせたり、兵の中にも先鋒としての精鋭がいないようでは、「北ぐる（敗走する）」こととなる。

この6つ（の敗因）は、敗北に至る道である。（これを知ることは）将軍の最高責務であり、よくよく考慮しておかねばならない。地形は戦闘や布陣の助けとなるものである。敵を分析し、勝利の可能性を検討し、土地の険しさと平坦さや敵との距離の遠近を計算するのは将軍の役目である。これ（六つの地形と六つの敗因）を知って戦闘に利用すれば必ず勝利する。これを知っていても、戦いに利用しなければ、必ず敗北する。だから、戦争の法則から見て勝てると思ったら、君主が戦うなと言っても戦うべきであり、戦争の法則から見て勝てないと判断したら、君主が戦えといっても戦うべきではない。だから、進撃しても（あえて）名誉を求めず、退却して罰せられることを恐れず、ただ人民の安寧を願い、君主の利益と一致した結果を導く。（こんな）将軍こそが、国の宝なのである。将軍が、兵士達に赤ん坊に対するように（慈愛を持って面倒を見るように）接すれば、（兵士達は将軍を慕い）千尋の谷にも、将軍と一緒に赴くようになる。将軍が、兵士達を、かわいい我が子と同じように（愛情を持って）接すれば、（兵士達は将軍を慕い）兵士達は将軍と死をともにするようになる。しかし手厚くもてなすだけで兵士達を使うことができず、愛しているだけで命令を出せず、秩序を乱しても治め取り締まることができないのでは、いってみればわがままな子供のようなもので、戦には使えない。

我が軍の兵士達が、攻撃できる状態にあることを知っていても、敵を（敵の防衛体制や戦力から見て）攻撃すべきではない状態にいることを知らなければ、勝利の可能性は半分である。敵を（敵の防衛体制や戦力から見て、隙があり）攻撃できる状態にあるのを知っていたとしても、我が軍の兵士達が（攻撃能力から見て）、攻撃すべきでない状態にいることを知らなければ、勝利の可能性は半分である。敵を（敵の防衛体制や戦力から見て、隙があるから）攻撃できる態勢にあり、我が軍の兵士達が（攻撃能力から見て）も攻撃攻撃できる状態にあることを知っていても、地形（の不利）から見て戦闘に入ってはいけないことを知らなければ、勝利の可能性は半分である。だから戦争を知る者は、（これらの諸条件を理解しているから）、軍を動かしても迷うことなく、兵を挙げれば（戦闘に入れば）、その対応は窮まるところがなく変化する。だから、こういえる。相手（の状態）を知り、自己（の状態）も知れば、危険なく勝利できる。天（の時である気候条件）を知り地（の利である地形上の有利不利）を知れば、完全な勝利が得られる。

○「宋本十一家註孫子」を底本の意味から改変している岩波版『孫子』（金谷治訳）では、「盈たして」を兵が集まっている、と解釈している。

6種の地形

「地形篇」は、地形の軍事的特質とこれに基づく兵種、これに基づき判断する将軍について書かれているが、時代の変化により、意訳を要求される篇である。空という要素により、立体的な戦いとなった現代戦には直接利用できないところも多い。しかしながら、兵の心理についての指摘は面白いものがある。自国領と敵国領での位置関係による兵の心理と軍の維持の問題は、古戦史の分析においては重要な要素である。

なお、『竹簡孫子』には「地形篇」は存在しない。文体や内容などからも、『孫子』は12篇と見なすべきで、「地形篇」を13篇に加えるべきではないという意見もある。しかし後漢時代の『淮南子』「兵略」には『孫子』からの引用として「地形篇」の「進みて名を求めず、退きて罪を避けず、惟民を是れ保ちて、利を主に合わせるもの、国の宝なり」が掲載されているので、曹操が改変した可能性もなく、『竹簡孫子』から、何らかの理由で欠落した可能性が高いと見なせる。

冒頭、『孫子』は6種類の地形を挙げている。「地形には、通なる者有り、挂なる者有り、支なる者有り、隘なる者有り、険なる者有り、遠なる者有り」である。これは「始計偏」の「地」につながっているが、大戦略レベルでの「五事七計」よりも、より狭い意味となっている。戦場に向かい、あるいは戦場にて軍を率いる将軍にとって「地の道なり。将の至任、察せざる可からずなり」と「地の利」を説いているのである。しかし軍の位置状況の「九地編」に比べると、戦略的となっている。「九地編」の「散地、軽地、争地、交地、衢地、重地、圮地、圍地、死地」は、より戦術的である。曹操は「地の形」と註している。

「通形」は、双方にとって有利だから先手必勝で先に有利な地点を得る場所で、高陽もその1つである。「高陽に居りて、以て敵を待て」である。この場合の高陽は、見晴らしのよい場所ということになる。曹操の『孫子』解釈では、「人を致すも人に致さるることなかれ」につながるとしている。張預も、「先に戦地に処りて以て敵を待たば、則ち、人を致して人に致されず」と註している。戦略的事例として、「川中島第4回戦」での上杉謙信の妻女山布陣は、これに近い。「挂」は、妨げのある場所で、平安京など「挂」と解釈できる。戦略的事例として、平家が都落ちして、平安京を木曽義仲に明け渡したことで兵力を枯渇させたことが挙げられる。『仏訳孫子』では「罠に陥りやすい地形」としている。

また実現はしなかったものの、足利尊氏上洛に際しての楠木正成の献策も、平安京の特質を利用したものである。正成の献策は以下のようなものである。少数で大軍を迎え撃つならば正面衝突は危険である。後醍醐天皇は比叡山に避難し、足利軍を平安京に入れてしまおうというのである。新田義貞も叡山に入り、ここを防衛拠点とする。大軍を有した叡山はめったなことでは落ちない。正成は河内国に戻り、近畿一帯の勢で淀の川尻を塞ぐ。足利軍が衰弱してくれれば、後醍醐天皇側に加わる兵も増えてくるはずである。彼我の力の差を比較し、時が来たならば叡山と河内国から挟撃することで足利軍は倒せるはずである、と正成は述べたことになっている。足利軍を平安京に入れるということは、政治的目標と戦略目標である平安京という餌を与えるもので、「軍争篇」でいうところの「利を以って誘い」となっている。

しかし、平安京から撤退した後醍醐天皇軍は自らが望む任意の場所への布陣が可能であり、後から入った足利軍に対して「虚実篇」での「およそ先に戦地に処りて敵を待つ者は佚し、後れて戦地に処りて戦いに趨く者は労す」となっている。足利軍はせっかく平安京に入ったものの、正統性の象徴である「三種の神器」をもった後醍醐天皇も殲滅すべき敵もいない。そして狭い平安京に閉じこめられてしまう。守備範囲は広大であり、敵はどのように攻めてくるか不明である。

一方、後醍醐天皇軍のうち遊撃軍と化した楠木軍は望む所に兵力を集中して攻撃が可能である。つまり「虚実篇」の「人を形せしめて我に形なければ、則ち我は専にして敵は分かる」として戦いは進展する。ある方向から攻撃されて足利軍が駆けつければ撤退していて、今度は別なところから攻撃される。常に手薄な所が狙われる。「虚実篇」の「攻めて必ず取るは、その守らざる所を攻むればなり」であり、「始計篇」の「その無備を攻める」である。縦横無尽の楠木軍に対して足利軍は「九変篇」がいう「善く兵を用いる者は、たとえば卒然の如し。卒然の者は、常山の蛇なり。その首を撃たば則ち尾に至り、その尾を撃たば則ち首に至り、その中を撃たば則ち首尾ともに至る」といった戦いを演じることになる。

そして平安京を死守しようとすれば、兵糧は枯渇していく。まさに「軍争篇」の「軍に輜重なければ則ち亡び、糧食なければ則ち亡び、委積なければ則ち亡ぶ」である。足利軍はせめて一方向に風穴を開けようと叡山を攻めるかもしれないが、「謀攻篇」にもあるように「兵を用いるの法、十なれば、則ちこれを囲み」で城攻めは困難で長引くばかりであり、その間も背後から攻撃をかける楠木軍に対して「虚実篇」の「進みて禦ぐべからざるは、その虚を衝けばなり」状態が続き、「作戦篇」がいうように「それ兵久しくして国利あるは、いまだこれあらざるなり」ということで衰弱は激しくなる。

この状態が嫌なら、平安京を放棄するしかない。もちろん、後醍醐天皇軍が撤退を許せばの話である。追撃という楽な戦いを後醍醐天皇軍がしないという保証はないし、なによりも平安京で衰弱した足利軍は気がつけば「袋のネズミ」で、出るに出られない状態になっているかもしれない。坊門宰相の異議に対しては「戦いの道必ず勝たば、主、戦うことなかれと曰うも、必ず戦いて可なり」として「君命受けざるところあり」とすべきだったが、正成は受けて敗死する。

「支形」は細かく道が枝分かれしている場所のことである。『仏訳孫子』では「あらそっても何の利益もなく混戦状態に陥る地形」としている。「支形は、敵、我れを利すと雖も、我れ出づることなかれ。引きて之を去り、敵をして半ば出でしめてこれを撃つは利なり」とされ、相手を引き出すと討ちやすいとするが、川中島の上杉謙信と武田信玄のような両軍対峙となりやすい。「支形」という地形（正）に対する詭道（奇）は、「引きて之を去り」という餌兵（奇）になる。その戦略的事例が「賤ヶ岳合戦」での豊臣秀吉の伊勢国転進である。

「隘形」は狭い地形で、先にその地を占めて敵が来るのを待つのが有利となるので、「虚実篇」の「先に戦地に処りて、敵を待つ者は佚し」が顕著にあらわれる。楠木正成が千早城に立て籠ったのはこれに近い。意訳すれば「小牧・長久手合戦」での徳川家康の小牧山占拠も当てはまるかもしれない。「隘形」を敵兵が先に占拠していたら、敵兵が集結しているときには向かってはならない。

しかし「盈たさざれば而して之に従え」となる。『仏訳孫子』では「敵の防備が不充分な場合は、その動きを追求して奪取を図ってもいい」としている。曹操は山の間の谷間などを例にして、入り口に布陣して守りつつ、奇兵を派遣することが可能と見なす。ただし、時代変化に対応した意訳も必要で、近代には隘形の価値の低下している半面、海上などにも応用すれば海峡などにも該当してくる。

「険形」は険しいところで、「険形は、我れ先ず之に居り、必ず高陽に居りて、以て敵を待て。若し、敵先ず之に居らば、引きて之を去り、従うなかれ」となる。曹操の『孫子』解釈では、こうした場所では「尤も人に致さる可からず」、「引きて之を去り、従うなかれ」となっており、『仏訳孫子』では「策を設けて、敵を険形の前方に誘致せよ」と解釈しているから、ここでも地形（正）に対する詭道（奇）は餌兵（奇）となっている。

なお「険形は、我れ先ず之に居り、必ず高陽に居りて、以て敵を待て。若し、敵先ず之に居らば、引きて之を去り、従うなかれ」として、ここでも『孫子』は「虚実篇」と「九変篇」の「高陵に向かうなかれ、背丘には逆うなかれ」を受けて高台に陣する者、また「虚実篇」の「先に戦地に処りて敵を待つ者は佚し、後れて戦地に処りて戦いに趨く者は労す」を受けて先に地の利を占め、休息をとって待つ者が有利としている。

「遠形」は一般には遠いところとされているが、距離的な意味以上のものがある。『仏訳孫子』では「広々とした平坦な地形」としている。とくに「遠形は、勢均しければ、以て戦いを挑み難し、戦いて利あらず」という文言は、単に遠くにいる者同士が戦いにくいというだけではない。地形的にも実力伯仲でにらみ合った状態になっている場合に見られる。曹操の『孫子』解釈では「戦いを挑む者は、敵に延かるるなり」となり、梅堯臣は「戦いを挑むも則ち労し、致さんとするもうしなうなり」と註している。

戦略的事例としては、天文24年（1555年）の「川中島第2回戦」が挙げられる。4月、上杉謙信は8000人の兵を率いて春日山城を発った。謙信は善光寺のすぐ東側にあった横山城に本陣を置いた。それに対して武田側についた栗田鶴寿が善光寺の西側の山上にあった旭山城に籠城する。横山城は、旭山城から見下ろされる位置にあり、前進すると後方を遮断される危険があった。木曽へ出陣中の信玄は、旭山城へ鉄砲300挺、弓800張、兵員3000人の援軍を派遣したと『妙法寺』に記されている。信玄は4月6日に川中島に向かう。青木島大塚に布陣する。青木島大塚は犀川の「市村渡し」の南東2㎞付近だから、旭山城からの牽制と併せて謙信が犀川を渡るのを阻止しようという構えである。

対して謙信は、裾花川を挟んで旭山城の真北に葛山城を築城した。葛山城は旭山城の威力を相殺する。両軍が犀川を挟んで各々の勢力圏ギリギリのところでにらみ合う形勢となる。謙信のほうが高所に布陣しているが、信玄側には旭山城があって謙信を監視し、それを謙信側の葛山城が牽制するという情勢、しかも「河の半渡で攻めよ」で、犀川を渡り始めたほうが不利になる。両軍とも動けない。この対陣が『妙法寺』がいう「対陣二百日」である。謙信が到着してから撤退するまで200日近くになったからであるが、対陣150日とも対陣90日ともいわれるのは単純に計算の問題で、信玄との対陣開始からだと155日、7月19日に1度衝突が起きてから90日程度で撤退したということによる。

「賤ヶ岳合戦」でも、対陣当初は豊臣秀吉も柴田勝家もにらみ合ったまま手を出せなかった。柴田軍の布陣は、柳ヶ瀬の北方2㎞の内中尾山に勝家の本陣を置き、本陣の南方4㎞の行一山に佐久間盛政、その南から東にかけての尾根づたいに前田利家や金森長近らが陣取り、ちょうど北国街道正面に本陣があり、敵がそこをめざすのを側面の山々から駆け下って倒せるという形となっている。北国街道の片側をあけているから、一翼の強化にもなっている。

秀吉軍の布陣は、木ノ本付近で賤ヶ岳から北国街道に開けた平野部分に秀吉が本陣を置き、街道の両側の峯に各部隊を配置したが、勝家軍と異なるのは一翼ではなく、両翼が作られていることで、これは「鶴翼の陣」の形で、平野部分まで敵がきたところを、本陣の大軍と両翼の峯の部隊で敵を押し包んでしまうことを意図している。秀吉側は大軍である。『太閤記』では10~12万人、『志津ヶ嶽合戦小管九兵衛私記』では7万5000人が対峙したとされている。この数字が過大であったとしても、勝家軍よりも優位であったことだけは確かであろう。勝家軍は『一柳家記』では2万人とされている。大軍であるから平野なら秀吉が有利であるが、大軍の利点を消す山岳戦なら、あらかじめ部隊を配置している勝家が有利となる。ともに、攻め込めば打撃を受けることになるため、手出しはできず、対陣は膠着状態になった。

「此の六者は、地の道なり。将の至任、察せざるべからずなり」と『孫子』は述べ、梅堯臣は「地形は兵の助けにして、勝を立つるの本なり」と註している。

これに続けて『孫子』は、6種類の敗兵についても述べている。「走なる者有り、弛む者有り、陥る者有り、崩る者有り、乱るる者有り、北《に》ぐる者有り」で、この敗北は「天の災に非ず、将の過なり」と、将軍の責任としている。現地司令官が地の利を理解せず、人事に問題があれば軍は敗北したり崩壊したりする。敵の兵力が把握できなかった「走る」、兵を統率できない「弛む(緩む)」、兵がついてこない「陥る」、手柄を立てる功名心に駆られ指揮官の命令を聞かない「崩る」は、軍内部が不統一の「乱れる」、大敵にぶつかる「北ぐる(逃げる)」。「六者は、敗の道なり。将の至任、察せざるべからずなり」である。戦術的事例として「倶利伽羅峠合戦」で、地形の険しさを頼みに布陣し、夜襲に混乱して地獄谷に兵が向かってしまった平家軍が挙げられる。「賤ヶ岳合戦」の柴田勝家軍などは「弛む（緩む）」「陥る」「崩る」「乱れる」が入り乱れている。

しかし「地形は、兵の助けなり」で、地の利や不利な地形を知れば優位に軍を展開できる。見抜いて利用するも、見抜けず失敗するも将軍の力量次第ということになる。まさに「彼を知り己を知らば、勝ちあやうからず。天を知り地を知らば、勝ちを全うすべし」である。「沖田畷合戦」の島津家久、「四條畷合戦」の楠木正行などは畷という地形を利用しているが、勝敗は分かれた。「戦いの道必ず勝たば、主、戦うことなかれと曰うも、必ず戦いて可なり。戦いの道勝たざれば、主、必ず戦えと曰うも、戦うこと無くして可なり」で、「九変篇」の「君命も受けざるものあり」の通りで、戦場においては政治家よりも軍人の判断が上となるが、難しいのは現地において、大将と前線の指揮官の意見が違った場合である。

「賤ヶ岳合戦」では、「遠形は、勢均しければ以って戦い挑み難し、戦いて利あらず」を打開するような軍事行動が柴田軍から行われた。柴田軍の勝家配下の猛将・佐久間盛政が秀吉側の陣がある大岩山砦攻撃を願い出たのである。大岩山砦の防備が整っていなかったからである。当初、この攻撃に否定的であった勝家も最終的には許可する。

4月19日、盛政は大岩山砦を攻撃し、秀吉軍の中川清秀を討ち取り、さらに岩崎山の秀吉軍陣の高山右近が撤退した。これにより秀吉を引き戻すための効果が十分と見た勝家は、盛政に戻るよう指示するが、盛政はこれを拒み、大岩山などに軍勢を置き続けたのみならず、さらに柴田勝政が前進して秀吉軍の桑山重晴が布陣する賤ヶ岳砦まで進出する動きをみせる。これを「戦いの道必ず勝たば、主、戦うことなかれと曰うも、必ず戦いて可なり」と見なすかどうかは議論が分かれるところであるが、金子常規氏は佐久間盛政の戦果を拡大しなかった勝家にこそ問題があると指摘している。結果的には「将、弱くして厳ならず、教導明らかならず、吏卒常無く、兵を陳ぬるも縦横なるを、乱という」になってしまった。

そして「九変篇」のところでも述べたのだが、「卒を視ること嬰児の如し、故に之と深谿に赴くべ可し。卒を視ること愛子の如し、故に之と倶に死す可し」を、「九変篇」の「愛民は煩わす可し」とどう整合性をつけるのか。「九変篇」は舌足らずになっていて、その愛民が「厚くして使う能わず、愛して令する能わず、乱して治むる能わず、たとえばもし驕子の若し、用うべからざるなり」になってはいけない、ということなのだろう。

地形の特徴に続けて、『孫子』は将軍の責任で起こる事態として「兵には、走なる者あり、弛む者あり、陥る者あり、崩るる者あり、乱るる者あり、北ぐる者あり」と述べる。各々が、なぜ起こるかを『孫子』は、将軍と軍、兵士の関係として述べていく。

「一を以て十を撃つを、走という」は、「謀攻篇」の「小敵の堅は、大敵の擒なり」ともつながる。10倍の敵と正面衝突するのであれば玉砕だから、逃げ散るのだろう。

「卒、強く、吏、弱きを、弛という。吏、強く、卒、弱きを、陥という」は兵士及び軍隊と役人の関係と捉えることも可能で、役人は革命軍の政治将校のようなイメージだが、「吏」を将校、「吏」を兵隊として捉えるのがより適切と思われる。「吏、強く、卒、弱きを、陥という」を曹操は「吏、強くして進まんと欲するも、卒、弱ければ、すなわち敗に陥るなり」としているし、『仏訳孫子』では「将校が勇敢であっても、兵士が無能な場合、軍隊は士気を失う」としているからである。

より広義な意味で捉えると、木曽義仲の上洛後、上からの命令を聞かずに、木曽軍が平安京で乱暴狼藉略奪の限りを尽くしたことも当てはまるかもしれない。

「大吏、怒りて服せず、敵に遇えばうらみて自ら戦う」は籠城の名人の策にかかった攻め手の大将に見られることで、「千早城攻め」の名越時見、「第2次上田合戦」の徳川秀忠らが代表格である。まさに「始計篇」でいうところの「怒にして之れをみだし」である。

元弘3年（正慶2年、1333年）の千早城の攻防で、鎌倉軍の名越時見は、籠城軍が山下の川より水を得ているものとして、3000の兵とともに水辺で待ち構えていた。千早城の水断ちを図る鎌倉軍に対して、正成はあらかじめ城内に水槽を200〜300も作らせて貯水していた。

何日たっても水汲みに誰も来ないことに油断して、見張りをおろそかにした頃を見計らい、正成は優秀な射手200〜300人に夜襲を仕掛けさせた。警護していた名越軍は20人ほどが討取られて撤退。正成は奪い取った名越家の旗を城に持ち帰ってはやし立てる。城攻めのときに寄せ手が激怒すると、籠城側の罠にかかる。名越軍は激怒。大挙して城に押し寄せたが、大木の転がし攻撃にあって400〜500人が圧死、5000人ほどが射落とされている。

前述した慶長5年（1600年）の第2次上田合戦での徳川秀忠も、頭に血が上って大敗北を喫している。

野戦では、頭に血が上ることで敵の罠にかかることもあるし、さらに少数ながら無謀な突撃を行うことで、「謀攻篇」の「小敵の堅は、大敵の擒なり」ともなりがちである。「平治の乱」での悪源太義平のように、軍の疲弊と無用な損失を発生させることもある。義平の場合には、それでも部下はついてきたようであるが「第1次国府台合戦」の小弓公方足利義明は悲惨であった。

天文7年（1538年）10月、小弓公方足利義明は里見義堯・真里谷信応ら1万で国府台城に入ることとする。江戸川左岸国府台の丘陵に布陣した。本陣は国府台、相模台に数十騎、里見軍は砦内に籠っている。氏綱、氏康、弟・長綱ら2万人で江戸城に入る。そして江戸城を出て軍を三手に分け、松戸を越えて丘陵沿いに南下、小弓軍包囲しつつ搦め手を攻めることとする。

小弓軍の作戦としては、江戸川を渡河する北条軍を討つというもので、義明は自ら出陣して上陸した敵を討つと主張した。対して里見義堯は、川の渡河中に敵を殲滅させるべきと主張した。「川の半渡」通りの妥当な作戦であるが、義明の主張が通った。勝利は遠のいたと考えた義堯は松戸方面に移動する。市川側からの挟撃に備えると称していたが、戦線離脱を念頭に置いてある。

10月7日、北条軍、根来金石斎（大藤信基）の進言により渡河を開始し、北条軍は小弓軍と国府台の北の相模台で衝突する。北条軍は矢切台から国府台に三日月形の陣で敵を江戸川に包囲するように攻めるが、緒戦は小弓軍が優勢であった。

しかし数の多い北条軍が逆襲し、義明の弟・基頼、息子・義純が討ち死に、逆上した義明が突撃して、北条軍の兵士の弓に当たって戦死してしまう。『孫子』「始計篇」の「怒にして之れをみだし」、「九変篇」の「必死は殺す可し。必生は虜とす可し」、「地形篇」の「大吏、怒りて服せず、敵に遇えばうらみて自ら戦う。将、其の能を知らざるを、崩という」が該当する事例である。

「将、弱くして厳ならず、教導明らかならず、吏卒常無く、兵を陳ぬるも縦横なるを、乱という」は、戦略的事例として武田信玄に攻められた諏訪頼重、戦術的事例としては武田信玄に攻められた林城が挙げられる。攻める側としては、いかに敵の大将の心理を恐怖・不安と敗北感に満たすかを考えるべきとなる。『尉繚子』「戦威第四」には、「上に疑令無ければ、則ち衆、聴くを二つせず、動くに疑事無ければ、則ち衆、志を二つせず」とある。「シュリーフェン計画」を改《かい》簒《ざん》した小モルトケも該当する。

「将、敵を料ること能わず、少を以て衆に合わせ、弱を以て強を撃ち、兵に先鋒無きを、北ぐるという」もまた、「謀攻篇」の「小敵の堅は、大敵の擒なり」ともなりがちである。『仏訳孫子』では「主将が、敵情を正しく評価できず、大部隊に小部隊をあてたり、強力な部隊を攻撃するのに弱い部隊を以てしたり、或いは、先鋒となる突進部隊の選出を怠ったりする場合は、軍隊は敗北する」。先鋒を誰にするかは、いつでも思案される。張豫は「尉繚子に曰く、武士を選ばざれば、則ち衆は強からず」と註している。

「此の六者は、敗の道なり。将の至任、察せざるべからずなり」について補足すれば、『呉子』の「図国第一」には「昔の国家を図る者は、必ずまず百姓を教え、而して万民を親しむ。四つの不和あり。国に和せざれば、もって軍を出だすべからず。軍に和せざれば、もって出陣すべからず。陣に和せざればもって進み戦うべからず。戦いに和せざれば、もって勝を決すべからず」とあり、『孫臏兵法』（『斉孫子』）では「将敗」で20の将軍の欠点、「将失」で32の敗因を挙げている。

「故に、戦いの道必ず勝たば、主、戦うことなかれと曰うも、必ず戦いて可なり。戦いの道勝たざれば、主、必ず戦えと曰うも、戦うこと無くして可なり」は、『史記』に載っている孫武の逸話、「君命受けざる処あり」につながってくる。なお、杜牧は「主とは君なり。黄石公曰く、軍を出し師を行るは、将、進退を自ら専らにするに在り。内、御すれば則ち功成り難し。故に、聖主・明主は跪いて、推轂《すいこく》して曰く、閫外《こんがい》の事は、将軍、之を裁せよ」と註し、梅堯臣は「故に曰く、軍中、天子の詔を聞かず」、張預は「将、軍に在りては、君命も受けざる所有り」と註している。これは、軍の暴走とは逆の危険性を示している。後醍醐天皇と坊門宰相の愚が「湊川合戦」の悲劇を生んでいる。平知盛、楠木正成に欠けたものを如実に示している。

そして『孫子』は続けている。「故に、進みて名を求めず、退きて罪を避けず、惟民を是れ保ちて、利を主に合わせるもの、国の宝なり」。後醍醐天皇と坊門宰相は、そうした国の宝を失っていったのである。杜牧は「進んで戦勝の名を求めず。退いて違命の罪を避けざるなり。此の如き将は、国家の珍宝にして、それを得ることの少なきを言うなり」と註している。雑兵レベルの功名を、自らが手に入れんとして端武者と競う源義経の愚将を改めて痛感するところでもある。

しかし、ここで孫子は不思議なことをいう。「卒を視ること嬰児の如し、故に之と深谿に赴くべし。卒を視ること愛子の如し。故に之と倶に死すべし」と。もちろん、呉子（呉起）には、兵士の膿を呉子自らが吸い出したという逸話があり、劉基が『百戦奇略』で出した例にも呉子の逸話がある。

だが孫子は、「九変篇」の「五危」で「愛民は煩わす可し」と述べているのである。「五危」のところでも記したとおり、過度な「愛民」は、冷静な戦略の立案を阻害する危険がある。そこで『孫子』は、「厚くして使う能わず、愛して令する能わず、乱して治むる能わず、たとえばもし驕子の若し、用うべからざるなり」とも続ける。曹操の『孫子』解釈でも「恩は専ら用う可からず。罰は独り任ず可からず、驕子の喜怒するが若くして対目すれば、害となりて還る。而ち、用う可からざるなり」とされ、杜牧も「黄石公曰く、士卒には下る可くして、驕る可からず。夫れ、恩を以て士を養い、謙を以て之に接する。故に曰く、下る可く、之を制するには法を以てす。故に曰く、驕る可からず」と註している。

「地形編」の最後を『孫子』はこうつづる。「吾が卒を以て撃つべきを知りて、敵の撃つべからざるを知らざるは、勝の半なり。敵の撃つべきを知りて、吾が卒を撃つべからざるを知らざるは、勝の半なり。敵の撃つ可きを知り、吾が卒を以て撃つべきを知るも、而も、地形の以て戦うべからざる知らざるは、勝の半なり。故に兵を知る者は、動いて迷わず、挙げて窮まらず。故に曰く、彼を知り己を知らば、勝、乃ちあやうからず。天を知り地を知らば、勝、乃ち全うすべし」。『孫子』の万全主義が如実に示される一文である。己と彼の関係に地形（正）という要素が加わっているのである。

吾が卒を以て撃つべきを知りて―己―五事七計（正）
敵の撃つべきを知り　―彼―詭道（奇）

これに加えて、「九変篇」「行軍篇」「地形篇」「九地編」で記された地形に関わる各種の要素が加わるのであるから、念には念を入れる慎重さである。

なお「挙げて窮まらず」について、『仏訳孫子』では「戦場の駆け引きには窮まる所がない」とし、張預は「妄りに動かず、故に動いて則ち誤らず。軽挙せず。故に挙ぐるにも則ち困せず。彼我の虚実を識り、地形の便利を得て、而る後に戦う」と註し、杜牧は「未だ動かず、未だ挙げずして、勝負己に定まる。故に動けば則ち迷わず。挙げれば則ち窮らざるなり」と註し、梅堯臣は「知らざる所無ければ、則ち動いて迷わず、闇を挙げて困窮せざるなり」と註している。また「彼を知り己を知らば、勝、乃ちあやうからず。天を知り地を知らば、勝、乃ち全うすべし」について、杜牧は「人事、天時、地利の三者同じく知れば、則ち百戦百勝す」と要約している。

第十五章

九地篇（九種類の地形と兵士の心理）

「九地篇」全文書き下し

孫子曰く、凡そ用兵の法たる、散地あり、軽地あり、争地あり、交地あり、衢地《くち》あり、重地あり、圮地《ひち》あり、圍地《いち》あり、死地あり。

諸侯、自ら其の地に戦うを散地と為す。人の地に入りて深からず者を、軽地と為す。我れ得れば則ち利あり、彼れ得るも亦《また》利ある者を、争地と為す。我れ以て往くべし、彼れ以て来るべき者を、交地と為す。諸侯の地三属し、先に至れば天下の衆を得る者を、衢地と為す。人の地に入ること深く、城邑《じょうゆう》を背にすること多き者を、重地と為す。山林・険阻・沮沢を行くに、凡そ行き難きの道は、圮地と為す。由って入る所の者は隘く、したがって帰る所の者は迂にして、彼れの寡、以て吾れの衆を撃つべき者を、囲地と為す。疾《はや》く戦えば則ち存し、疾く戦わざれば則ち亡ぶ者を、死地と為す。是の故に、散地には則ち戦うことなかれ。軽地には、則ち止まること無かれ。争地には則ち攻むることなかれ。交地には則ち絶つことなかれ。衢地には則ち交わりを合す。重地には則ち掠《かす》むなかれ。圮地には則ち行く。囲地には則ち謀る。死地には則ち戦う。是の故、散地には、吾れ将《まさ》に其の志を一にせんとす。軽地には、吾れ将に之をして属せしめんとす。争地には、吾れ将に其の後ろを趨《おもむ》かせんとす。交地には、吾れ将に其の守りを謹まんとす。衢地《くち》には、吾れ将に其の結《まじわ》りを固くせんとす。重地には、吾れ、将に其の食を継がんとす。圮地には、吾れ、将に其の塗《みち》を進まんとす。囲地には、吾れ、将に其の闕《か》けたるを塞《ふさ》がんとす。死地には、吾れ、将に之に示すに活きざるを以てす。故に、兵の情、囲まるれば則ち禦《ふせ》ぎ、已《や》むを得ざれば則ち闘い、逼ぐれば則ち従う。

九地の変、屈伸の利、人情の理、察せざるべからず。所謂、古えの善く兵を用うる者は、能《よ》く敵人をして前後相及ばず、衆寡相恃《たの》まず、貴賤相救わず、上下相収めせざらしむ。卒、離るれば而《すなわ》ち集まらず、兵、合すれば斉《ととの》わざらしむ。利に合すれば動き、利に合わざれば止まる。

敢えて問う、敵、衆にして整えて将に来らんとす。之を待つこと若何《いかん》。曰く、先ず其の愛する所を奪わば、則ち聴かん、と。兵の情は速やかなるを主とす。人の及ばざるに乗じ、虞《はか》らざるの道に由り、其の戒めざる所を攻むるなり。凡そ、客たるの道は、深く入れば則ち専《もっぱ》らにして、主人克たず。饒野《じょうや》を掠むれば、三軍の食足る。謹み養いて労することなかれ。気を併せ力を積み、運兵計謀の測るべからざるを為す。之を往く所無きに投ずれば、死すとも且つ北げず、死せば焉《いずく》んぞ得ざらんや、士人力を尽くす。兵士、甚だしく陥れば則ち懼《おそ》れず。往く所無ければ則ち固く、深く入れば則ち拘《こう》し、已むを得ざれば則ち闘う。是の故に、其の兵は修めずして戒め、求めずして得、約せずして親しみ、令せずして信なり。祥を禁じて疑いを去らば、死に至るまで之《ゆ》く所なし。吾が士に余財無きは、貨を悪むに非ざるなり。余命無しとするは、寿を悪むに非ざるなり。令を発するの日、士卒、坐する者は、涕《なみだ》、襟を霑《うるお》し、偃臥《えんが》する者は涕、頤《あご》に交わる。之を往く所無きに投ずれば、諸・劌《けい》の勇なり。故に、善く兵を用うる者は、譬《たと》えば率然の如し。率然とは、常山の蛇なり。其の首を撃てば則ち尾至り、其の尾を撃てば則ち首至り、其の中を撃てば則ち首尾とも倶に至る。

敢えて問う。兵は卒然の如くならしむべきか。曰く、可なり。夫れ、呉人と越人相悪むものなり。其の船を同じうして済《わた》り、風に遭うに当たりては、其の相救うや、左右の手の如し。是の故に、方馬埋輪《ほうばまいりん》は、未だ恃《たの》むに足らざるなり。勇を斉《ととの》えて一の若《ごと》くするは、政の道なり。剛柔、皆得るは、地の理なり。故に、善く兵を用うる者は、手を携えるが若くして一なるは、人をしてや已むを得ざらしむるなり。

将軍の事は、静にして以て幽、正にして以て治む。能く士卒の耳目を愚にし、之を知ること無からしむ。祥《しょう》を禁じ疑い去れ、死に至るも之く所無し。其の事を易え、其の謀を革《か》め、人をして識ること無からしむ。其の居を易え、其の途を迂にし、人の慮《おもんばか》ることを得ざらしむ。三軍の衆を聚《あつ》め、之を険に投ず。これ軍の将たる事なり。帥《ひき》いて之と深く諸侯の地に入り、而《しこう》して其の機を発す。船を焚き釜を破れ。群羊を駆るが若し。駆りて往《い》き駆りて来るも、之く所を知る莫《な》し。帥いて之と期するや、高きに登りて其の梯を去るが如くす。是の故に、諸侯の謀を知らざる者は、預《あらかじ》め交わること能《あた》わず。山林・険阻・沮沢の形を知らざる者は、軍を行《や》ることを能わず。郷導を用いざる者は、地の利を得ることを能わず。此の三者は、一を知らざるも、覇王の兵に非ざるなり。

夫《そ》れ覇王の兵、大国を伐たば、則ち其の衆を聚《あつめ》るを得ず、威を敵に加うれば、則ち其の交わり合わすを得ず。是の故に、天下の交わりを争わず、天下の権を養わず、己れの私を信《の》べ、威、敵に加わる。故に、其の城を抜くべく、其の国を隳《やぶ》るべきなり。無法も賞を施し、無政の令を懸く。三軍の衆を犯《もち》うること、一人を使うが若し。之を犯うるには事を以てし、告ぐるに言を以てするなかれ。之れを犯うるには利を以てし、告ぐるには害を以てするなかれ。之れを亡地に投じて然る後に存し、之を死地に陥れて然る後に生く。夫れ、衆は害に陥りて然る後に能く勝敗を為す。故に、兵の為す事は、敵の意を順詳《じゅんしょう》するに在り。敵に并せて一向せしめ、千里にして将を殺す。故に、此れを、巧みに能く事を成す者と謂うなり。

是の故に、政《まつりごと》挙がる日は、関を夷《ふさ》ぎ符を折りて、其の使を通すこと無し。廊廟の上に厲《はげ》みて、以て其の事を誅《せ》む。敵人、開闔《かいこう》すれば、必ず亟《すみや》かに之に入る。其の愛する所を先にす、微《ひそ》かに之を期す。墨を践みて敵に随《したが》い、以て戦事を決す。是の故に、始めは処女の如くす。敵人、戸を開けば、後には脱兎の如くす。敵、拒《ふせ》ぐに及ばず。

☆曹操や郭化若など多くは「重地には則ち掠むなかれ」ではなく「重地には則ち掠め」としているが、『仏訳孫子』に従い「重地には則ち掠むなかれ」を採用している。

☆曹操や郭化若など多くは「是の故、散地には、吾れ将に其の志を一にせんとす。軽地には、吾れ将に之をして属せしめんとす。争地には、吾れ将に其の後ろを趨かせんとす。交地には、吾れ、将に其の守りを謹まんとす。衢地には、吾れ将に其の結りを固くせんとす。重地には、吾れ、将に其の食を継がんとす。圮地には、吾れ、将に其の塗を進まんとす。圍地には、吾れ、将に其の闕けたるを塞がんとす。死地には、吾れ、将に之に示すに活きざるを以てす。故に、兵の情、囲まるれば則ち禦ぎ、已むを得ざれば則ち闘い、逼ぐれば則ち従う。九地の変、屈伸の利、人情の理、察せざるべからず」を載せていない。「九地の変、屈伸の利、人情の理、察せざるべからず」は「凡そ、客たるの道は、深く入れば則ち専らにして」とつなげ、軽地などの説明が続く形となっている。

☆「宋本十一家註孫子」を底本の意味から改変をしている岩波版『孫子』（金谷治）では、「疾く戦わざれば則ち亡ぶ者を、死地と為す」の後の「是の故、散地には、吾れ将に其の志を一にせんとす。交地には、吾れ将に之をして属せしめんとす。争地には、吾れ将に其の後ろを趨かせんとす。交地には、吾れ将に其の守りを謹まんとす。衢地には、吾れ将に其の結りを固くせんとす。重地には、吾れ、将に其の食を継がんとす。圮地には、吾れ、将に其の塗を進まんとす。圍地には、吾れ、将に其の闕けたるを塞がんとす。死地には、吾れ、将に之に示すに活きざるを以てす。故に、兵の情、囲まるれば則ち禦ぎ、已むを得ざれば則ち闘い、逼ぐれば則ち従う。九地の変、屈伸の利、人情の理、察せざるべからず」が省かれている。

☆「宋本十一家註孫子』を底本の意味から改変をしている岩波版『孫子』（金谷治）では、「其の途を迂にし、人の慮ることを得ざらしむ」の後に「帥いて之と期するや、高きに登りて其の梯を去るが如くす」が続き、さらに「深く諸侯の地に入り、而して其の機を発す（船を焚き釜を破れ）。群羊を駆るが若し。駆りて往き駆りて来るも、之く所を知るな莫し」が置かれ、「三軍の衆を聚め、之を険に投ず。これ軍の将たる事なり」と続き、その後に「九地の変、屈伸の利、人情の理、察せざるべからず」の後に置かれている。さらに続けて「凡そ客たるの道、深ければ則ち専らに、浅ければ則ち散ず。国を去り境を越えて師ある者は絶地なり。四達する者は衢地なり。入ること深き者は重地なり。入ること浅き者は軽地なり。背は固にして前は隘なる者は圍地なり。往く所なき者は死地なり」と続き、「是の故、散地には、吾れ将に其の志を一にせんとす。軽地には、吾れ将に之をして属せしめんとす。争地には、吾れ将に其の後ろを趨かせんとす。交地には、吾れ将に其の守りを謹まんとす。衢地には、吾れ将に其の結りを固くせんとす。重地には、吾れ、将に其の食を継がんとす。圮地には、吾れ、将に其の塗を進まんとす。圍地には、吾れ、将に其の闕けたるを塞がんとす。死地には、吾れ、将に之に示すに活きざるを以てす。故に、兵の情、囲まるれば則ちふせ禦ぎ、や已むを得ざれば則ち闘い、逼ぐれば則ち従う」となっている。

☆曹操は「三軍の衆を聚め、之を険に投ず。これ軍の将たる事なり」のあとに「九地の変、屈伸の利、人情の理、察せざるべからず」を置き、それに続けて「凡そ、客たるの道は、深く入れば則ち専らにして」を再度もってきている。その後、簡単な九地の解説を行い、続けて「是の故、散地には、吾れ将に其の志を一にせんとす。軽地には、吾れ将に之をして属せしめんとす。争地には、吾れ将に其の後ろを趨かせんとす。交地には、吾れ将に其の守りを謹まんとす。衢地には、吾れ将に其の結りを固くせんとす。重地には、吾れ、将に其の食を継がんとす。圮地には、吾れ、将に其の塗を進まんとす。圍地には、吾れ、将に其の闕けたるを塞がんとす。死地には、吾れ、将に之に示すに活きざるを以てす。故に、兵の情、囲まるれば則ち禦ぎ、已むを得ざれば則ち闘い、逼ぐれば則ち従う」を載せている。そして「帥いて之と深く諸侯の地に入り、而して其の機を発す。船を焚き釜を破れ。群羊を駆るが若し。駆りて往き駆りて来るも、之く所を知る莫し。帥いて之と期するや、高きに登りて其の梯を去るが如くす」が記されておらず「是の故に、諸侯の謀を知らざる者は、預め交わること能わず。山林・険阻・沮沢の形を知らざる者は、軍を行ることを能わず。郷導を用いざる者は、地の利を得ることを能わず」につながっている。

☆郭化若は「将軍の事は、静にして以て幽、正にして以て治む。能く士卒の耳目を愚にし、之を知ること無からしむ」の後の「祥を禁じ疑い去れ、死に至るも之く所無し」が抜けている。その後に「其の事を易《か》え、その謀を革め、人をして識ること無からしむ。其の居を易え、其の途を迂にし、人の慮ることを得ざらしむ」が来て、「帥いて之と期するや、高きに登りて其の梯を去るが如くす」「帥いて之と深く諸侯の地に入り、而して其の機を発す。船を焚き釜を破れ。群羊を駆るが若し。駆りて往き駆りて来るも、之く所を知る莫し」「三軍の衆を聚め、之を険に投ず。これ軍の将たる事なり」と続く。そして「九地の変、屈伸の利、人情の理、察せざるべからず」がくる。その後に

「凡そ、客たるの道は、深く入れば則ち専らにして」を再度もってきている。その後、簡単な九地の解説を行い、続けて「是の故、散地には、吾れ将に其の志を一にせんとす。軽地には、吾れ将に之をして属せしめんとす。争地には、吾れ将に其の後ろを趨かせんとす。交地には、吾れ将に其の守りを謹まんとす。衢地には、吾れ将に其の結りを固くせんとす。重地には、吾れ、将に其の食を継がんとす。圮地には、吾れ、将に其の塗を進まんとす。圍地には、吾れ、将に其の闕けたるを塞がんとす。死地には、吾れ、将に之に示すに活きざるを以てす。故に、兵の情、囲まるれば則ち禦ぎ、已むを得ざれば則ち闘い、逼ぐれば則ち従う」を載せている。是の故に、諸侯の謀を知らざる者は、預め交わること能わず。山林・険阻・沮沢の形を知らざる者」と続く。

☆曹操も郭化若も「此の三者は、一を知らざるも」を「四五の者、一を知らざる」としている。

☆曹操は「敵に并せて一向せしめ」を、敵をまとめて一つに向かわせると解釈する。郭化若は、兵力を集中して一方向から攻めると解釈する。『仏訳孫子』では、敵の行動に我が軍の行動を合わせ、我が軍は敵に悟られることなく兵力を集中すると解釈する。

現代語意訳

孫子はいう。用兵上の原則から見た地形は、「散地」「軽地」「争地」「交地」「衢地」「重地」「圮地」「圍地」「死地」に分類できる。

諸侯が、自国領で戦うのが（家が恋しい兵が散り散りになりやすい）「散地」である。国境を越えて、まだ間もない敵国の地が（兵の心が軽くなって逃亡して自国に帰りたがる）「軽地」である。自国にとっても領有することで利益が得られるが、敵国にとっても領有することで利益が得られる地は（敵味方が奪い合う）「争地」である。我が軍も進撃しやすく、敵軍も進撃しやすい地は（連絡交通の要所）「交地」である。諸侯の土地と隣接し、先に（その地へ）至れば、（周辺諸侯と交わりを結び援助を得られるから）、天下の兵を得られるところが「衢地」である。国境を越えて、いくつもの城を通り過ぎたあたりが（兵の心が重くなる）「重地」である。山林・険阻（険しいところ）、沮沢（沼沢地）など、軍が通過しにくいのが「圮地」である。入り口が狭く、帰路は遠回りとなり、少数の敵が、多勢の我が軍を攻撃できるのが（包囲されやすく、閉ざされた）「圍地」である。迅速に（死に物狂いで）戦えば生き残れるが、迅速に（死に物狂いで）戦わないと生き残れなくなるのが「死地」である。「散地」では戦ってはいけない。「軽地」には軍をとどめてはいけない。「争地」は（相手が先に占拠していたら）攻めてはいけない。「交地」では軍を（軍と軍の間に隙間を作って）分断してはいけない。「衢地」では諸侯と友好関係を結ばなければならない。「重地」では食料などを略奪してはいけない（が、食糧確保はしておかなければならない）。「圮地」は速やかに通過しなくてはいけない。「囲地」で（そこから離脱するために）謀を立て、策を練らないといけない。「死地」では（死に物狂いで）戦わなくてはいけない。だから、散地では、兵の心をしっかり1つに束ねておかなくてはいけない。「軽地」では、各軍の連携を密にしなくてはならない。「争地」では、後続部隊を急行させなくてはならない。「交地」では、防御に厳重な注意を払わなくてはならない。「衢地」では、同盟関係を強固にしなくてはいけない。「重地」では、食糧確保の補給路を確保しなくてはいけない。「圮地」では、急いで通過しなくてはいけない。「圍地」では、出入り口を確保しておかなくてはいけない。「死地」では、生存の道がないことを示さなくてはいけない。なぜなら兵は、包囲されれば抵抗し、他に方法なければ（必死に）

戦い、絶体絶命に追い詰められれば上官の指揮に従うからである。

9種類の地形（散地、軽地、争地、交地、衢地、重地、圮地、圍地、死地）での各々の対応、消極策を取ったり積極策を取ったり、人間の行動を支配する心的原理は、よくよく考慮しなければならない。だから古の戦上手は、敵に対して、軍の前後が連絡を取れないようにしたり、（主力の）大軍と少数部隊が相互協力して助け合うことを妨げ、身分の高い者と低い者とが救援できないようにし、地位の高い者と低い者との心が一体化しないようにし、兵隊達が離れ離れになって（一カ所に）集中できないようにさせ、兵達が集まっても（隊伍が整わない）統制できないようにしたのである。（そして、味方に）利があれば、行動し、（味方に）利がなければ動かないようにする。

ここであえて質問したい。敵が大軍で、（しかも統制がとれて）整然として進軍してこようとするとき、どう対応すべきか。（孫子は）答えていう。（先に敵の）大切にしているものをとってしまえば、こちらの思うようになる。戦争（における軍事行動）は、迅速をむねとする。敵の（不備なため諸々対策が追いつかないように）態勢が整わないときに、予期せぬ方法で、敵の警戒していないところを攻めるのである。だいたい、敵地に攻め入った軍の道理では、（こちらが）敵中深く攻め込めば、兵は（戦いに）専念するから、（散地にいる）敵は勝てない。（食料が豊富な）沃野より、食料を略奪しておけば、食糧不足には陥らない。兵達に、よく休養をとらせ、気力十分な状態にして力を蓄え、（こちらの）用兵計画は、敵が予想もつかないものとし、逃げ場がどこにもないところに（軍を）投入すれば、兵達は死んでも敗走しないし、死ぬ気になっていれば（勝利が）得られないはずはない。（上下とも）全力を尽くすはずである。兵達は（危機状態に）陥れば、（意識が集中して）なにものも恐れないようになり、逃げ場がどこにもなければ（戦う意思は）固くなり、敵中深く侵入すれば団結し、（追い詰められて）やむをえない状態ならば（死ぬ気で）戦う。だから、そうした兵は、（あえて）教育しなくても、己の心を戒め、（将軍が）求めなくても、それに答え、誓いを立てさせなくても、お互い親しみ合い、命令しなくても規律を守る。迷信を禁じ、心に疑念が湧くことがないようにすれば、死に至るまで心を動かすことはない（動揺しない）。我が軍の兵達に、余分な財産がないのは、財貨を憎んでいるからではない。命を惜しまないのは、長寿を嫌っているからではない。決戦の命令が発せられた日には、兵士たちの座り込んでいる者は、涙で襟を濡らし、横たわっている者は、涙が顎にまで流れる。こうした兵士たちを、退路のない行き場のない窮地に投入すれば、専諸や曹劌のように勇敢になるのである。だから、戦上手の者は、率然のようなものだ。率然とは常山の蛇（尻尾の先端も頭になっている両頭の蛇）のことである。首を攻撃すれば、尾の頭が襲いかかり、尾を攻撃すれば、頭が襲いかかり、胴体の真ん中を攻撃すれば、頭と尻尾が襲いかかって来る。

ここであえて質問したい。軍を率然のようにできないだろうか。（孫子は）答えていう。可能であると。呉人と越人は仲が悪いが、同じ舟に乗せて川を渡らせ、強い風に当たると、お互い助け合う様は、左右の手のようだ。これゆえに（戦車を引く）馬を並べてつなぎ、（戦車の）車輪を土に埋めて（動かないように固定して）陣固めをしてみても不充分である。勇気を一様にして、すべてが一体化するようになるのは、軍制によるものである。剛なる（屈強な）者も柔なる（脆弱な）者も充分な働きをさせるのは、（強弱を生かす九地の）地勢の道理（の利用）によるものである。戦上手が、手をつないでいるかのように軍を一体化させて操るのは、兵が戦うしかない状況にさせるからである。

将軍とは、心沈静にして奥深く思考に富み、正しく公平なものである。兵達の耳目をくらまし、（将軍自らの）考えを知られないようにする。計画を変え、方針や作戦を変えても、それを知られることがないようにする。その居場所を変えても、迂回しても、その考えを、推測できないようにする。軍を集めて（戦うときには）、危険な状況に投入する。これは将軍の仕事である。軍を率いて、軍とともに諸侯の領内深く侵入し、攻撃（して戦闘開始）を待つとき、（決死の覚悟にするために）乗ってきた舟を焼き、使っていた釜を打ち砕き、羊の群れを追い立てるように（兵を）追い立てる。兵達は、追い立てられてきても、どこに向かうか分からない。軍を率いて命を発する時は、高いところに登らせて、はしごを外すようにする。そんなわけで、諸侯の（腹の内の）謀略を知らなければ、（諸侯と）親交を結ぶことはできず、山林、険阻、沮沢などの地形を知らなければ、軍を進めることはできない。その土地の道案内を使わなければ、地の利（地形の利用）を得られない。この3つのうち、1つでも知らなければ覇王の軍とはいえない。

覇王の軍が、大国を討伐すれば、（攻められた大国）は兵を集めることもできず、（覇王から）威圧されれば、その国は他国と親交を結ぶことはできない。だから（覇王は）天下の諸侯と親交を結ぶことを競い合わず、天下の諸侯の権威を奪わなくても、己れの思うままに振る舞い、意図を伸ばしていくだけで、威勢が敵に加わっていく。だから、敵の城を落とし、敵の国を取ることができるのである。軍法にない（特別な）賞を与え、軍政にない（特例の）命令を出すと、大軍を用いていても1人の人間を使うかのごとくになる。これ（大軍）を動かすには、（するべき）事だけを伝えて、（なぜするのかを説明するような、余分な）言葉を告げてはならない。これ（大軍）を動かすには、利益のみを示して、害になるようなことを告げてはならない。軍を滅ぶしかない状況に陥れてこそ（軍は）存在し続け、死地に入れて後、（兵は）生き残る。軍は窮地に陥ってのち、初めて勝敗を決することができる。だから戦争の指導は、敵の企みに従うふりをすることで、そして自軍の兵力を集中させ、敵に合わせるような形で（こちらが望む）一方向に敵を向かわせれば、千里の彼方の敵の将軍をも殺すことができる。これを、巧みに事を成しとげる（戦争に勝利する）という。

これゆえに、開戦が決定したら、関所を封鎖し、通行手形を折り（無効にし）、敵の使者を通行させず、廟堂で秘密裏に、軍事計画を立て戦略を錬る。敵が（隙を見せて）門を開けたら、必ずすぐに侵入する。まず、敵が大切にしている要地を奪う。密かに将軍が心の中で、行動開始日を決める。敵の（軍事状況や）行動に応じて自分も行動し、軍事行動は決定される。だから最初は処女のように静かに穏やかにしておいて（敵を油断させ）、ひとたび敵が隙をみせたなら、脱兎（逃げる兎）のように（迅速に進撃し攻撃）すれば、敵は防いでも、防ぎきれない。

○『仏訳孫子』では「以て其の事を誅む」を、国家の首脳陣に戦争計画の実行を決意させよと解釈する。
○曹操は「微《ひそ》かに之を期す」を密かに敵に近づくと解釈する。郭化若は、敵と会戦の期日を取り決めてはならないと解釈する。

九地とは

「九地篇」は九種類の地形と兵士の心理、そこで取るべき対応について書かれている。地形についての記述は「九地編」「行軍篇」「地形篇」等各篇にまたがっているが、「九地篇」では、とくに大戦略や戦略から見た用兵上の地形的特質と軍の維持のために取るべき行動について書かれている。地形そのものというよりも、「死地」や「将軍の事」など、心理的な側面が多い。「九地篇」は「九地の変、屈伸の利、人情の理、察せざるべからず」の位置や、「散地」「軽地」「争地」「交地」「衢地」「重地」「圮地」「囲地」「死地」の解説箇所などが各種『孫子』本によって違っているなどの問題もある。用兵から見た地形は「散地」「軽地」「争地」「交地」「衢地」「重地」「圮地」「囲地」「死地」に分かれ、各々の場所での兵隊の心理も含めた軍隊の取るべき行動が示されているのだ。

地形に関わる各篇、解釈の割れる「九変篇」、不要論がある「地形篇」、各篇中で一番長い「九地篇」で、その各々に重複した文言が繰り返されるが、削除すべきかどうかは議論が分かれている。しかし「地形は兵の助け」ということは共通している。味方がそれを利用して有利な位置を占めるだけでなく、敵の不利、そして心理も利用するということである。ただし、マニュアル的に地形に対応するのではなく、状況によって重地が死地になったりと変化するので、地政学とは異なっている。応用するには単なる地形として見るのではなく、地形の引き起こすのと類似した状況を当てはめてみる必要がある。「九地篇」については、たとえてみれば、安心感を得られる条件、不安に陥る状況などになってくる。

自国領である「散地」では兵は逃げたがり、国境付近の「軽地」では引き返したがる。『尉繚子』の「兵令下篇」に通じる考え方である。「散地には則ち戦うことなかれ。軽地には、則ち止まることなかれ」と「散地」では兵の心を捉え、「軽地」では軍をまとめることを提唱する。つまり自国内で戦わず、国境付近には長くとどまらないということであるが、もし敵が自国領に深く攻め込んできたら、「孫武問答」では、兵力を数カ所に集結して要塞に籠り、兵糧をあらんかぎり集めて敵の手に渡らないよう備蓄し、奇兵、軽兵で敵の補給線を攻撃して苦しめおびき出す、そして要害の地形で伏兵を設けるか、敵の意表を突く形で戦う、とこちらが攻めていったときの「重地」などの対応の逆を述べている。

「諸侯、自ら其の地に戦うを散地と為す」で劉基が『百戦奇略』で出した例は、「主戦」の北魏軍に対する後燕の対応である。「人の地に入りて深からず者を、軽地と為す」では、「川中島第4回戦」で上杉謙信がなぜ敵中深く妻女山に入ったのかの説明となる。まさに「客たるの道は、深く入れば則ち専《もっぱ》らにして、主人克たず」ということである。曹操の『孫子』解釈でも「士卒、皆、返を軽しとするなり」とあり、王晳は「始めて敵境を渉り、勢軽くして、士、未だ闘志あらざるなり」と註している。安全圏にいるときや危険領域に入ったときが、兵隊の心がもろくなり軍隊が溶解しやすい、という兵の心理についての指摘といえる。「軽地には、吾れ将に之をして属せしめんとす」で部隊の連携を密にしなければならない。

「我れ得れば則ち利あり、彼れ得るも亦利ある者を、争地と為す」「争地には則ち攻むることなかれ」で、敵が争地に居るときには攻めないということ、先に占拠することを第一とする。占拠するために攻めるのは愚の骨頂で、戦術的事例として、「山崎合戦」で占拠された天王山奪取を試みた明智光秀軍が挙げられる。

もし敵が争地を先に奪取していたら、「孫武問答」では、兵を引いて偽りの撤退をして、敵の「愛する所に趨く」、敵が救援に出たら、我が軍は囮をおいて敵を混乱させ、伏兵で奪取するのがよいとしている。曹操の『孫子』解釈では、「攻むるは不当なり。当に先ず至りて利と為すべし」としている。地政学の要地はだいたい「争地」であるから、戦いが有利になるよう「先ず其の愛する所を奪わば、則ち聴かん」「其の愛する所を先にす」にもつながる。「争地には、吾れ将に其の後ろを趨かせんとす」は、決勝点に兵力を集中しろ、というジョミニやクラウゼヴィッツの考え方に近い。

大戦略的事例として、川中島や関門海峡は、そこを制したほうが圧倒的に有利となる。戦略的事例としては、「小牧・長久手合戦」での小牧山なども挙げることができる。『孫臏兵法』（『斉孫子』）「五度九奪」でも「貴《たっと》しとするところを取る」として挙げているが、「争地」を先に占拠する利点として、曹操の『孫子』解釈では「少なきを以て衆に勝ち、弱にして強を撃つ可し」としている。「争地には、吾れ将に其の後ろを趨かせんとす」について、『仏訳孫子』では「後続部隊を急追させよ」としている。

「十一家註」で、李筌は「此れ喉を戹し険を守るの地にして、先に居る者は勝つ」、杜牧は「必争の地は乃ち険要なり」、杜佑（『通典』）は「山水の口を戹して険固の利あるを謂う。両敵の争う所なり」、何氏は「争地とは便利の地なり。先に居る者は勝つ。是を以て之を争う」と註しているが、いずれも地形的解釈である。逆に、「争地」を囮とマーケティング的に解釈すると、どの製品を先に開発するか、市場に先んじて出すか、どの地区でシェアトップを狙うかといったことにつながってくる。

「我れ以て往くべし、彼れ以て来るべき者を、交地と為す」で、「交地」は交通・連絡の要所で、クラウゼヴィッツのいうところの「交通地域」である。川中島や近江国安土も該当してくる。曹操の『孫子』解釈では、「道の正に相交錯するなり」となり、張豫は「地に数道あり。往来通達して阻絶する可からざる者、是れ交錯の地なり」と註している。

「争地」「交地」と後述する「衢地」は兼ねられることが多い。要所であり「愛するところ」である。「争地」と「交地」を兼ねた関ヶ原は、大規模な合戦を引き起こしやすい。「青野ヶ原合戦」「関ヶ原合戦」は、そこを制したほうが死命を制したわけではないが、大戦略的事例として挙げられる「壬申の乱」は、まさに死命を制することとなった。

大戦略的事例の「壬申の乱」においては、大海人皇子は自らの領地がある美濃国湯沐邑《ゆのむら》に村国男依、身毛君広、和珥部臣君手という3人の家臣（舎人）を先に派遣し、その地で兵士を動員して不破を遮断するよう命じた。単に領地であっただけではない。不破は北を伊吹山地、南を養老山地と鈴鹿山地に挟まれた濃尾平野西端の峡谷であり、東国の大軍が通過する通路であり、西国・近畿からの逃亡者を遮断する場所である。

都での叛乱が失敗したときに、東国に落ち延びて再起を図ろうという試みは歴史上度々見られるものである。とくに兵力供給の視点で、大海人皇子は東国の兵力を自らが掌握することで、大戦略上に優位に立とうとしたのである。

「白村江合戦」は「壬申の乱」にも影響を及ぼしており、親唐派の大友皇子は唐に協力して新羅を倒す可能性を考えていたのだが、西国が「白村江合戦」で疲弊したうえ、本土防衛の警戒も怠ることができず兵力に余裕がなく、しかも「白村江合戦」の捕虜を返してもらう代わりに大量の武器を唐に渡してしまっていた。

それに対して、東国は徴兵も進んでいて兵力が豊富であった。「白村江合戦」での百済救援軍の捕虜を地域別に見ると、東国では陸奥国だけなのに対して筑紫国、肥後国、筑前国、筑後国、伊予国、讃岐国、備後国とほとんど西国であって、疲弊していたことが分かる。

先に戦争を優位に導く手を打ってから、天武天皇元年（672年）6月24日、大海人皇子は吉野を出立した。その際に倭古京（飛鳥）にいる間に駅鈴を手に入れようとして失敗したことから、早くも近江朝廷に大海人皇子の行動はばれたようである。大海人皇子は伊賀国を越え、伊勢国の隠れ評（名張）に入り駅家を焼き、豪族に参集を呼びかけたが、集まってくる者はなかった。しかし兵力は逐次増加していき中山で伊賀国の官人や豪族数百名が参集、そして積殖で大津京より逃げてきた高市皇子の軍と合流し、大津皇子も合流する。大海人皇子は500人で鈴鹿山道を遮断する。単に近江朝廷からの追撃を防ぐだけではない。不破道だけでなく、近江朝廷が東国と連絡できそうな各所を遮断するという大戦略上の施策を行なっていくのである。

不破関確保の連絡も入り、戦争遂行上の優位は確保していた。不破遮断は6月25日であった。大海人皇子のもとには美濃国、伊勢国、伊賀国、紀伊熊野などの兵が集まり、東国の兵が随時参集して兵力を供給することになる。「箸陵」での戦いでは甲斐国の兵も活躍しているから、相当広範囲で東国の兵が動員されていたことになる。近江朝廷が不破で遮断されずに東国の兵を獲得できていれば、帰趨は大きく変わった可能性があった。近江朝廷の使者が東国に向かおうとしたのが26日のことであったから、不破遮断の翌日である。わずかな差が運命を分かったといえる。すでに美濃国湯沐邑では、大海人皇子の家臣である多品治が3000人もの兵を集めて不破の道を封鎖していた。

「先に至れば天下の衆を得る者を、衢地と為す」で、中国では中原が代表的である。日本において平安京が衢地といえるかどうかは、ケースバイケースとなる。曹操の『孫子』解釈では「先に至りて、その国の助けを得るなり」、「孫武問答」では、先に至ることができなければ使節を送って和を約し、親しく交わり恩を結ぶことを提案するのだとしている。「衢地には交りを合わす」を、『仏訳孫子』では「同盟軍との合流は、通信・連絡が便なる『衢地』で行え」としている。「諸侯の地三属し」について、曹操の『孫子』解釈は、「我と敵と相当るに、傍らに他国の有るなり」となっており、『仏訳孫子』では「ある一国の向背をめぐって、隣接する諸国が鎬を削っている」「一国が、自身の立場から見て隣接する諸国に行動の自由を奪われている」としている。なお、竹簡本では「衢地には、吾れ、将に其の恃む所を謹まんとす」となっている。「吾れ将に其の結りを固くせんとす」について、王皙は「その結びを固むるには、徳・礼・威信を以てし、且つ示すに利害の計を以てす」と註している。

「人の地に入ること深く、城邑を背にすること多き者を、重地と為す」は、国境を越え、敵地に入り込み、いくつもの城を通り過ぎた段階である。敵地深く侵攻しているのだから、軍を維持するための食料調達が大きな課題となってくる。「重地には則ち掠《かす》むなかれ」とあるが、各種『孫子』の中には「重地には則ち掠む」と書かれているものもあり、「作戦篇」では「知将は務めて敵に食む」とあるから、解釈が分かれる。曹操の『孫子』解釈では、折衷的に「糧食を備蓄するなり」とあるが、基本は現地調達優先である。しかし、李筌や『仏訳孫子』は「掠むなかれ」と見なしている。いずれにせよ重地では兵糧の調達が課題になり、敵が攻めてきたとき、重地では食料を渡さない工夫をしなければならない。まさに「重地には、吾れ、将に其の食を継がんとす」である。

逆に侵攻した側とすれば、兵糧調達が難問である。曹操の『孫子』解釈では、「彼を掠するなり」で敵軍からの奪取を考えている。「饒野を掠むれば、三軍の食足る」、「故に、知将は務めて敵に食む（作戦篇）」とつながってくる。対して、賈林は「糧をして相継ぎて絶えざらしむるなり」、杜佑（『通典』）は「深く入れば、当の其の糧食を継がしむべし」と註している。敵国民からの略奪はまずいが、敵軍からの略奪はよい、といっても遠征規模が長大になると困難は増す。「川中島第4回戦」で、妻女山に籠った上杉謙信に対して、武田信玄が茶臼山と海津城で遮断線を引いたのは、食糧補給を断つという意味では正しかった。謙信は「重地」にいるから食料調達が仮題になるのである。しかし、信玄は当初は単に「重地」に入ったと見ていたが、後に謙信は「疾く戦えば則ち存し、疾く戦わざれば則ち亡ぶ者」である「死地」に入れたと解釈を変えて遮断線を解いている。逆に「散地」にいた信玄の方では、「川中島第3回戦」でも「川中島第4回戦」でも逃亡兵が出ている。

遠征は否応なく「重地」に入り込まざるをえなくなる。上杉謙信や武田信玄の小田原攻めも重地作戦といえるし、「三方原合戦」以降の信玄は、「重地」に入っていく。「重地」は「地形篇」でいう「挂なる者」になることが多々見られる。劉基が『百戦奇略』で出した例は、「客戦」で韓信と張耳の趙遠征である。「絶地」は「留まるなかれ」である。なお、のちに出てくる「圮地」もまた「舎まることなかれ」であるが、理由が違っている。張豫はこの前後に「軍争篇」の「高陵に向かうなかれ、背丘には逆うなかれ。いつわり北ぐるに従うなかれ。鋭卒は攻むるなかれ。餌兵は食うなかれ。帰師はとどむるなかれ。囲師は必ずかく。窮寇には迫るなかれ」と「此れ用兵の法なり」を補足している。

「山林・険阻・沮沢を行くに、凡そ行き難きの道は、圮地と為す」。「九変篇」では衛生上の理由から圮地を嫌ったが、「九地篇」では軍事的理由から要注意とされる。「圮地には、吾れ、将に其の塗を進まんとす」で、曹操の『孫子』解釈では「固め少なきなり」、すなわち行軍中に攻撃されたらもろいから「疾く過ぎ去るなり」ということになってくる。

「由って入る所の者は隘く、したがって帰る所の者は迂にして、彼れの寡、以て吾れの衆を撃つべき者を、囲地と為す」。「囲地」は「地形篇」でいう「隘《あい》なる者」である。杜佑（『通典』）は「持久すれば則ち糧乏しくなる」、梅堯臣は「山川囲《ぎょう》し、入れば則ち隘、帰らんとすれば則ち迂となる」。例は数知れず存在するが、ここに敵を誘致するのが腕の見せ所ということになる。戦略的事例として、「厳島合戦」で陶晴賢軍が陥った状況、戦術的事例として「沖田畷合戦」で龍造寺隆信が陥った状況、「桶狭間合戦」で今川義元軍が陥った状況が、「囲地」にはまり込むのがいかなることかを示している。

「四條畷合戦」での高師直と佐々木導誉も類似した状態に置かれたが、今一歩のところで、楠木正行と楠木正時が力尽きている。もし囲地に入ってしまったら奇計で脱出するしかない。『孫子問答』では、弱々しいふりをして敵の隙を見て全軍一団となるという方法を挙げている。「囲地には則ち謀る」は、一歩解釈を進めれば、逆に罠を仕掛けたり、囮を置いたりするということが可能になるということである。曹操も「奇謀を発するなり」としている。脱出のために知謀を使うだけでなく、敵に食いつかせて罠を仕掛ける、さらに罠にかかったふりをすることは知将が考えつく名策略である。

「疾く戦えば則ち存し、疾く戦わざれば則ち亡ぶ者を、死地と為す」。精兵主義の『呉子』とは違い、『孫子』はあるがままの兵を使うことを考えている。無能な指揮官を放置して、やたら強い兵隊ばかりを作ろうと精神教育ばかりしている日本で『孫子』が受け入れられなかったのも故なしといえる。状況的に兵を強兵に変えるのが「死地」であるが、兵隊を「死地」に入れるのも味方に対する一種の「詭道」といえる。「死地には則ち戦う」しかない。地理的な側面以上に兵隊の心理として見た「瓶割り柴田」の逸話は、敵から追い込まれた「死地」であり、戦術的事例として「関ヶ原合戦」での島津軍の撤退も形勢的に「死地」に至ってしまったものである。

意味を正しく理解して応用したのが、韓信の「背水の陣」といえる。最強の名将ともいえる上杉謙信の「川中島第4回戦」で妻女山布陣は戦略的事例として、八幡原の戦いで武田軍を撃破しての中央突破の撤退は戦術的事例として最適なものとなる。曹操の『孫子』解釈では、「前に高山有り、後に大水有りて、進むも則ち退くを得ず。則ち障の有るなり」などが地形的な「死地」である。そして「死地には、吾れ、将に之に示すに活きざるを以てす」は「志を励ますなり」、「故に、兵の情、囲まるれば則ち禦ぎ」は「相対して禦ぐなり」としている。だが「已むを得ざれば則ち闘い」は「勢、已むを得ざるもの有ればなり」で、この場合は情勢に対するものとなっている。「逼ぐれば則ち従う」については、「陥ることの甚だしく過ぐれば、則ち謀に従う」としている。

このように、地理的要因だけでなく心理的要因も見る、というよりも、地理的条件がもたらす心理的状態が重要となる。『孫子』に限らないが、形だけ真似するのではなく、本質から考えることが必要になるのである。

「九地の変、屈伸の利、人情の理」で、各々「九地の変」は現場での臨機応変さ、「屈伸の利」

は各種戦術のミックス、「人情の理は、人々の心理状況を指し、要素としては戦術的次元が多い。なお、各種『孫子』の中には「九地の変、屈伸の利、人情の理、察せざる可からざるなり」と「所謂、古の善く兵を用いる者は、能く敵人をして前後相及ばず、衆寡相恃まず、貴賤相救わず、上下相扶収めざらしむ。卒、離るれば而ち集まらず、兵、合すれば而斉わさらしむ。利に合すれば動き、利に合わざれば而ち止む」の前後の順番を逆にしているものもある。

「九地の変」について、『仏訳孫子』では「多様な地形」と解釈し、「屈伸の利」について王晳は「屈伸の利とは、未だ便利を見ざれば屈し、便利を見れば伸ぶるを言う」と註し、張豫は「屈す可ければ則ち屈し、伸ぶ可ければ則ち伸ぶ。つまびらか審にする所は利のみ」と註している。

「人情の理察せざるべからず」については、曹操の『孫子』解釈では「人の情けは、利を見ては進み、害を見ては退く」であり、王晳は「人情の理とは、深ければ専らに、浅ければ散じ、囲まるれば之を禦ぐの謂いを言うなり」と註し、杜牧は「屈伸の利害・人情の常理は、皆、九地に因って以て変化することを言うなり」と註している。

「死地」での「率然」

「所謂、古の善く兵を用うる者は、能《よ》く敵人をして前後相及ばず」は、「川中島第４回戦」で武田信玄が「キツツキ作戦」で陥った状況がよい例である。全軍２万人を二分し、別働隊に妻女山を奇襲させようとした信玄は、自らは八幡原に布陣したが、両方の部隊は霧の中を４㎞も離れてしまい、連絡を取り合うこともできなかった。逆に、「川中島第４回戦」の初期に茶臼山と海津城に武田軍が二分されていたときは、「常山の蛇」に近い状態であった。「虚実篇」にも「戦いの地を知らず、戦いの日を知らざれば、則ち左は右を救うこと能わず、右は左を救うこと能わず、前は後ろを救うこと能わず、後ろは前を救うこと能わず」とある。

「貴賤相救わず」については、『仏訳孫子』では「強い部隊と弱い部隊」と解釈しているが、一般には軍隊内での上下関係とされている。

「利に合すれば動き、利に合わざれば止まる」については、曹操の『孫子』解釈では「之を暴《さら》して離れしめ、之を乱して斉《ととの》へざらしめ、兵を動かして戦う」とし、李筌は「之を撓《たわ》めて利を見せしむれば乃ち動く、敵が乱れれば則ち止まる」と註している。

もし敵が整然とした大軍であったら、「先ず其の愛する所を奪わば、則ち聴かん」と『孫子』は指摘する。クラウゼヴィッツのいう「重心」もこれに含まれる。「虚実篇」の「よく敵人をして自ら至らしむるは、これを利すればなり。よく敵人をして至るを得ざらしむるは、これを害すればなり」とも通ずる考え方である。

「其の愛する所」とは、戦略上の要地という解釈が一般的だが、大戦略的事例として「平治の乱」で平清盛が奪った「愛する」は二条天皇であり、最終的にそのことが反乱者たちを六波羅まで引き寄せ、「能く敵人をして自ら至らしむる者」となっている。戦術的事例としての「壇ノ浦合戦」でも安徳天皇と「三種の神器」が平家の手にあることで、「能く敵人をして自ら至らしむる者」となったが、裏切りによって敗北している。「三種の神器」は正統性の源となるため、「太平記」時代にも争奪戦が繰り返されており、『孫臏兵法』の「五度九奪」にも通じるものがある。

続く「兵の情は速やかなるを主とす。人の及ばざるに乗じ、虞《はか》らざるの道に由り、其の戒めざる所を攻むるなり」も『孫臏兵法』（『斉孫子』）「五度九奪」に通じるが、「作戦篇」で強調されている戦争上の「拙速」にも通じるものである。王皙は「兵は神速を上とす。愛する所を奪うには尤《もっと》も当然なり」と註している。「其の戒めざる所を攻むるなり」は、「虚実篇」の「攻めて必ず取るは、その守らざる所を攻むればなり」、「進みて禦ぐべからざるは、その虚を衝けばなり」などほぼ同じで、守れないところを攻めよということである。戦略的事例としての「小牧・長久手合戦」での豊臣秀吉の南伊勢攻略、「賤ヶ岳合戦」での秀吉の北伊勢攻略、そして第一次世界大戦で英国がドイツ植民地を奪取した例などが挙げられる。劉基が『百戦奇略』で出した例は、「雪戦」で、唐時代の「呉元済の乱」鎮圧である。

「凡そ、客たるの道は、深く入れば則ち専らにして、主人克たず」は前述したように、こちらの「重地」にいることは、敵にとっての「散地」のことであるが、「彼を知り、己を知る」ことから彼我の比較により、味方を整え、敵の弱点を撃つという基本が示されている。

「死すとも且つ北げず」を『竹簡孫子』では「死すとも且つ背をむけず」とし、死んでも簡単に敵に背を向けないとしている。「死せば焉《いずく》んぞ得ざらんや」ということになる。梅堯臣は「兵、焉んぞ命を用いざるを得んや」と註している。「死地」に入ってしまえば逃げ場のなくなった兵は、ただただ命懸けで戦うしかないのである。ここで再び戦術的事例として「川中島第4回戦」、八幡原での上杉軍の心理状態が推察できる。以下、「死地」に入れた兵の心理についての記述が続く。

「士人力を尽くす」について、曹操の『孫子』解釈では「難地に在りては、心を併せるなり」、すなわち「其の兵は修めずして戒め、求めずして得、約せずして親しみ、令せずして信なり」ということである。戦術的事例として、ここで再び「川中島第4回戦」、妻女山の上杉軍の心理状態が推察できる。戦場で追い詰められた兵の「兵士、甚だしく陥れば則ち懼《おそ》れず」について、劉基が『百戦奇略』で出した例は、「危戦」として、後漢時代、呉漢が謝豊を破った合戦を挙げている。「其の兵は修めずして戒め」について、曹操の『孫子』解釈では、「求めずして其の意を索《もと》め、自ら力を得るなり」としている。

以上の「凡そ、客たるの道は、深く入れば則ち専らにして、主人克たず。饒野を掠むれば、三軍の食足る。謹み養いて労することなかれ。気を併せ力を積み、運兵計謀の測るべからざるを為す。之を往く所無きに投ずれば、死すとも且つ北げず、死せば焉んぞ得ざらんや、士人力を尽くす。兵士、甚だしく陥れば則ち懼れず。往く所無ければ則ち固く、深く入れば則ち拘し、已むを得ざれば則ち闘う。是の故に、其の兵は修めずして戒め、求めずして得、約せずして親しみ、令せずして信なり。祥を禁じて疑いを去らば、死に至るまで之く所なし。吾が士に余財無きは、貨を悪むに非ざるなり。余命無しとするは、寿を悪むに非ざるなり。令を発するの日、士卒、坐する者は、涕、襟を霑し、堰臥する者は涕、頤に交わる。之を往く所無きに投ずれば、諸・劌の勇なり」は、前述したように個別に「川中島第４回戦」での上杉謙信の一連の一貫した行動のすべてを語っている。

謙信は、地理的には「重地」である妻女山にいることで、武田信玄には「散地」で行動するように仕向け、しかし兵たちには心理的に「死地」にいることで団結と必死さを強め、一兵の逃亡者も出さず、そして後述するような指揮官の姿を見せてただただ謙信を信頼するようにさせ、八幡原で武田軍と対峙する、という「死地」に投じているのだ。

「善く兵を用うる者は、譬えば率然の如し」の率然とは、通常の頭だけでなく尻尾に首がついている「常山の蛇」のことで、こちらが攻撃する弱点がないことのたとえである。意訳すれば企図を秘することにもつながる。というのも、攻守一体化していると相手は攻撃の重点が分からないことにもつながるからである。

一方、攻撃目標を複数もってリスク計算をしながら優先順位を変えていけば、相手はどこを重点的に守ってよいか分からないというのが、これを応用したリデル・ハートの「間接的アプローチ」の一つである。なお、一般的な用兵でなく、死地に投じられた軍の動きとする解釈も存在する。

「是の故に、方馬埋輪は、未だ恃むに足らざるなり」、すなわち物理的に兵の逃走を防げない以上、心理的に逃走を起こさせないことが肝要ということ、必死にならせればいい。曹操の『孫子』解釈では、「方馬《ほうば》埋輪《まいりん》の如きは陣の不動を示すだけのことであり、権謀の巧みなるには如かずと非難して言うものである」ということになっている。「勇を斉えて一の若くするは、政の道なり。剛柔、皆得るは、地の理なり」と、政略、そして地形に合わせて、剛柔という2波により士気を維持し高めるべきとされる。陳皞《ちんこう》は「政令厳明なれば、則ち勇者も独り進むを得ず、怯者も独り退くを得ず、三軍の士、一の如くなり」と註している。

なお、「勇を斉えて一の若くするは、政の道なり。剛柔、皆得るは、地の理なり」の「政の道」を「号令法度などの運用」、「地の理」を「地形上の運用による兵の強化」と見なすことも可能であり、それだと各々「形偏」「勢篇」と関連することになる。『仏訳孫子』では「政の道」を「軍隊統御の要道」としている。

部下に映る司令官の姿とその信頼

「将軍の事は、静にして以て幽、正にして以て治む」で指揮官のあり方が示される。張豫は「其の事を謀れば、則ち安静にして幽深なり。人、測ること能わず。其の下を御すれば、則ち公正にして整う。人、治まりて敢えて慢せず」と註しているが、対して『仏訳孫子』では「よく自己を制し得る」、梅堯臣は「自治」と註している。

組織というものは、上がパニックを起こしたら全軍が崩壊する。どんなときも堂々としていなければならない。戦場において、自分たちの指揮官がどっしりと落ち着いていれば戦局が不明であったり、時には不利と思えても不安感は生じないという。そんな指揮官は部下が疲れてへばっているような行軍の休憩中にも平然と立っていたりしたそうである。企業でも、部下の失敗や業務上の難局にあっても「静にして以て幽」、部下の評価も「正にして以て治む」。軍の指揮官でも会社の上司でも、上に立つ者に対して部下がその能力と人格を信頼していれば不安感も起こらず、危険な状況にも飛び込んでいくようになる。

やはり、「川中島第4回戦」での上杉謙信の妻女山での布陣が顕著に示す例である。わずか8000人の兵を率いた上杉謙信は、敵勢力圏の奥深く、妻女山に陣を置いた。遅れて戦場に到着した武田信玄は、これ幸いとばかりに謙信の退路を断つような茶臼山という場所に陣取った。退路も補給路も断たれ、謙信の部下達に動揺が走ったが、謙信は平然として小鼓などを打っていたという。

さらに、部下のある者が「信玄がこのまま北上して、本国の越後に侵入したらいかがいたしましょうか」と聞くと、「その時は我らも甲府に攻め込むまで」と自信満々に答えたそうである。この自信と余裕を見て、部下たちは謙信に対して絶対の信頼感を抱き、以後不利な状況を恐れる者はいなくなったという。逆に、間者の報告によって謙信の態度を聞いた信玄のほうが不安に陥り、謙信の罠にはまってしまうこととなった。同時に、このときに謙信は部下の誰にも自分の戦略を明らかにしていない。最後の「死地」に投じるために「能く士卒の耳目を愚にし、之を知ること無からしむ」にしておいたのである。

「能く士卒の耳目を愚にし、之を知ること無からしむ。祥を禁じ疑い去れ、死に至るも之く所無し。其の事を易え、その謀を革め、人をして識ること無からしむ。其の居を易え、其の途を迂にし、人の慮ることを得ざらしむ」は、「企図の秘匿」である。同時に、「能く士卒の耳目を愚にし、之を知ること無からしむ」については、リーダー論として、部下に他のことに関心を持たせず眼前のことに集中させるという意味も持っている。曹操の『孫子』解釈では「愚にすとは、誤らしむるものなり」で、士卒を愚昧にするのではなく、民衆と苦楽を共にするとしており、適切である。

「祥を禁じ疑い去れ、死に至るも之く所無し」は、占いなどに頼ったりさせないことである。曹操の『孫子』解釈では「妖祥の言を禁じ、疑惑の計を去るなり。一本には死に至るも災いさるる所無し、に作る」。最悪の失敗例は、ほぼ勝利していた「屋島合戦」で、突如「扇の的」の占いを開始して、勝利を放棄して撤退してしまい、海軍戦略そのものも瓦解させてしまった平宗盛である。

「善く兵を用うる者は、手を携えるが若くして一なるは、人をして已むを得ざらしむるなり」は意訳すれば、死地に入れることは味方に対する「詭道」ともいえ、「能く士卒の耳目を愚にし、之を知ること無からしむ」と一体化しているともいえる。つまり「能く士卒の耳目を愚にし、之を知ること無からしむ。祥を禁じ疑い去れ、死に至るも之く所無し。其の事を易え、その謀を革め、人をして識ること無からしむ。其の居を易え、其の途を迂にし、人の慮ることを得ざらしむ」が、単なる周囲に対する「企図の隠匿」にとどまらず、味方はおろか、自分自身も欺くことになる可能性もあることになる。前述したように、攻撃目標を複数持てば、結果的には当初の企図とは違ったものになることもあるのである。これは上杉謙信や韓信などに見られる。「其の事を易え、その謀を革め、人をして識ること無からしむ」について、梅堯臣は「其の行う所の事を改め、其の為す所の謀を改め、人をして能く識ること無からしむ」と註している。

「三軍の衆を聚め、之を険に投ず。これ軍の将たる事なり。帥いて之と深く諸侯の地に入り、而して其の機を発す。船を焚き釜を破れ。群羊を駆るが若し」も「死地」に入れることのたとえであり、「勢」にもつながることが示されている。

なお「三軍の衆を聚め、之を険に投ず。これ軍の将たる事なり」のところの書き下しは、岩波版とは異なっている。岩波版では「これ軍の将たる事なり」のあとに「九地の変、屈伸の利、人情の理、察せざるべからず」が挿入されている。『仏訳孫子』では「軍を一つにまとめて、絶体絶命の状況に投ずることは将軍の務めである」としている。戦略的事例として「川中島合戦」の第1、第3、第4、第5回戦で上杉謙信は敵領内深く攻め込んでいる。「其の機を発す」について、王陳皥は「其の心機を発しむるなり」、賈林は「我が機変を動かし、事に随い変に応じるなり」、王皙は「其の危機を発《おこ》して、人をして命を尽さしむるなり」と註している。しかし、梅堯臣は「曹公に勧めていえる、必ず其の機に決せよと、是なり」と註している。

なお、各種『孫子』の中には「三軍の衆を聚め、之を険に投ず」のあとに「九地の変、屈伸の利、人情の理、察せざるべからず」を続けているものもある。「船を焚き釜を破れ」は、曹操の『孫子』解釈では「其の心を一にせんとするなり」となり、「群羊を駆るが若し」は張豫が「群羊の往来は、牧者に之れ随う。三軍の進退は、惟だ将、之を揮う」と註している。いずれにせよ、「死地」に入れることの意義が述べられている。なお、「船を焚き釜を破れ」がないものもある。「帥いて之と期するや、高きに登りて其の梯を去るが如くす」も、度々令として取り上げている上杉謙信による八幡原の戦いが好例である。

以上の「将軍の事は、静にして以て幽、正にして以て治む。能く士卒の耳目を愚にし、之を知ること無からしむ。祥を禁じ疑い去れ、死に至るも之く所無し。其の事を易え、その謀を革め、人をして識ること無からしむ。其の居を易え、其の途を迂にし、人の慮ることを得ざらしむ。三軍の衆を聚め、之を険に投ず。これ軍の将たる事なり。帥いて之と深く諸侯の地に入り、而して其の機を発す。船を焚き釜を破れ。群羊を駆るが若し。駆りて往き駆りて来るも、之く所を知る莫し。帥いて之と期するや、高きに登りて其の梯を去るが如くす」も、「川中島第4回戦」での上杉謙信を説明するだけでなく、一連の一貫した行動のすべてを語っている。

妻女山の謙信は、「死地」に入れることで兵達の団結と必死さを強め、一兵の逃亡者も出さずにしたが、春日山城の毘沙門堂前での誓いによって自らを神軍と化して疑いが生ぜぬようにし、兵が占いなどに頼らない状態にしておくとともに、毘沙門堂で立てた予測と作戦とを秘中のものとして誰にも悟られぬようにし、何の疑いもなく八幡原で武田軍と対峙するという最後の「死地」に投じ、撤退するには目の前の武田軍を破らねばならぬという決死の戦いに、最大限の「勢」を発揮させているのである。

この後に「散地」「軽地」「争地」「交地」「衢地」「重地」「圮地」「囲地」「死地」の解説と対応が再び述べられているものもある。

覇王の兵

「是の故に、諸侯の謀を知らざる者は、預《あらかじ》め交わること能わず。山林・険阻・沮沢の形を知らざる者は、軍を行《や》ることを能わず。郷導を用いざる者は、地の利を得ることを能わず。此の三者は、一を知らざるも、覇王の兵に非ざるなり」では「諸侯の謀」で「謀攻篇」、「山林・険阻・沮沢の形」では「行軍篇」、「地の利」では「九変篇」「地形篇」「九地編」の域が述べられている。曹操の『孫子』解釈では「上は己に陳ぶるところ。此の三軍を復《ま》た言うは、力むることの悪しければ、兵を用うること能わず。故に復た之を言うなり」となっている。李筌は「三軍の要なればなり」と註している。各々の状況で、何を知らなくてはいけないかを理解し、欠けているものを知り、補足するということである。『孫子』の有機的で立体的な構造がうかがえる。「郷導を用いざる者は、地の利を得ることを能わず」で、上杉謙信や武田信玄は、川中島地方の土地の古老を陣営に置いている。「一ノ谷合戦」で、山中で道に迷った源義経のごときは、結果がどうであれ愚将でしかない。

「夫れ覇王の兵、大国を伐たば、則ち其の衆を聚るを得ず、威を敵に加うれば、則ち其の交わり合わすを得ず」は、「謀攻篇」の「上兵は謀を伐つ」、「軍形篇」の「勝ち易きに勝つ」につながっている。大きな力をもっていれば、実際に攻撃せず、攻撃意図を示すだけでも敵を混乱させ疲弊させることができる。「夫れ覇王の兵、大国を伐たば、則ちその衆を聚るを得ず。威を敵に加うれば則ち其の交わり合わすを得ず」は、まさに外交力、大国の戦略を示すものである。

「天下の交わりを争わず、天下の権を養わず、己れの私を信べ、威、敵に加わる。故に、其の城を抜くべく、其の国を隳《やぶ》るべきなり」について、曹操の『孫子』解釈では「覇者は、天下の諸侯の権を結成せしめざるなり。天下の交わりを絶ち、天下の権を奪う。故に、己の威を伸ばすを得て、自を私するなり」とし、志向されているのが「斉の桓公」ではなく始皇帝であることが分かる。なお、ここは大戦略の側面が強い。

「無法も賞を施し、無政の令を懸く」は、戦時中の特例のような意味合いがあり、「無政の令を懸く」について、『仏訳孫子』では、「常規・慣例を破って、臨時の昇進或いは無能者を有能者に代える等、人事を刷新し、軍隊の活性化・能力の向上を図る」としているし、『司馬法』にも事前に恩賞を与えることを約して戦意を高めさせることが出ていると述べられているが、うまくいくかどうかは時と場合による。「保元の乱」での藤原頼長による源為朝、「平治の乱」の藤原信頼による源義平への臨時の官位授与は、駄目なものの見本となっている。

「三軍の衆を犯《もち》うること、一人を使うが若し」について、曹操の『孫子』解釈では「犯うとは用うるなり。賞罰を明らかにすれば、衆を用うと雖も、一人を使うが若くなるを言うなり」とし、「始計偏」での「法」、「勢篇」の「形名」などで繰り返し強調されてきた、信賞必罰が全軍を一つにする鍵ということである。

「之れを犯うるには利を以てし、告ぐるには害を以てするなかれ」は、曹操の『孫子』解釈では

「害を知らしむることなかれ」とされているが、こちらは「能く士卒の耳目を愚にし、之を知ること無からしむ」につながっている。

「之を亡地に投じ然る後に存し、之を死地に陥れて然る後に生く。夫れ、衆は害に陥りて然る後に能く勝敗を為す」は軍隊の力を発揮させることを示す。「之れを亡地に投じて然る後に存し、之を死地に陥れて然る後に生く」の適例は、韓信の「背水の陣」であり、「川中島第4回戦」上杉謙信の妻女山布陣であり八幡原の戦いである。楠木正成の千早城籠城も、これに該当する。

「故に、兵を為すの事は、敵の意を順詳するに在り」は敵を操るということで、「虚実篇」にも関連し、「故に、兵の為す事は、敵の意を順詳するに在り」は、曹操の『孫子』解釈では「彼れ進まんと欲すれば伏を設けて退き、去らんと欲すれば聞きて之を撃つことなり」と、これも望む戦場で戦うことにつながってくるから「虚実篇」の「人を致して人に致されず」にもつながってくる。「川中島第4回戦」で、上杉謙信が武田信玄に「キツツキ作戦」をするように仕向けて、妻女山を下りたことは象徴的である。戦略的事例としては、足利尊氏の九州からの上洛に対する楠木正成の献策は、この変形版といえる。「敵の意を順詳するに在り」は、「彼を知り」を、彼の心の中を知らなければなせないことである。

「敵に并せて一向せしめ、千里にして将を殺す」は、敵を一団とさせて殲滅すれば、あとは思いのままにできるというナポレオンの決戦主義を彷彿させるが、曹操の『孫子』解釈では「兵を併せて敵に向かう」、張豫は「敵の意に順併することにより、敵、既に驕惰とならば、則ち兵力を併せて以て之に向かう。以てその軍を覆しその将を殺す可し」と註し、『仏訳孫子』では「敵の行動に我が行動をあわせることにより、敵を自己の欲する方向に誘導し」としていて、どちらかというと、こうした解釈のほうが、より『孫子』的である。

「廊廟の上に厲みて、以て其の事を誅む」で「始計偏」に登場した「廟算」が再び登場するが、より正統性を訴える役割が大きい。上杉謙信が毘沙門堂の前で、武田信玄が御旗・楯無しの前で宣言するように、敵の非と味方の正義、味方の有利を全軍に示すのである。曹操の『孫子』解釈では、「誅《せ》むとは治むるなり」で、情報公開すれば後に引けなくなるという意味、『仏訳孫子』では「国家の首脳陣に戦争計画の実行を決意させよ」となる。幕末においても、江戸幕府に「攘夷」を認めさせれば公然たるものになるため攘夷派は強要した。現代の会議なども、このために開かれることが多い。

「敵人、開闔《かいこう》すれば、必ず亟《すみ》かに之に入る」と、このときばかりはスピード重視、もちろん準備万端が前提条件であるから、最後の仕上げ段階である。戦術的事例としても武田信玄の諏訪頼重の確保が好例である。曹操の『孫子』解釈では、「敵に間隙あらば、当に之に入るべしとなり」となっている。「軍形編」の「敵の勝つべきを待つ」、そして「勝つべきは敵に在り」で「虚」を突き、一気に「勢」で攻めよ、ということである。

「其の愛する所を先にす」も、度々登場していることの繰り返しとなる。曹操の『孫子』解釈では「利便り拠るなり」としていて、軍事上の要所を先制奪取せよ、ということになっている。戦争レベルの話だが、戦術にも該当してくるのは、前述した戦術的事例としての「山崎合戦」の天王山奪取であり、「虚実篇」の「致して致されず」にもつながってくる。

「微《ひそ》かに之を期す」は、秀吉の各種「大返し」のように、反撃チャンスをあたえない為のスピードである。曹操の『孫子』解釈では、より「虚実篇」や「軍争篇」のような意味合いで、「人に後れて発し、人に先んじて至る」という「迂直の計」に近い解釈となっている。

「墨を践みて敵に随い」は、原則に忠実に、つまり法則性にのっとれ、ということで、曹操の『孫子』解釈では「規矩《きく》を践み行いて、しかも常無きなり」となっている。

「兵の為す事は、敵の意を順詳するに在り。敵に并せて一向せしめ、千里にして将を殺す。此れを、巧みに能く事を成す者と謂うなり。是の故に、政・挙がる日は、関を夷ぎ符を折りて、其の使を通すこと無し。廊廟の上に厲みて、以て其の事を誅む。敵人、開闔すれば、必ず亟かに之に入る。其の愛する所を先にす、微かに之を期す。墨を践みて敵に随い、以て戦事を決す。是の故に、始めは処女の如くす。敵人、戸を開けば、後には脱兎の如くす。敵、拒ぐに及ばず」は、静寂にしておいて、油断しているところを虚を突き、「作戦篇」の「拙速」で仕上げよ、というもの。彼との比較を「五事七計」でして、彼に対して詭道を仕掛ける、ほぼ「始計篇」にもつながる流れである。

「九地編」の最後は、有名な「始めは処女の如くす。敵人、戸を開けば、後には脱兎の如くす。敵、拒ぐに及ばず」で締められている。正奇、虚実につながる『孫子』の一貫した形で、万端にしてチャンスが来たら一気に、とくに「愛する所を先にす」ときには急げ、ということになるから、陰陽の波で見れば下記のようになる。

正—実—「始めは処女の如くす」

奇—虚—「敵人、戸を開けば、後には脱兎の如くす」

第十六章

火攻篇（火攻めと水攻め、そして費留）

「火攻篇」全文書き下し

孫子曰く、およそ火攻に五あり。一に曰く火人、二に曰く火積《かし》、三に曰く火輜《かし》、四に曰く火庫、五に曰く火隊《かつい》。

火が行うには必ず因あり。煙火は必ず素より具《そな》う。発火を発するには時あり、火を起こすに日あり。時とは天の燥《かわ》けるなり。日とは、月の箕《き》・壁《へき》・翼《よく》・軫《しん》に在るなり。凡そ、此の四宿は、風起の日なり。凡そ火攻は、必ず五火の変に因って、之に応ず。火、内に発すれば、則ち早く之に外より応ぜよ。火、発して兵静かなる者は、待ちて攻むるなかれ。其の火力の極まるや、従うべければ而ち之に従い、従うべからざれば止む。火、外に発すべくんば、内に待つことなかれ。時を以て之を発せよ。火、上風に発せば、下風を攻むるなかれ。昼風久しければ、夜、風は止む。凡そ、軍は必ず五火の変のあるを知り、数を以て之を守る。

故に、火を以て攻を佐《たす》くる者は明なり、水を以て攻を佐ける者は強なり。水は以て絶つべきも、以て奪うべからず。夫れ、戦えば勝ち攻むれば取るも、其の功を修めざる者は凶なり。命づけて曰く費留という。故に曰く、明主は之を慮り、良将は之を修む、と。利に非ざれば動かず、得るに非ざれば用いず、危うきに非ざれば戦わず。主は怒りを以て師を興すべからず。将は慍《いきどお》りを以て戦いを致すべからず。利に合して動き、利に合せずして止まる。

怒りは以て復た喜ぶべく、慍りは以て復た悦ぶべきも、亡国は以て復た存ずべからず。死者は以て復た生くべからず。故に名君は之れを慎み、良将は之を警む。此れ、国を安んじ軍を全うするの道なり。

現代語意訳

孫子はいう。火攻めには5種類ある。1つ目は兵隊を火攻めにする。2つ目は蓄えられた集積物を焼く。3つ目は輜重隊を焼き討ちする。4つ目は倉庫を焼き払う。5つ目は部隊（駐屯地、補給路）を焼く。

火攻めには、（いくつかの）要因（条件）が必要である。煙や火には焼く物が要る（だから火攻めの機材は用意されていなければならない）。火を放つには（ふさわしい）時があり、火をおこすには（ふさわしい）日がある。（ふさわしい）ときとは、天気が乾燥しているときとなる。（ふさわしい）日とは、月が箕（東北東）、壁（北北西）、翼（南南東）、軫（南東）に位置するときである。これら四宿は、風が強い日である。おおよそ火攻めは、必ず5種類の火攻めによるもので、その（5種類の）状況に対応して変化する。火の手が（敵陣、城、建物などの）内部からあがったなら、速やかに外部から呼応する。火の手が（敵陣、城、建物などの）内部からあがっても、静かならば（しはらく敵の様子を見て）すぐに攻めてはいけない。火勢が強まり、攻撃できそうなら攻め入り、攻撃すべきでなければやめておく。（敵陣、城、建物などの）外側から火を放つことができるなら、（敵陣、城、建物などの）内から（味方する者）の出火を待たず、外側から火を放つ。火が風上で起こっているなら、風下から攻めてはならない。昼間に長時間風が吹いたとき、夜には風はやむ（から、火攻めはやめる）。こうした五種類の火攻めの変化のあることを知り、法則を心得て（風が起こるなどを利用して、火攻めの）原則を守らなければならない。

火攻めを行える者は賢く、水攻めを行える者は力を持っているものである。水攻めは、敵を孤立させ力を奪うことはできても、壊滅させることはできない。戦えば勝利し、土地や城を攻め取っても、戦争目的を達成できていないのは、不吉な凶事であり、これを「費留」という。だから、聡明な君主は、このことをよく熟慮をする（そして、すみやかに戦いを終結させようとする）。優れた将軍は、これ（すみやかに戦いを終結させようとする）を実行する。利益にならなければ動かず、利益を得られなければ軍を動かさず、（国家存亡の）危険が迫らなければ戦わない。君主は、怒りから軍を動かしてはならない。将軍は、怨念に駆られて戦いをしてはならない。利益があると思えば軍事力を行使する。利益に見合わないと思えば軍事力は行使しない。

怒りは（やがて収まり）喜びに変わるし、憤りの感情もまた（やがて落ち着き）悦びに変わる。（しかし、一時の激情で開始した戦争で敗北すれば）亡んだ国は2度と復活しないし、死んだ者は2度と生き返ることはない。だから、聡明な君主は戦争に対して慎重な態度で臨み、優れた将軍は軍事行動を戒める。これが国を安泰にし、軍隊を保全する方法である。

○「宋本十一家註孫子」を底本の意味から改変をしている岩波版『孫子』（金谷治訳）では、「火隊」を、橋などを焼くとしている。

○郭化若は「数を以て之を守る」を、観測によって風が起こる予兆があれば、これを使う、としている。

○曹操は「火を以て攻を佐くる者は明なり、水を以て攻を佐ける者は強なり」を、火による攻撃は勝利を得られることが明らか、水によって攻撃を助けるものは強い、としたうえで、水は敵の両道と敵軍の連携を断絶できるが、蓄えた兵糧を奪うことはできない、としている。

○郭化若は「故に、火を以て攻を佐くる者は明なり、水を以て攻を佐ける者は強なり。水は以て絶つべきも、以て奪うべからず」を削除している。

火攻め

「火攻篇」は「現今孫子（「魏武註孫子」がもと）」では第12篇となっているが、竹簡本では「火陳篇」との名で13篇である。「用間篇」とともに特殊な位置づけにあるのが「火攻篇」である。というのも、内容の前半が戦略ではなく、純粋に技術的な戦術論であり、拙速につながる戦い方ということで、本来は「作戦篇」の補助として位置づけられてもよいものであるからだ。

日本でも、日本武尊の常陸征伐から続く火攻めであるが、『孫子』は、それを兵士を焼く火人、兵糧の貯蔵庫を焼く火積、運搬中の武器などを焼く火輜、財貨などの倉庫を焼く火庫、軍を焼く火隊に分けている。

興味深いのは、この中に「建物を焼く」というものがないことで、日本の場合には圧倒的にほとんどが敵が籠る城や館を焼き払うという形を取っているからである。これは木造建築が多いという日本の建築物の特徴からであろう。大規模な城攻めにおいても城下を焼き払うことが行われるが、籠城軍に対して致命傷を与えるには至らず、むしろ衰弱させる程度のことが多い。

具体的戦例として挙げれば、「官渡合戦」は、火積、火輜、火庫が該当し、「赤壁合戦」は、火人、火隊が該当する。海戦での火攻めは、これらをすべて兼ねることが多く、「慶長の役」での李舜臣の亀甲船の活躍は火攻めであった。

なお、火隊は火人と重複するのではないかということで、火隊についての解釈は分かれている。唐の李筌、宋の梅堯臣、張預らは、兵器を焼く、唐の杜牧は「その行伍を焚き、乱に因りてこれを撃つ」、賈林、何氏らは「糧道及び転運を焼絶するなり」とし、『仏訳孫子』では「敵営、駐屯地」としている。道に火をかけるという説もある。

火攻め前に、準備万端にして機会を待つという鉄則は同一として貫かれている。「火が行うには必ず因あり。煙火は必ず素より具う」としているのである。劉基が『百戦奇略』で出した例は、「火戦」で、後漢時代の「黄巾の乱」の波才の戦い方である。続けて『孫子』は「発火を発するには時あり、火を起こすに日あり。時とは天の燥けるなり」とする。「始計篇」「天地、孰《た》れか得たる」にも通じる部分である。

戦略・戦術的事例として「応永の乱」が挙げられる。応永6年（1399年）10月、5000人の兵を招集した大内義弘は、三田尻港から海路泉州堺に入った。ただちに堺の市街を城壁で囲み、要塞化する。持久戦の構えである。義弘に呼応した関東の足利満兼、遠江・駿河半国守護の今川了俊が上洛軍を起こして東西から京都を挟撃する予定であった。同時に、自陣営に南朝の宮がおわすことを宣伝し、旧南朝派の人々の歓心を買った。

こうしてたちまち堺に楠木、北畠氏の残党が駆けつけてきたのである。また、京の周辺では近江国の京極満秀や美濃国の土岐詮直、丹波国の山名時清など、幕政に不満を持つ豪族が次々に蜂起した。対する足利義満は、3万人の大軍を集めた。

義満は、堺に籠城する大内軍に対して攻撃を仕掛けることとする。堺は、西を海、東を泥田地帯に固められた要害の地形である。それに加えて、義弘は時間をかけて堺市全体を厚い城壁で取り囲み、城楼48、箭櫓1700で完全武装していた。それに加えて、昔から南朝贔屓だった堺の住人は、ことごとく義弘を支持し、また、瀬戸内海の海賊衆も多く来援して堺西方海上を守ったのである。その結果、北方より押しかけた幕府の大軍は散々に打ち破られ、大損害を出して撃退されたのである。

守備側では、大内一族に加え、楠木正秀や菊池貞雄ら、南朝残党軍の奮闘も目覚ましかった。そのため、義満自ら陣頭指揮を執る幕府軍は、堺を遠巻きにし、作戦を兵糧攻めに切り替えた。折から雨天が続き、軍事活動が阻害されたためでもある。しかし、瀬戸内海の制海権を掌握している大内軍は、兵糧の欠乏とは無縁であった。周防本国には、義弘の弟・盛見が多数の軍勢とともに健在であり、海を通じて兄をしっかり支援していたからである。

しかし、籠城も1カ月を過ぎるころ、大内義弘の焦りは頂点に達しようとしていた。守っているだけでは戦には勝てない。かといって、圧倒的な幕府の大軍に独力で挑むことは不可能である。ところが関東からの援軍は到着しない。関東公方・足利満兼は、執事の上杉憲定の諫言によって突如として変心し、鎌倉に引き揚げてしまったのである。

12月21日、晴天続きで乾燥しきった堺の様子を見て、義満は、左義長《さぎちょう》を用いた火攻めを決行することにした。左義長とは、青竹の節をくりぬいたものに火薬を詰めた、一種の爆弾である。義満は1カ月の包囲の合間に、この新兵器を大量に用意させていたのである。堺の町にめがけて打ち込まれた左義長によって、またたくまに家々が炎上する。折からの強風が火勢を強める。大内義弘自慢の城楼や箭櫓も、火には弱かった。たちまち発火し、崩れ落ちては炭になる。大混乱の大内軍に、満を持した幕府の大軍が襲い掛かる。総大将の大内義弘は、炎の中で壮絶に討ち死にした。同陣の彼の弟・弘茂は、残兵を率いて降伏した。楠木、北畠らは、風を巻いて遁走した。京極、土岐らの地方反乱軍も、戦意を失って幕府に帰順したのである。
「火攻は、必ず五火の変に因って、之に応ず」である。梅堯臣「火に因って変を為し、兵を以て之に応ず」は、火攻めを次の段階の戦闘に有効につなげなかったとして「一ノ谷合戦」、「屋島合戦」が挙げられる。これは後段の「費留」にもつながってくる。なお、織田信長の「長篠合戦」も、火薬を使う時期としては、あまり適切ではなかった。

なお「五火」は、火人、火積、火輜、火庫、火隊とするのか、それとも『仏訳孫子』のように「火、内に発すれば、則ち早く之に外より応ぜよ」「火、発して兵静かなる者は、待ちて攻むるなかれ」「其の火力の極まるや、従うべければ而ち之に従い、従うべからざれば止む」「火、外に発すべくんば、内に待つことなかれ、時を以て之を発せよ」「火、上風に発せば、下風を攻むるなかれ。昼風久しければ、夜、風は止む」とするのかは、議論が分かれるところである。

「火、内に発すれば、則ち早く之に外より応ぜよ」は、城の内部からの出火に際して多く見られる。場内の混乱に乗じて、外からも攻め寄せて挟撃してしまうのである。曹操の『孫子』解釈では、「兵を以て之に応ずるなり」とされている。戦術的事例として、尼子経久の「富田城奪取」も、その一つである。「建武の中興前に起きた」「六波羅探題」陥落も該当するだろう。かなりの堅城も内部からの放火には弱い。

戦術的事例として、「元弘の変」での笠置城落城も城内の出火によるものである。鎌倉幕府軍は宇治において7万5000人の兵を集め、後醍醐天皇がいる笠置山を包囲して攻撃し始めた。天皇側の兵は3000余と戦力の面では圧倒的に不利な状況ではあったが、笠置山は天然の要害ということもあって幕府側相手に善戦していた。『太平記』によれば、東国から上洛してくる軍は20万7600余騎、しかしこの大軍が本格的な笠置攻めに入る前に、陶山義高と小宮山次郎の率いる小勢が風雨に乗じて岸壁をよじ登り建物に火を放ち、それに合わせて正面も攻撃したために笠置山は陥落し、後醍醐天皇も捕らえられてしまう。

やはり『太平記』に登場する元弘3年（1333年）の「赤坂・千早攻防戦」での吉野陥落も戦術的事例となる。吉野に籠り鎌倉幕府軍を相手にする覚悟を決めた護良親王は、愛染法塔を本営にして吉野川南岸に4つの塁を築き、丈六平から薬師堂までが第1次防御線、蔵王堂から金峰神社までが第2防衛線を形成していた。鎌倉軍の戦略と戦術としての攻城方法は単純かつ単調なもので、ひたすら直進しての突撃の繰り返しであり、要塞化された地形で後方の本城と連携しての防衛の前に、損失はおびただしいものとなる。

護良親王が守る吉野でも激戦が繰り広げられていた。元弘3年2月16日、二階堂出羽入道率いる6万騎が攻め寄せ、昼夜7日間にわたっての攻防が繰り広げられる。籠城軍の死者は300人、攻城軍の死者は800人、重傷者数知れずという状態であった。しかし、吉野金峰山寺の岩菊丸という者が150人ほどの兵を案内して城の背後にある金峯山を経由して潜み、正面三方を5万騎が攻めて人々の目がそちらに集中した瞬間を狙って各所の建物に火を放ったため遂に落城し、護良親王も落ちのびていった。

戦術的事例として、「前9年の役」での康平5年（1062年）8月の衣川柵の攻防でも見られている。衣川柵は前面の衣川関は難攻不落で函谷関にたとえられていたから、力攻めではいたずらに損失を重ねることとなる。源頼義についた清原武則は20名の少数部隊に夜間、川を渡らせて城内に潜入させ、火攻めすることを命じた。これが功を奏して安倍軍は混乱し、厨川柵《くりやがわのさく》へ撤退した。

「火、発して兵静かなる者は、待ちて攻むるなかれ」で、布陣場所や駐屯地から出火しながらも冷静な軍があるとすれば、それは罠の可能性が高い。前述したように、戦術的事例として弘治3年（1557年）の「川中島第4回戦」での対陣中に、謙信が奇策をめぐらせたことが書かれている。謙信の陣所で薪《まき》を山のように積み上げ、しかも引き揚げ準備でもしているかの如き動きがあった。それを見た信玄は、1両日中に謙信の陣所から火事が起こるが、誰1人として動かないように指示する。信玄の言葉通り謙信の陣所から出火があった。武田軍は誰1人動かず、夜が明けてみれば道筋を開ける形で6000近い兵が2行に分かれ、伏兵として敵襲を待ち受けていた。

「火、外に発すべくんば、内に待つことなかれ。時を以て之を発せよ」は、火攻めが可能なら、あえて内応者を頼む必要がないという意味で、日本で「火攻め」は、夜襲をかけて敵地に火を放つという戦術的な使い方が一般的である。

戦術的事例として、「保元の乱」での白河北殿の焼き討ちが挙げられる。崇徳院、藤原頼長らが籠る白河北殿に、後白河天王川の平清盛、源義朝らが攻撃を開始したが、なかなか攻めあぐねた。そこで火攻めが提案され、後白河天皇側の実質的な指導者・信西が許可を出し、白河北殿の西隣にある藤原家成邸に火を放った。辰の刻（午前8時頃）に火が白河北殿に燃え移って上皇方は総崩れとなっている。

やはり戦術的事例として「前9年の役」での、康平5年（1062年）の厨川柵での攻防でも見られている。安倍氏根拠地にある厨川柵は西北に沢、2面に川という立地で、しかも川より離れ、川岸よりも10ｍ高く、刃物を備えた空堀を設け、櫓を設け勇士を配置して遠くには弩、近づけば投石、柵の下に来たら熱湯を浴びせたという。人工の障害物も多々設けており、天然の河川を堀としていた小松柵などに比べて歩兵でも侵入が難しかった。

しかし思慮の浅い頼義は、同盟者の清原軍とともに厨川柵攻撃を開始する。安倍軍は柵上より雑仕女達に歌舞をさせたりして頼義・清原連合軍を挑発し、頭に血を上らせた頼義による力攻めはいたずらに損失を重ねることとなる。数百人の戦死者が出たという。そのため頼義・清原連合軍は、近隣から民家を壊して木材を集めて投げ込み空堀を埋め、川岸に萱草を積み上げて燃やして柵内の建物に引火させて火攻めを敢行する。こうして9月17日、厨川柵、嫗戸柵《うばとのさく》が陥落した。

水攻め、そして費留

「火を以て攻を佐くる者は明なり、水を以て攻を佐くる者は強なり」。火攻めは弱者の奇襲にも見られるが、水攻めは力の差が格段にあり、資力に余裕がないとできない。それでいて効果は敵の衰弱である。『仏訳孫子』では「攻撃の一助として火攻を用うる者は、明察・機敏の能力、則ちインテリジェンスを有しなければならない。水攻を用うる者は、圧倒的な力を有しなければならない」としている。

「火攻め」と「水攻め」を比較して、『孫子』には「火を以って攻めを佐ける者は明、水を以って攻めを佐ける者は強」とある。優れた将軍は、機会を捉えて事を迅速に決する。その際、火攻めは有効な方法となる。火攻めが好まれるのは、おそらく短期的に事が決まるからであろう。

『孫子』では戦争による疲弊を避けるべく「拙速」が好まれているから、瞬時に勝敗が決するものが選択される。それに比べて水攻めは長期化する。一種の土木工事を伴うものであるから、余裕を持った強者が着実に相手を倒すときの戦法ともいえる。もちろん「水攻め」にも利点はある。味方の損失を最小に抑えることができるし、相手を無傷で降伏させることもできるのである。

戦術的事例としては、「備中高松城攻め」が名高い。剛胆な清水宗治が籠る高松城を攻めた豊臣秀吉は、堅固な城を力攻めにすれば損害が大きいと考え、堤防構築と川からの水の誘因によって高松城を水没させようとした。全長４㎞、幅40ｍ、高さ10ｍの堤防が昼夜兼行の12日間の作業で築かれ、足守川から水を引き込んだ。秀吉にとって幸運であったのは豪雨が到来したことで、このために水かさが一気に上昇した。しかし、この作業を可能にしたのは圧倒的な戦力差である。秀吉軍が３万人に対して、籠城軍は５０００人程度であった。そして、水攻め開始から１カ月以上が経過し、ようやく開城した。

やはり戦術的事例としては、根来・雑賀攻めの際に行われた「紀伊太田城攻め」が挙げられる。羽柴秀吉軍は６万とも10万とも呼ばれているのに対し、太田城に籠城しているのは太田衆と根来衆の残存兵力で３０００～６０００人といわれている。秀吉軍は、紀の川の水を堰《せ》き止め、城から３００ｍ離れた周囲に堤防を築いた。堤防の高さは３～５ｍ、幅30ｍで、６㎞にも及んだといわれている。工事には46万９２００人が動員され、６日間程度で仕上げたという。高松城の時と同じく、秀吉にとって幸運であったのは、水入れ開始の２日後から数日間にかけて大雨が降り続け、水量が増し始めたことである。さらに秀吉軍は中川藤兵衛に13隻の安宅船で攻めさせた。

しかし、籠城側も泳ぎのうまい者を選んで船底に穴を開けさせ、沈没させている。さらに籠城側は切戸口間の堤防を150間決壊させることに成功し、秀吉軍に多くの溺死者を出した。秀吉軍は60万個の土俵を使って数日で堤防を修復したと伝わっている。籠城が1カ月になると、さすがに衰えが見えだし、ついには開城した。

日本において大規模な水攻めは、この「備中高松城攻め」「紀伊太田城攻め」「武蔵忍城攻め」の3件であるが、「備中高松城攻め」「紀伊太田城攻め」は、いずれも大雨のおかげで成功したが、「武蔵忍城攻め」は失敗している。

「武蔵忍城攻め」は、豊臣秀吉の小田原攻めに付随して発生した。関東八名城の一つ忍城は、わずか500人の兵に、周辺の住民も加えて3100人足らず、それでも2万人を超える石田三成の率いる秀吉軍に戦を挑んだ。忍城はかなりの堅城であって、力攻めではなかなか落とせない。

そこで三成は、城を中心に南方に半円形の堤防を築くことにした。近辺の農民などに昼は米1升に永楽銭60文、夜は米1升に永楽銭100文を与え昼夜を問わず工事を行い、4、5日で全長28㎞にもなる石田堤と呼ばれる堤防を築いた。そこに利根川の水を流し込み、水攻めが始まった。本丸が沈まず、まるで浮いているかのように見えたというが、当初の段階で水没しなかったのは、高松城も太田城も同じ大雨という「天の利」が加わって初めて水没に至る。忍城も、水攻め後に大雨が降り続いたため、水没が開始される。

対する籠城側は、下忍口守備の本庄泰展が夜半に配下の脇本利助、坂本兵衛らを堤防破壊に向かわせ2カ所を破壊、水が溢れ出し、豊臣軍約270人が死亡。これにより水の抜けた忍城周辺は泥沼の様になり、馬の蹄さえ立たない状況になって、かえって攻めにくくなってしまう。

同じ「水」攻めでも、水源を断つ、水脈を断つというのはどうだろうか。繰り返しとなるが元亀3年（1572年）10月、上洛を開始し始めた武田信玄は、徳川方の二俣城を攻める。二俣城は浜松城の北北東20㎞に位置する北遠江の要所であり、天竜川と二俣川に3方向を守られた天然の堀をもった城塞でもある。この二俣城攻略においては、城兵が天竜川から水を汲み上げていることを知って、天竜川上流から筏を流して、井戸櫓の釣瓶を壊して水の手を断ち、落城させている。

この攻略は遅くとも10月19日に開始されたというから、12月上旬に陥落させたとすると約2カ月かけたことになる。同じ上洛の過程で、天正元年（1573年）正月3日に「藪の中」にあった小さな野田城を発見し、甲州の金堀人夫に水脈を探らせて断ち、2月10日に陥落させているから、こちらは1カ月かけたことになる。やはり圧倒的な力差がある者が、時間をかけて落とすということは、同じのようである。

「水は以って絶つべく、以って奪うべからず」は水攻めが敵を疲弊させる長期持久戦略であり、速戦即決の火攻めとの対照であることを示している。そして、ここまでが「火攻」についてということになる。

ここから『孫子』は、火攻そのものが目的でなく、手段にすぎないこと、ここを間違えると「費留」になるということを示唆するために、「費留」について記している。そもそも、すべて焼き尽くしては、征服しても得るものがない。

『孫子』は、戦争そのものも無駄と危険が多いから、やらなくてもよいときはしないとし、「利に非ざれば動かず」「得るに非ざれば用いず」「危うきに非ざれば戦わず」と様々にいい、「主は怒りを以て師を興す」「将は慍りを以て戦いを致す」と強調している。一時の感情にとらわれてはいけない、感情は収まるが、滅んだ国は2度と戻らず、死んだ人は生き返ることがないということが暗に示されている。

「始計篇」では、「察せざる可からざるなり」「亡国は以て復た存す可からず。死者は以て復た生く可からず」、国を安んじ軍を全うするの道なり」と、戦争についてよく考えるように諭している。『孫子』は、ともかく戦争はよくない、戦争を回避せよが第一で、そこから戦争をするならばどうするか、戦争が起きてしまったらどうするか、と論が展開されている。その最悪の状況を、『孫子』は「費留」として紹介しているのである。

「費留」について、曹操の『孫子』解釈では「水の留まらんとするも、復た還らざるが若きなり」としている。火攻と費留を連動させ、かつ恩賞のタイミングを外すのも費留としているのが、いかにも部下の育成に熱心な曹操らしい。杉之尾孝生氏は端的に「骨折り損のくたびれもうけ」と呼んでいる。『仏訳孫子』では「状況の無駄喰い」、『英語版孫子』（グリフィス）では「非経済的遅延」としているが、要は多大な損失を出しながらも得るものがない、戦争目的を達成していないことである。いかに相手を打ち破り、降伏させたとしても、戦争目的が達成されていないのであればやらないほうがよい。それは『孫子』が望む「百戦百勝は善の善なる者に非《あら》ずなり。戦わずして人の兵を屈するは、善の善なる者なり（「謀攻篇」）」と逆の結果であるが、歴史上、戦争が「費留」となっていることは、非常に多いのである。

第十七章

用間篇（スパイ活用法）

「用間篇」全文書き下し

孫子曰く、凡そ師を興すこと十万、出征すること千里ならば、百姓の費、公家の奉《まかない》、日に千金を費やす。内外騒動し、道路に怠り、事を操《と》るを得ざる者は七十万家。相守ること数年、以て一日の勝を争う。而るに爵禄《しゃくろく》百金を愛《おし》んで、敵の情を知らざる者は、不仁の至りなり。人の将に非《あら》ざるなり、主の佐《たす》けに非ざるなり、勝ちの主に非ざるなり。故に、名君賢将の、動いて人に勝ち、成功衆に出づる所以の者は、先知なり。先知なる者は、鬼神に取るべからず、事に象《かたど》るべからず、度《たく》に験《けん》すべからず。必ず人に取りて、敵情を知る者なり。

故に間を用うるに五あり。因間あり、内間あり、反間あり、死間あり、生間あり。五間倶《とも》に起こって、其の道を知る莫《な》し、是を神紀と謂《い》う。人君の宝なり。因間とは、其の郷人に因って之を用う。内間とは、其の官人に因って之を用う。反間とは、其の敵間に因って之れを用う。死間とは、誑事《きょうじ》を外に為し、吾が間をして之を知らしめ、而して敵に伝え得るの間なり。生間とは、反りて報ずるなり。故に、三軍の事は、間より親しきは莫く、賞は間より厚きは莫く、事は間より密は莫し。

聖知に非ざれば間を用うること能わず。仁義に非ざれば間を使うこと能わず。微妙に非ざれば間の実を得ること能わず。微なるかな微なるかな、間を用いざる所は無きなり。間の事未だ発せず、而して先ず聞く者は、聞と告ぐる所の者と、皆、死す。凡そ、軍の撃たんと欲する所、城の攻めんと欲する所、人の殺さんと欲する所は、必ず先《ま》ず、其の守将・左右・謁者《えつじゃ》・門者・舎人の姓名を知る。吾が間をして必ず索《もと》めて之を知らしむ。必ず敵人の間の来りて我れを間する者を索め、因って之を利し、導いて之を舍《とど》む。故に、反間は得て用うべきなり。是に因って之を知る。故に、郷間・内間、得て使うべきなり。是に因って之を知る。故に、死間、誑事を為して、敵に告げしむべし。是に因って之を知る。故に、生間、期するが如くならしむべし。

五間の事は、主は必ず之を知る。之を知るは必ず反間に在り。故に、反間は厚くせざるべからざるなり。昔、殷の興るや、伊摯《いし》は夏に在り。周の興るや、呂牙《ろが》は殷に在り。故に、惟名君賢将の、能く上智を以て間と為す者のみ、必ず大功を成す。此れ、兵の要にして、三軍の恃《たの》みて動く所なり。

現代語意訳

孫子はいう。およそ10万規模の軍隊を編成し、千里の彼方に外征するとなれば、民衆の出費や政府の支出は、日に千金を費やすほどになり、政府の内も外もあわただしく動き回り、（疲弊した）民は道にへたり込み、通常の仕事（農作業）ができない者たちは70万戸にもなる。数年（の費用を掛けて準備し）対峙し、たった1日の決戦で勝敗を争うのである。（その出費に比べて）爵禄（地位）、１００金（程度の金）を与えることを惜しんで、（間者を用いての）敵情を知ろうとしないのは不仁の極みであり、人の（上に立つ）将軍の器ではなく、君主の補佐官ではなく、勝利を得られる者でもない。だから名君や賢将が（指揮する軍は）動けば敵に勝ち、成功が衆人に抜きん出ているのは、先知（先に敵情を知っている）によるからである。事前に情報を知る先知は、鬼や神に祈ることで聞き出すものでもなく、他の事柄から類推するのでもなく、計算できるものでもない。人によってのみ情報を知ることができるのである。

間者（スパイ、間諜）には5種類ある。「因間」「内間」「反間」「死間」「生間」である。（これら）5種の間者が同時に諜報活動を行い、（誰にも）その存在を知らないことを「神紀」と言い、君主の宝である。「因間」は、敵国の民間人に諜報活動をさせるものである。「内間」は、敵国の官吏に諜報活動をさせるものである。「反間」は、敵国の間者に諜報活動をさせる（二重スパイ）である。「死間」は、偽の情報を作り、味方の間者から敵の間者に偽情報を流して、敵を欺くものである。「生間」は、敵国に潜入した後、生還して情報をもたらすものである。だから全軍の中でも、間者ほど信頼されるものはなく、報酬は間者ほど高額なものはなく、仕事は間者ほど隠密裏に進められるものはない。

すぐれた知性を持つ者でなければ、間者を使うことはできないし、仁義（慈悲と人情味と義理堅さ）ある人でなければ、間者を使いこなすことはできない。（人心の機微を察する）微妙な心遣いができないと、間者を利用して真実を引き出せない。間者を利用していない分野など存在しない。もし諜報活動が完了していないのに、その諜報活動が漏れたときは、その間者と、その秘密（諜報活動）を知った者、（両方を）亡き者にしなければならない。軍が討伐したいと思っているところ（の敵）、攻め落としたい城、殺害したい人物は、必ず守備する将軍・左右の側近・奏聞者・門衛・宮中を守る役人の姓名をまず知らなければならない。味方の間者にそれらの人物のことを詳しく調べさせる。敵の間者で自国の領内で諜報活動をしている者がいれば、その人物を探し、利益を与えて誘い、自分の側に寝返らせる。こうすれば「反間」として用いることができる。「反間」によって敵情が分かる。（だから）「因間」や「内間」も使うことができる。（反間によって）敵情が分かる。（だから）「死間」を使って虚偽の情報を作り、それを敵方に流すことができる。（反間によって）敵情が分かる。（だから）「生間」を計画通りに働かせることができる。5間からの情報は、君主が必ず知らなければならないが、敵情を知るには、まず反間の存在がある。だから、反間は手厚く遇するべきである。昔、殷王朝が興った時、伊摯が（間者として）夏の国にいた。周王朝が興ったときには、呂牙が（間者として）殷の国にいた。だから、名君な賢将だからこそ、優れた知恵を持った人物を間者とすることができ、偉大な功業を成し遂げることができるのである。これが戦争の要であり、全軍が（これに）依拠して行動するのだ。

○郭化若は「度に験すべからず」を、夜の星の運行を見ることで検証できるものではない、としている。

五間

「用間篇」は、いわゆるスパイ活用の効用が書かれている。もともとが「彼を知り己を知れば、百戦して殆うからず」という言葉の中には、開戦前に相手の情報を正しく摑むという意味も含まれている。そこで「彼を知る」ためにスパイの活用が重視されることとなる。最小の費用で敵を倒す大本は間者の力（スパイ活用）ということになる。だから、わざわざ「用間篇」を設けて独立して取り扱うほどの力の入れようである。

同時に、「用間篇」は「火攻篇」と並んで付録的な位置づけで、「謀攻篇」を補完するような内容となっている。『孫子』は「作戦篇」と重なるように「凡そ師を興すこと十万、出征すること千里ならば、百姓の費、公家のまかない奉、日に千金を費やす。内外騒動し、道路に怠り、事を操るを得ざる者は七十万家。相守ること数年、以て一日の勝を争う」と、戦争による疲弊、弊害について述べた後、「而るに爵禄百金を愛んで、敵の情を知らざる者は、不仁の至りなり。人の将に非ざるなり、主の佐けに非ざるなり、勝ちの主に非ざるなり」と述べ、諜報活動には金の出し惜しみをするな、という。

「人の将に非ざるなり」は竹簡本では「民の将に非ず」となっている。「事に象るべからず」は、曹操の『孫子』解釈では「事類を以て求む可からず」となり、「度に験すべからず」は「事数を以て度る可からざるなり」、『仏訳孫子』では「身勝手な計算によって得られるものではない」となっている。

「故に、名君賢将の、動いて人に勝ち、成功衆に出づる所以の者は、先知なり。先知なる者は、鬼神に取るべからず、事に象るべからず、度に験すべからず。必ず人に取りて、敵情を知る者なり」と、諜報活動の有益性を主張する。「必ず人に取りて、敵情を知る者なり」は、曹操の『孫子』解釈では「人に因るなり」となっている。

「故に用間に五あり。郷間あり、内間あり、反間あり、死間あり、生間あり」と、用間には5種類があり、「郷間」「内間」「反間」「死間」「生間」であるが、CIA（アメリカ中央情報局）もスパイを5種に分けている。続く「五間倶に起こって、其の道を知る莫し、是を神紀と謂う。人君の宝なり」で、曹操の『孫子』解釈では「同時に五間を任用するなり」となっている。

「因間」は、張豫や「桜田本『孫子』」では、「郷間」としている。「郷間のものとは、その郷人に因って之を用う」、敵国人、つまり現地人からの情報である。

「内間のものとは、其の官人に因って之れを用う」つまり敵国の役人の買収などによる敵方内通者のことである。杜牧は「賢才あるも職を失える者、過ありて刑罰を被った者、高位者の御気に入りで財を貪る性質の者、才能あるも屈せねばならぬ事情があって下位にある者、志を得ざる者、自国が敗北しその社会制度が崩壊することによって己の材能を展べる機会が得られんとする者、国家がどうなろうと己の利益になるのであればどちらについても平気ないわゆる翻覆変詐常に両端の心を持する者」「此の如き人物は、皆以て潜かに通間し厚い賄賂によって誘惑、その我が方と結託せしめ、因ってその国中の情報を求め、その我の事を謀るを察し、またその君臣を離間して和同せしめざることが可能になる」と註している。

「反間とは、其の敵間に因って之を用う」、つまり敵のスパイの利用である。「死間とは」、敵に委《い》するもの、すなわち偽の情報を敵につかませるもので高度な謀略テクニックである。『仏訳孫子』では「二重スパイ」とされている。

「死間」は米軍でいう「消耗スパイ」、『桜田本』では「敵に委するなり」とされており、『仏訳孫子』には「『あとで消される者』とは、味方の工作者の手先のことで、これに偽の情報をつかませて利用することである」とある。

「死間」の政略的事例としては、毛利元就の一連の謀略活動が挙げられる。毛利元就は、用間の例が多い日本の戦国時代においても、スパイ活用では屈指の達人であった。有名な「厳島合戦」前、元就は何重にもわたって謀略戦を展開している。まず東の大勢力・尼子氏の力を弱めることを考える。尼子氏には尼子国久を中心にした新宮党という猛者集団がいた。この新宮党が尼子氏の当主・晴久とうまくいっていない。

元就は、間者よりこの話を聞くと新宮党つぶしを画策する。まずは、死刑直前の家中の罪人に、偽の密書を持たせて尼子氏の元へ送る。その偽の密書には、「新宮党党首・尼子国久が毛利家へ寝返る件は、元就が了解した」という内容の事が書かれていた。元就は、その罪人が尼子氏領内に入ってから、山賊の仕業に見せかけて殺害したのである。領内でこの密書を発見した尼子晴久は、密書の内容を信じ、自ら新宮党党首・尼子国久以下、主立った武将を殺害してしまう。実際に合戦して新宮党を破るのに比べれば、費用も損失もほとんど発生していない。

元就は、次に西の陶氏の力を削ぐことを画策する。ここで狙われたのが江良房栄である。江良房栄は陶晴賢の家臣で、陶軍随一の名将といわれていた。しかし房栄は一旦は陶軍を離れ元就についたものの、寝返りの代償を不足として加増を要求するなど誠意がなかった。元就は房栄を味方に引き込むのは難しいと判断し、陶晴賢に「江良房栄はすでに毛利と内通している」という事実を密告したのである。怒った陶晴賢は岩国の琥珀院にて江良房栄を殺害してしまう。こうして陶氏の力を削いだのち、元就はいよいよ「厳島合戦」で陶氏と決戦することとする。

「始計篇」の「詭道」でも紹介したが、陶軍は2万人、毛利軍は4000人、野戦で正面衝突したら勝ち目はない。勝つためには大軍が身動きのとれない狭合地に押し込めることである。元就は、この「狭くて孤立した地」として厳島に注目する。まず元就は諸将の反対を押し切って、厳島の北西部に宮の尾城を築城する。陶晴賢を厳島に注目させるためである。ところが元就の謀略は手がこんでいる。陶晴賢から毛利方へ寝返った武将に城の守りをまかせて陶晴賢の敵愾心《てきがいしん》を厳島へ向ける。さらに「宮の尾城の築城は失敗だった。家臣一同反対していたし、攻められたらひとたまりもない」という噂を盛んに流す。噂とはいっても、元就は、家臣の前でさえそういっていたという。

敵を欺くにはまず味方から。元就方の家臣ですら、みな今回の築城は失敗だったと信じ込んでいた。陶晴賢も「元就の家臣一同が元就の築城を悔やんでいる」という報告を間者から聞くとようやく厳島に上陸する作戦をとろうとする。陶軍が厳島に上陸した段階で、戦いの前であるが元就の勝利は九割確定したといえる。最後の奇襲は、勝利を確実にしただけである。このように間諜は戦争の帰趨を握るのみならず、勝敗そのものと直結するのである。

「生間とは、反りて報ずるなり」、つまり敵味方を往復して情報を集めるものである。米軍で謂う「浸透スパイ」、『仏訳孫子』では「敵・味方の間を自由に往来するスパイ」のこととしている。

戦争は厖大な費用がかかる。戦争目的を、戦争を行わずに達成できればいい。政略はそのために有効だが、スパイ活動や宣伝は大切な要素、戦闘に勝利するにしても情報が重要となる。だから「微なるかな微なるかな、間を用いざる所は無きなり」と、あらゆるところでスパイを活用せよ、「故に、名君賢将の、よく上智を以って間を為す者は、必ず大功を成す。これ兵の要、三軍の恃みて動く所なり」と述べているのである。後述するが、どんなにスパイに金を支払ったとしても、戦争にかかる費用とは次元が異なる。「三軍の事は、間より親しきは莫く」について、『仏訳孫子』では「帷幄に参ずる者の中で、諜報工作者ほど主将の近くに位置する者はなく、あらゆる報酬の中で、諜報工作者の受け取るものより大きなものはなく、あらゆる問題の中で、秘密活動に関する問題以上に機密を要するものはない」とし、王皙は「腹心を以て之と親結するなり」と註している。

『孫子』は、併せてスパイを活用できる指導者をも評価する。「聖知に非ざれば間を用うること能わず」は、『仏訳孫子』では「深い洞察力と思慮深さのない者は諜報工作者を使うことはできない」し、張豫は「聖なれば、則ち事として通ぜざるはなく、智なれば、則ち機先を洞照す」としているし、「仁義に非ざれば間を使うこと能わず」は『仏訳孫子』では「慈悲と正義を貫く心がない者は諜報工作者を使うことはできない」とし、王皙は「仁なればその心を結び、義なればその節を激す。仁義にして人を使う、何の不可あらんや」、陳皞は「仁とは恩を以て人に及ぼし、義とは宜しきを得て事を制するに有り」、張豫は「仁なれば爵禄を愛しまず、義なれば果決して疑うことなし」と註している。武田信玄や北条氏康は専門の諜報機関を持っていたし、謀略には無縁な上杉謙信でさえも諜報活動には熱心だった。

「郷間」「内間」「反間」「死間」「生間」は、各々使う時期と使い方があるが、「生間、期するが如くならしむべし」で、『仏訳孫子』では「生間を、ここぞというときに活用することができる」としている。

陰陽11国を掌握する尼子経久が「生間」を用いたこともある。月山富田城を奪還した経久が、いよいよ出雲平定に乗り出した直後のことである。最初に攻略されたのが出雲の国人で最大級の力を持っていた三沢氏である。とはいえその勢力は侮りがたいものがあり、力攻めは困難であった。そこで家臣の一人・山中勘充を死間として用いることにする。山中勘充が人を斬って逐電したこととし、残った家族を入牢させてしまう。

一方、逐電した勘充は、うまく三沢為忠の配下・山本氏に従えることに成功する。約1年間近く従えて信用を得、やがて自分が逐電したことと残った家族が牢に入れられていることをうち明けた。三沢為忠が調べてみると、たしかに勘充は逐電して家族は入牢されている。このため経久に恨みを抱いているという勘充の言葉を信用し、月山富田城の弱点を知っているという言葉まで真に受けてしまう。そして勘充の案内のもと月山富田城を奇襲することとなるのだが、その行動は勘充からすべて経久に筒抜けであった。そして月山富田城まであとわずかという位置にまで来たときに、勘充は城中の仲間と連絡をとって大手門を開けさせると進上し、その場から消えていった。勘充の帰陣を待って休息していた三沢軍は経久軍の奇襲を受け、壊滅的な打撃を被った。

軍の主力を失った三沢為忠のもとに、経久は即時第2の用間を使う。経久が大軍をもって攻め寄せてくるという噂を三沢氏の城下に広めたのである。戦っては勝ち目がないと見た三沢為忠は恭順を申し入れ、経久の出雲平定は労少なくしてその第1歩を踏み出したことになる。しかし逃亡して敵将に従えるという形を取り、1年近い歳月をかけての謀は、結果的に「生間」になったが、もともとは「死間」を覚悟していた山本勘充が尼子経久と絶対の信頼関係があったからこそ可能だったのである。

「昔、殷の興るや、伊摯は夏に在り。周の興るや、呂牙は殷に在り。故に、惟名君賢将の、能く上智を以て間と為す者のみ、必ず大功を成す。此れ、兵の要にして、三軍の恃《たの》みて動く所なり」と、『孫子』は、伊摯や呂牙の例を出し、聡明な君主、優れた将軍のみがスパイを活用できること、そしてスパイこそが戦争全体を左右するほどに重要だと強調して締めている。「此れ、兵の要にして」は、張豫は「師を用うるの本は敵情を知るに在り。故に曰わく、此れ兵の要なり」と註し、賈林は「軍に五間なきは、人の耳目なきが如くなり」と註している。

『百戦奇略』の「間戦」では「間を用いざる所なきなり」を取り上げている。具体例としては、中国南北朝時代に北周の名将・韋叔裕が北斉の丞相・斛律光を中傷して失脚させた『周書』（韋孝寛伝）が挙げられている。

先知の効用

なお最後に、近現代の世界史において、諜報が大きな戦争の勝敗を左右した例をいくつか挙げてみたい。諜報活動に金をかけるということは、大概の強国はやっている。ソ連のような全体主義国家では、諜報機関は秘密警察を兼務することが多い。外に対する情報収集とともに、内部においても諜報活動をしていたからである。各国の諜報機関の規模は軍隊にもひけをとらないレベルである。

なにしろ諜報機関だからはっきりとした数字が公表されていなかったが、学生時代に読んだ本の中に、冷戦時代末期の１９８０年代に、赤軍４５０万人に対して、ＫＧＢ（ソ連国家保安委員会）は50万人いたといわれ、国境警備や治安維持のために最先端の兵器で武装されていたと書かれていたのを覚えている。同じ時期、中国の場合は人民解放軍４２０万人に対して、公安特務と呼ばれていた諜報軍・秘密警察が65万人というから大変なものである。

民主国家の米国には秘密警察はないが、それでも米軍２００万人に対して、ＣＩＡは正規職員3万人、工作員などを加えると20万人いた、と同じ本の中に書かれていた。他にも英国海軍情報局やイスラエルのモサドも名高い。モサドはイスラエル正規軍16～17万人に対して２５００人とされている。厖大《ぼうだい》な予算を組んでいたことがわかるが、それでも軍事費に比べれば微々たるものだろう。

冷戦での自由主義世界の勝利は、様々な局面で優位に立ったことによるが、その最大級のものに軍事技術がある。そして、それは一人のスパイの働きによるものであった。それが「10億ドルのスパイ」と称されるアドルフ・トルカチェフという人物であった。

トルカチェフはソ連の軍用レーダーの開発に携わる研究所「電波工学研究所」のレーダーエンジニアであり、所長に次ぐポジションの主席設計者であった。トルカチェフは１９７０年代後半からおよそ6年間、特殊な小型カメラを使い、研究所で入手できる最高機密書類を自宅や研究所内のトイレで人知れずに複写し続けた。なにしろ立場上、最高機密書類にアクセスする権限を有していたのだからその価値たるや大変なものである。

トルカチェフがスパイとなった動機は「体制に反対だから」。スターリン体制への反発から開始されている。ベレンコ中尉がミグ25で国外に亡命したとき、トルカチェフはソ連に対する最大の武器は「彼のデスクの引き出しの中にある。ソヴィエト軍事研究の、極秘柱の極秘である青写真や報告書。それら重要な設計図を『主敵』であるアメリカ合衆国に」渡すことだと気がつく。なにしろ米国の仕掛けたネットアセスメントにより経済力で劣るソ連の防衛負担が膨大になり、苦しんでいるところである。この軍拡競争は米国にも負担を強いたが、簡単に軍事機密が得られればその負担は軽くなる。

ＣＩＡがトルカチェフに支払ったのは累計２００万ドルである。ＣＩＡによるスパイへの報酬としては過去最大、しかし得られた利益は何百倍にもなる。トルカチェフによってもたらされたソ連の戦闘機や砲撃機に搭載されるレーダー性能などの軍事機密は、なんと数十億ドルもの価値ある情報になった。米国は研究開発費を費やすことなく、最小の費用でソ連の戦闘機や防空システムの弱みを突くような兵器を製造できた。低空からの侵入に弱いソ連防空システムをかいくぐる巡航ミサイルも、その一つである。そうでなくても経済力に差があるのだから、ソ連は不利になっていく。湾岸戦争でソ連製の兵器は一方的に米国などの多国籍軍によって破壊された。その背景には、トルカチェフの情報によって開発された戦闘機があったのだ。

ユーゴスラビア紛争でも、ソ連産戦闘機は米国産戦闘機にまったく刃が立たなかった。米国は通常兵器での戦争ならば勝利を確信していたろう。たった一人のスパイによって、戦争はむろんのこと、技術開発に使うのとは比較にならないほど安い金額で、米国は莫大な利益を上げたのである。

やはり冷戦の勝利に寄与した情報分析がある。こちらは諜報というよりも、情報分析の勝利である。情報がいかに正確に入っても、その分析と、それに基づく対応が悪くては仕方ない。収集した情報の分析、さらにそれに基づいた計画や行動の難しさを象徴するような出来事は歴史上いくつも見られている。この分析の難しさは諜報を重んじたスターリンが独ソ戦前に犯した有名な失敗の逸話に象徴されている。スターリンは世界最大の諜報機関を持っていた。「独ソ戦」前、スターリンのもとにはヒトラーがソ連を攻めそうだという情報が洪水のように入り込んでいた。ハリソン・E・ソールズベリは以下のように述べている。

「スターリンがヒトラーに関して持っていた、これほどまでに的確でしかも敵の計画と出方を知り尽くした情報を、どの政府も持ったことはない。米国が日本のパープル暗号を解読したことも英国がドイツのウルトラ作戦に対抗できたことも、スターリンの事務机の上に並べられた資料には比すべくもない。スターリンの持っていた情報は、次元の高低はあれ、最も信頼すべき筋から来ていた。部下の情報機関から、部下の軍司令官から。ソヴィエト大使館から。スパイから。外国の政府首脳から。ドイツ人自身からのものさえあった」

にもかかわらずスターリンは情報を無視し、ヒトラーは攻撃してこないと判断したのである。スターリンにしてからそうなのだから、一般の人間が情報分析に失敗しても致し方ないのかと思う。そして情報収集よりも情報分析のほうが困難なのかとも思う。以前に新聞からの情報だけでかなり的確に未来予測（といってもも近々のことだが）を行なった、という話を聞いたことがある。分析力さえあれば、新聞記事を丹念に読むだけでも様々なレベルの予測ができるというのだ。たしかに、わずかに入る情報から背後に隠れた全体を読み解く人はいる。

情報収集から分析を経て、腰を据えての長期戦で勝利する戦略がネットアセスメント（総合戦略評価）である。これも多くの武将が理論化される前から実戦していた。ネットアセスメントとは敵を軍事力以外の様々な要素、たとえば人口、資源、生産力、文化、経済などで総合評価し、軍事的対立・競争の本質とその長期的趨勢で総合的に分析することである。敵との対立・競争の長期的趨勢を敵よりも早く特定することにより、相手の長所を避け、短所を攻める準備時間を極大化するということで『孫子』にも通じる側面がある。

たとえば冷戦を勝利に導いた米国の戦略思考家アンドリュー・マーシャルは、米ソ冷戦の開始時にネットアセスメントの原則に基づき、米国にとっての長所、ソ連にとっての短所は何かから長期の戦略を立てた。「先進技術などアメリカがすでに優位に立つ領域を重視すること、ソ連の既知の弱点や性向を探求すること。ソ連の意志決定者に大きな困難を与える戦略的決定を行うこと」。マーシャルが見たソ連の弱点は経済力であった。ソ連の軍事力は巨大なうえ、急激に伸びていた。それは異常ともいうべき数字となって表れていた。シュレジンジャー国防長官は「我が国は年間１８０台の戦車を製造している。あいつらは３０００台、いや２８００台だ。性能は我々のほうがいいだろう。だけどソ連の軍事生産には驚かされる」「数字を見れば、ソ連の軍事支出は、ドル換算で我が国の約１６０％に上る。彼等は、産業能力と経済活動の主要部分を国防にあてている」。

もしソ連の経済力が大きくなければ、この軍事支出はやがて大きな負荷となってソ連を苦しめるはずであった。マーシャルは様々な視点からソ連の軍事支出による圧迫を見て取った。「アエロフロートの旅客機やソ連の商船隊は、戦時に兵士や装備を追加費用をかけて改造されている」。問題はソ連の経済力の実態がどの程度かである。

ＣＩＡは、ソ連のＧＮＰは米国の55～60％程度と判断していたのに対し、実際のソ連はＧＮＰ比で米国の20～30％程度しかなかったことが今日分かっているが、それで考えればＧＮＰの40％も軍事費に使っていることになる。

かつてソ連共産党員であったイゴール・パーマンは、１９８０年代初めにマーシャルに対して、ソ連のＧＮＰは米国の20～25％だと進言していた。「マーシャルは、75年には、ソ連の軍事負担はＣＩＡが示すＧＮＰの６、７％ではなく、『10～20％』だと考えていた。87年には、過去10年の軍事費は、ＧＮＰの『20～30％』だと考えていた。２００1年には、シュリコフの暴露によって、軍事負担は『ソ連ＧＮＰの35～50％』だと結論づけている」。マーシャルらの立てた長期戦略に従い、米国はソ連の防衛負担が膨大になるＢ１爆撃機の開発・配備といった戦略を推進した。経済力で劣るソ連はこの軍拡競争によって疲弊し、「戦わずして」敗北するのである。

日本は諜報活動が内向きであったため、逆にやられてしまうことが多かった。ネットアセスメントの手法で戦前の日本の限界を的確に予測した人物がいるという。青山和夫（本名・黒田善次）氏である。青山氏は蔣介石と毛沢東の二重スパイであったが、基本的にどちらに対しても同じような進言をしていたようである。

青山氏の分析は以下のようなものになる。日本資本主義は、中国（支那）の軽工業の発達で市場確保が危うくなっている。満洲と残る中国を一体化させないと、満洲保有は日本の資本を食いつぶすから必ず侵略してくる。日本の選択肢は、明治以来の古い政治制度を改革するか戦争をするかであり、2・26事件で「昭和維新」が失敗した以上は戦争を選ぶしかない。日本において民衆が支持する強力な内閣ができれば、中国侵略が引き起こされる。そのときのリーダーとは日本国内だけでなく海外からも平和主義と見られる人物であるから、近衛文麿が有力候補となる。戦争開始時期は日本の武器と兵員が整い、予算が足りなくなる7月が最も危険だ。国際的に見ても6、7月には英米はヨーロッパ問題で手いっぱいになるから日本の行動を抑制できなくなる、というもの。驚くべき慧眼《けいがん》である。

では、その予測に対して中国はどう対応すべきか。支那（日華）事変を拡大化させ、蔣介石に抗日戦を続けるように献策したのは青山氏だという。抗日戦を続ければいずれ世界戦争を誘発することになり、その中で日本を敗戦させる。近衛内閣成立時に日本は即戦即決の中央突破策を実行するだろうが、中国全土の占領はできない。全土占領するには本格的な機甲師団が必要だが、それは徴兵制の軍ではできないから職業的専門軍が必要となる。

しかし徴兵制をやめることは、明治維新以来の国体を否定することになるからできない。そうすると軍事能力から見て日本は大陸の海岸沿いの平原地帯にある都市および工業地帯しか占領できない。したがって、国民党軍も共産党軍も戦略的撤退を行なって日本軍を内陸に引き込み拡大・分散させる。日本軍が兵力損耗を徴兵によって補うとすれば2年で限度が来るから、その間だけ持ちこたえればよい。日本が和平交渉に出てきても、日本を助けるだけだから応じてはいけないというものだった。

すさまじいのは、青山氏はこうした分析を『朝日年鑑（昭和12年版）』だけで行なったということである。もし青山氏が日本側の人間であったら、歴史はどう変化したのだろうかと思わざるをえない。

戦前の日本について、『孫子』に照らし合わせると批判が多くなってしまうが、評価すべき点もあったことを付記しておきたい。それは諜報活動で大金星を上げたことである。

「ノモンハン事変」はグラスノスチによりソ連赤軍の損害が明らかになったが、これほどの損失をソ連赤軍に与えた理由として、日本軍の勇猛さと優秀さが安易に指摘されることが多い。しかし評価するにしても、間違えた評価では誤った教訓が入り込んでしまう。正しく評価しなくてはいけない。「ノモンハン事変」の場合には決定的な要素があった。敵の配備などの状況を把握する情報戦で日本軍が上回っていたことが、兵站線、兵力、火力などで劣っていたにもかかわらず戦闘を優位に展開させたのである。

他国の外務省や軍の暗号を傍受・解読する活動であるシギント活動で、日本は卓越したものを見せていた。1918～1922年のシベリア出兵の期間に、日本はソ連代表団がホテルで捨てた紙くずから暗号文らしきものを発見した。

　そこで、ポーランド・ソ連戦争を暗号解読で優位に進めた実績を持つポーランド参謀本部からヤン・コワレフスキー大尉を招聘し、広州でソ連暗号解読の講習会が開かれた。さらに１９２５年に百武晴吉中佐と工藤勝彦大尉、１９２９年には酒井直次少佐と大久保俊次郎少佐、１９３５年に桜井信太少佐をポーランドへ派遣して暗号解読研修を受けさせ、１９２８年には在ハルピン、ソ連領事館からソ連外交暗号の乱数表を数冊入手している。

　そして、１９３４年には関東軍参謀部第２課（情報）に大久保俊次郎大佐を班長とする関東軍特種情報機関を設立、１９３５年頃までに赤軍用四数字暗号の解読、対ソ連暗号解読に成功していた。この成果が発揮されたのが１９３７年６月の乾岔子島《かんちゃずとう》事件、１９３８年７月の張鼓峰事件であり、両事件ともに日本優位に事を進めさせた。ノモンハン事変でも、ソ連赤軍暗号の一部を解読することでソ連側機甲部隊の展開状況などを明らかにしていたという。ノモンハン事変で日本軍が善戦しえたのは、通信情報の利用によるものであった。このように評価すべきことは評価し、後世に残しておくべき部分は正しく伝えるべきであろう。

おわりに

母が逝ってしまった令和3年8月23日から、3年近くがたった。母のことを、1日たりとも忘れた日はない。すぐに母の後を追いたかった自分に救いを与えてくれたのは、集まってくれた多くの人の言葉、そして学問であった。学問は、逃げ場であった。学問に没頭することで感情をそらし、逃げ続けてきた。『「義経」愚将論』しかり『地政学で読み解く日本合戦史』しかり、そしてこの『戦略大全　孫子』も、その一つである。

おそらく一番長い時間、この『戦略大全　孫子』の話を聞かされていたのは、母かもしれない。食事をしながら、お茶を飲みながら、よく母とは雑談をしたのだが、その中でも『戦略大全　孫子』に関わる話を聞かされてきたのである。しかし向学心あふれる母は、嫌がることもせず、時折質問を挟みながら、面白そうに私の話を聞いてくれた。そして「本になるとよいね」と言ってくれていた。

私が学問を続けられたのも母のおかげであった。勤めていた企業を辞めてまで、学問に打ち込もうとしていた矢先の1998年、国士館大で形式的な指導教官に手ひどくだまされ、裏切られた。マキァヴェリを卒論の研究テーマにしながらも、心の中では人間を信じたいという気持ちが強かったのだが、世の中には人の不幸を喜びとし、それを得るために平気で嘘をつき、裏切る人間がいるということを思い知った。まだ「サイコパス」という言葉が一般化していない時代のことである。

人間不信に陥りかけ、厭世感すら持ってしまった私に、母は「苦しいときは遠くを見よ」と教えてくれた。そして相当に高齢であったにもかかわらず、「私が働いているから、あなたを食べさせてあげるから、あなたは研究を続けなさい」と言ってくれたのである。私は、申し訳なくて申し訳なくて顔を上げることができなかった。結局、母にはろくな恩返しも、たいした親孝行もできずに終わってしまったのだが、母の死後にある方から、「お母さんは、あなたが本を出すのを喜んでいた」と聞き、ほんの少しだけ安堵した覚えがある。

『戦略大全 孫子』の大本には、『百戦奇略』への批判がある。初めて『百戦奇略』を読んだ時、あまりよい内容と思わなかったのである。『孫子』の文言に対し、例となった合戦が、あまり適例ではなかったからである。そして、自分なら、もっとよい例が出せるとも考えた。その考えが、最初に具体化しそうになったのは20年以上も前、杉之尾孝生（宜生）先生と知り合い、『孫子』の入門になるような本を出そうとしている話を聞いたときである。それは、先生の話をテープ起こしして文章化した本ながら、全然内容に不満足ということで、『孫子』の各文言に対して、日本の合戦で、より適例を出せないか、という相談があったのである。

そして、杉之尾先生が『孫子』の文言を選び、私が、その例となる日本の合戦を紹介するという共著にできないかという話にまでなった。結局、その企画は実現しなかったのだが、その後も、杉之尾先生の後を引き継いだ「NPO法人孫子経営塾」の「基礎講座」などの中にも盛り込みながら、構想だけは温め続けてきた。この本の第一章と第二章に相当する論文「孫子研究のために」を書いたのも、杉之尾先生の依頼を受けてのことであった。もともとは、私が研究史を、別の者が参考文献を担当することになったのだが、参考文献の担当者は「やった、やった」と嘘をつきながらやらずに済ませてしまい、そこでまた人間の裏切りを経験することになったのである。

こうして最初に思い立ってから20年以上、ひたすら構想は膨らみ続け、新たな知識が増え、その度に聞かされていたのが母だったのである。それが、PHP研究所の白地利成さんのおかげで、ようやく日の目を見ることになったのである。当然ながら、まず第一に母に捧げる本である。なお、母が亡くなった後、多くの人達に支えてもらったことも付記したい。親しいようでも、そうしたときには知らんぷりの人もいる。逆に、こちらが何もしていないのに助けてくれる人もいる。私の教え子達、長谷川裕一君、江面博信君、丸山洋一郎君、遠藤玲一君、王琪君、袴田智也君、稲葉智洋君、黒須俊太君、石戸谷隆輔君、鈴木創一朗君、関拓君、仲佐涼太君、村松陽介君、関本敦仁君、谷平武玄君、上地雄貴君、高木（小坂）佑輔君、佐野涼太郎君、盛博之、渡黒祐一君には支えてもらった。弟・英治にも、また夏輝、晴香、紗慧の三人の姪達、吉川正治・みゆき夫妻も寄り添ってくれた。旧友の井上泰男君、加藤勝之君、関郷君、佐藤重昭君、田邊貞治君、丹羽利之君にも感謝している。小松美彦先生、藤岡信勝先生、高池勝彦会長、越後俊太郎事務局長、宮脇淳子会長、倉山満先生、松井さん、HSUの皆さんが様々に御配慮くださったことにも感謝している。母と親しくしてくれた西多恵子コーチ、門脇スエ様、中山ゆき子様をはじめとしたスイミングスクールの皆様、石井秀夫様、金田静子様、平野由紀雄様はじめとした羽衣会の皆様、佐川永子様、佐軒勝男様、地下富安様、篠崎房子様、古賀佐知子様らに話していただいた母との思い出は生きている限り大切にしていきたい。それは自分にとって何よりも大切な歴史である。

なお、この本をまとめるにあたっては、パソコンに関しては関拓君、長谷川裕一国対経にお世話になった。他に猪熊泰成君、豊福高弘君、吉田涼君、市川真幹君、石川琉斗君の力を借りている。中国語については、姪の夏輝にほとんどまかせっきりであった。中国の文献については「孫子研究のために」を書く際に、菊秀成先生にお願いしたものが多い。それぞれお願いした人たちは、皆無償で汗を流してくれた。一人の力では限界がある。多くの人の協力でできることもある。世の中には、裏切り専門の人間もいるが、逆に信頼の置ける人もたくさんいるのである。

令和6年11月

海上知明

参考文献

（「孫子研究のために」に利用したものも含む）

自著

海上知明「孫子研究のために」『年報 戦略研究 第２号』
海上知明「ナポレオンは名将か？ 凡将か？ ヨーロッパの風雲児を『孫子』で切る」『皇帝ナポレオンのすべて』新人物往来社
海上知明『地政学で読み解く日本合戦史』PHP研究所
海上知明『戦略で読み解く日本合戦史』PHP研究所
海上知明『「義経」愚将論 源平合戦に見る失敗の本質』徳間書店
海上知明『本当は誤解だらけの戦国合戦史 信長・秀吉・家康は凡将だった』徳間書店
海上知明『川中島合戦：戦略で分析する古戦史』原書房
海上知明『孫子の盲点 信玄はなぜ敗れたか？』ベストセラーズ
海上知明『信玄の戦争 戦略論「孫子」の功罪』ベストセラーズ

広範に利用した『孫子』

町田三郎訳『孫子』中央公論社
金谷治訳注『孫子』岩波書店
浅野裕一『孫子』講談社
浅野裕一『「孫子」を読む』講談社
小野繁訳／フランシス・ワン仏訳『孫子』葦書房（本書内『仏訳孫子』）
サミュエル・B・グリュフス『孫子 戦争の技術』日経BP
郭化若『孫子訳注』東方書店
阿多俊介『孫子の新研究』六合館
杉之尾宜生編著『戦略論大系①孫子』芙蓉書房出版
曹操／渡邉義浩訳『魏武注孫子』講談社
曹操／中島悟史訳『曹操注解 孫子の兵法』朝日新聞社年
岡村誠之『孫子研究 岡村誠之遺稿』岡村マスヱ
銀雀山漢墓竹簡整理小組編『銀雀山漢墓竹簡・孫子兵法』文物出版社
桜田子恵・校定『古文孫子正文』
マイケル・I・ハンデル／防衛研究所翻訳グループ『戦争の達人たち 孫子・クラウゼヴィッツ・ジョミニ』原書房
ツォン シャオロン『孫子はこう読む 兵法書の超古典 永遠の勝利の方程式』総合法令出版
山井湧『孫子・呉子』集英社
公田連太郎訳『孫子の兵法』中央公論社
北村佳逸『兵法孫子』立命館出版部

兵法七書
北村佳逸『兵法六韜三略』立命館出版部
北村佳逸『兵法尉繚子』立命館出版部
北村佳逸『兵法呉子付司馬法』立命館出版部
北村佳逸『兵法問對』立命館出版部
公田連太郎訳『李衛公問対』中央公論社
公田連太郎訳『呉子の兵法』中央公論社
公田連太郎訳『六韜』中央公論社
公田連太郎訳『三略』中央公論社
公田連太郎訳『尉繚子』中央公論社
公田連太郎訳『司馬法』中央公論社

「戦争論」、その他戦略書
カール・フォン・クラウゼヴィッツ『戦争論（上）（中）（下）』岩波書店
毛沢東『毛沢東 遊撃戦論』中央公論社
毛沢東『わが消滅戦』世紀書房
毛沢東『わが持久戦』大和出版社
毛沢東『毛沢東軍事論文選』外文出版社
リデル・ハート遍『解放の戦略』番町書房
ボーグエンザップ『人民の戦争・人民の軍隊』弘文堂
アーサー・キャンベル『ゲリラ』富山堂
アイザック・ドイッチャー『武装せる予言者・トロッキー』新潮社
ニコロ・マキァヴェリ『君主論』岩波書店
マーチン・ヴァン・クレヴェルト『補給戦 ナポレオンからパットン将軍まで』原書房

武経七書（中国語・版木）
朱墉『重刊武経七書彙解・孫子』
朱服『武経七書』
劉寅註『孫武子直解』

竹簡孫子
『銀雀山漢墓竹簡・孫子兵法』文物出版社
『銀雀山漢墓竹簡・孫臏兵法』文物出版社
銀雀山漢墓竹漢整理小組『銀雀山漢墓竹漢（壹）』文物出版社
呉九龍釈「銀雀山漢簡釈文」（『秦漢魏晋出土文献』）文物出版社
李興斌、楊玲注釈「孫子兵法新釈」『銀雀山漢墓竹簡校本』斉魯書社
岳南著、加藤優子訳『孫子兵法発掘物語』岩波書店
銀雀山漢墓竹簡整理小組編、金谷治訳・注『孫臏兵法』東方書店
銀雀山漢墓竹簡整理小組編、村山孚訳『孫臏兵法』徳間書店

十一家註

『宋本十一家註孫子』中華書局影印本
楊丙安・校理『十一家註孫子校理（新編諸子集成）』中華書局
『通典』中華書局點校本
土曜談話会／四庫全書総目提要叙訳注『四庫全書総目提要』汲古書院
長沢規矩也編『和刻本諸子大成．第 4 輯 施氏七書講義』汲古書院
孫星衍註『孫子十家註』
談愷・輯『孫子集註』四部叢刊影印本

『孫子』研究

藍永蔚「《孫子兵法》時代特征考辨」『中国社会科学 總第 51 期』
鈕国平「《孫子》韻例」『西北師院学報（社会科学）総第 45 期』
村山吉広「『孫子』の成立について」『史観 52』早稲田大学
河野収「『孫子』成立の史的考察 (1)(2)」『防衛大学校紀要 28・29』
佐藤堅司『孫子の体系的研究』風間書房
大場弥平『名将兵談』実業之日本社
大場弥平『孫子兵術の戦史的研究』九段社
山鹿素行『孫子諺義 山鹿素行全集．思想篇第 14 巻』岩波書店
新井白石『新井白石全集 第六巻』
荻生徂徠「鈐録」『荻生徂徠全集第六巻』河出書房新社
先哲遺『孫子国字解 漢籍国字解全書著 第 10 巻』早稲田大学出版部
吉田松陰『孫子評註』孫子評註訓註 誠文堂新光社
塚原渋柿園『孫子講話』大東出版社
友田宜剛『孫子の兵学』国民教育普及会
武藤章「クラウゼヴィッツ、孫子の比較研究」『偕行社記事昭和八年六月号』
武岡淳彦『新釈孫子』PHP研究所
家村和幸『闘戦経（武士道精神の原点を読み解く）』並木書房
樋口透『孫子問答』文芸社
加地伸行編『孫子の世界』新人物往来社
浅野裕吾『軍事思想史』原書房
太田文雄『日本の存亡は「孫子」にあり』致知出版社
李零『呉孫子発微』中華書局
李零『『孫子』古本研究』北京大学出版社
楊善群『孫子評伝』南京大学出版社
魏汝霖『孫子今註今釈（修訂版）』台湾商務印書館

『孫子』研究史関連

野口武彦『江戸の兵学思想』中央公論社
佐藤堅司『孫子の思想史的研究』風間書房
藍永蔚「《孫子兵法》時代特征考辨」『中国社会科学 總第 51 期』
『孫子集成』齊魯書社

于汝波主編『孫子兵法研究史』軍事科学出版社
呉九龍主ほか編『孫子兵法大全』軍事科学出版社
佐藤堅司『孫子の思想史的研究－主として日本の立場から－』原書房
藤塚鄰・森西洲『孫子新釈』弘道館

『孫子』版木についての研究論文（中国語）

楊丙安・陳彭共著「《孫子》書両大傳本系統源流考」『文史 27』
楊丙安・陳彭共著「孫子兵學源流述略」『文史 7』
李零「現存宋代《孫子》版本的形成及其優劣」『古籍整理與研究』
楊丙安・陳彭『文史 17』
山東省博物館臨沂文物組「山東臨沂西漢墓発現《孫子兵法》和《孫臏兵法》等竹簡的簡報」『文物 213 号』

関連資料

長家義男訳 / 劉基『百戦奇略』徳間書店
張預『十七史百将伝』哈爾浜出版社
貝塚茂樹編、大島利一ほか訳『春秋左氏伝』筑摩書房
李昉『太平御覧』新興書局
中法漢学研究所編『潜夫論通検』中法漢学研究所
『周礼』菜根出版
姚際恒『古今偽書考』景山書社
杜佑撰『通典』中華書局
虞世南撰『北堂書鈔』
葉適撰『習學記言』
江有誥撰『音學十書』
趙本学・註『孫子書校解引類』
家村和幸『闘戦経 武士道精神の原点を読み解く』並木書房
笹森順造『闘戦経釈義 日本兵法之奥義』星雲社

日本の古戦史関係

樋口知志『阿弖流為 夷俘と号すること莫かるべし』ミネルヴァ書房
亀田隆之『坂上田村麻呂』人物往来社
高橋崇『坂上田村麻呂』吉川弘文館
蝦夷研究会編『古代蝦夷と律令国家』高志書院
高橋崇『蝦夷の末裔 前九年・後三年の役の実像』中央公論社
『新編 日本古典文学全集 41・将門記 / 陸奥話記 / 保元物語／平治物語』小学館
梶原正昭『陸奥話記』現代思潮新社
樋口知志編『前九年・後三年合戦と兵の時代』吉川弘文館
野中哲照『後三年記詳注』汲古書院
伊藤晃訳『口訳将門記』崙書房
赤城宗徳『私の平将門』崙書房

倉本一宏『戦争の日本史 2 壬申の乱』吉川弘文館
遠山美都男『壬申の乱 天皇誕生の神話と史実』中央公論新社
星野良作『研究史 壬申の乱』吉川弘文館
直木孝次郎『壬申の乱 増補版』塙書房
田中卓『壬申の乱とその前後』国書刊行会
西郷信綱『壬申紀を読む 歴史と文化と言語』平凡社
早川万年『壬申の乱を読み解く』吉川弘文館
関裕二『壬申の乱の謎 古代史最大の争乱の真相』PHP研究所
『保元物語 平治物語 承久記』岩波書店
村上光徳編『承久兵乱記』おうふう
松林靖明『承久記』現代思潮社
佐藤和彦編『楠木正成のすべて』新人物往来社
今谷明『室町の王権』中央公論社
今谷明・天野忠幸編『三好長慶』宮帯出版社
今谷明『戦国三好一族 天下に号令した戦国大名』洋泉社
千野原靖方『国府台合戦を点検する』崙書房
千野原靖方『房総里見水軍の研究』地方・小出版流通センター
中丸和伯校注『関東八州古戦録』新人物往来社
堀内泰訳『信州上田軍記』ほおずき書籍
『日本思想大系 26 三河物語・葉隠』岩波書店
伊東潤『戦国北条記』PHP研究所
矢代和夫・大津雄一訳『北条五代記』勉誠出版
八谷政行校訂『北条史料集』人物往来
河本隆政（静楽軒）『雲陽軍実記』松陽新報社
松田修、笹川祥生共編『陰徳太平記』臨川書店
米原正義『出雲尼子一族』新人物往来社
神田千里『信長と石山合戦 中世の信仰と一揆』吉川弘文館
『応永記・明徳記』すみや書房
須藤光輝『石山合戦』新潮社
高柳光寿編、井上一次・辻善之助監修『大日本戦史 第 1 巻』三教書院
『武田史料集』新人物往来社
磯貝正義・服部治則校注『改訂 甲陽軍鑑（上）（中）（下）』新人物往来社
島津修久『島津義弘の軍功記「惟新公御自記」について』鶴嶺神社社務所
木村高敦『武徳編年集成』名著出版
金子拓『長篠合戦の史料学 いくさの記憶』勉誠出版
吉田兼見『兼見卿記 第 1』八木書店
竹内理三編『続史料大系 第 38～42』臨川書店
東京大学史料編纂所 編『大日本史料 第十一編之六』東京大学出版会
川副義敦『戦国の肥前と龍造寺隆信』宮帯出版社
鈴木真哉『紀州雑賀衆鈴木一族』新人物往来社
近藤瓶城編『史籍集覧 第 17 冊』臨川書店

村上直次郎訳『耶蘇会日本通信(上)(下)』雄松堂出版
『紀伊国名所図会 初・二編』臨川書店
『越佐史料 4』名著出版
『イエズス会日本年報(上)(下)』雄松堂書店
貝原益軒編『筑前国続風土記』文献出版
泉淳『元親記』勉誠社
香西成資著『南海治乱記』香川新報社
真西堂如淵『吉良物語』青楓会
津野倫明『長宗我部元親と四国』吉川弘文館
新名一仁『島津四兄弟の九州統一戦』星海社
新名一仁『「不屈の両殿」島津義久・義弘 関ヶ原後も生き抜いた才智と武勇』KADOKAWA
吉永正春『九州戦国合戦記』海鳥社
安井久善『太平記合戦譚の研究』桜楓社
近藤瓶城編『史籍集覧 改定 第14冊』近藤活版所
参謀本部編『日本戦史 柳瀬役』村田書店
松岡久人『大内義弘』戎光祥出版
志村有弘『応仁記(日本合戦騒動叢書)』勉誠社
鈴木良一『応仁の乱』岩波書店
旧参謀本部『日本の戦史 関ヶ原の役 日本の戦史』徳間書店
水野伍貴『関ヶ原への道 豊臣秀吉死後の権力闘争』東京堂出版
森嘉兵衛『津軽南部の抗争 南部信直』人物往来社
成田末五郎『津軽為信 史談』東奥日報社
熊谷隆次『戦国の北奥羽南部氏』デーリー東北新聞社
森嘉兵衛『南部信直』戎光祥出版
佐藤貴浩『「奥州の竜」伊達政宗 最後の戦国大名、天下人への野望と忠誠』KADOKAWA
小林清治『伊達政宗』吉川弘文館
小林清治『伊達政宗の研究(新装版)』吉川弘文館
伊藤清郎『最上義光』吉川弘文館
松尾剛次『家康に天下を獲らせた男最上義光』柏書房
保角里志『最上義光の城郭と合戦』戎光祥出版
中村晃訳『最上義光物語』教育社
誉田慶恩『奥羽の驍将 最上義光』人物往来社
粟野俊之『最上義光』日本史史料研究会
松尾剛次『最上氏三代 民のくたびれに罷り成り候』ミネルヴァ書房
七宮涬三『常陸・秋田佐竹一族』新人物往来社
関谷亀寿『佐竹新太平記』筑波書林
大内正之介『佐竹秘史』筑波書林
大内正之介『金砂戦国史』筑波書林
堀口眞一『佐竹風雲録 義宣の巻』筑波書林

福島正義『佐竹義重』人物往来社
川嶋建『常総戦国誌』崙書房
野村亨『常陸小田氏の興亡』筑波書林
黒川真道編『千葉伝考記・小田軍記・小田天庵記・里見九代記』崙書房
川名登『南総の豪族』人物往来社
『房総源氏 里見一族の興亡』昭和図書出版
『鎌倉公方九代記・鎌倉九代後記』崙書房
村瀬茂七『斎藤道三と稲葉山城史』雄山閣
木下聡『斎藤氏四代』ミネルヴァ書房
横山住雄『斎藤道三と義龍・龍興』戎光祥出版
佐藤圭『朝倉孝景』戎光祥出版
松原信之『越前朝倉一族』新人物往来社
松原信之『朝倉氏と戦国村一乗谷』吉川弘文館
及川儀右衛門『毛利元就』マツノ書店
近藤瓶城『安西軍策 付・毛利元就記』マツノ書店
三坂圭治『毛利元就』人物往来社
河合正治『毛利元就のすべて』新人物往来社
岸田裕之『毛利元就 武威天下無双、下民憐愍の文徳は未だ』ミネルヴァ書房

「用間篇」のみで利用したもの

ディヴィッド・E・ホフマン『最高機密エージェント CIAモスクワ諜報戦』原書房
ハリソン・E・ソールズベリ『独ソ戦』早川書房
アンドリュー・クレピネヴィッチ、バリー・ワッツ『帝国の参謀 アンドリュー・マーシャルと米国の軍事戦略』日経BP社
青山和夫（本名・黒田善次）『謀略熟練工』妙義出版
柏原竜一『インテリジェンス入門』PHP研究所

〈著者略歴〉
海上知明（うなかみ　ともあき）
NPO法人孫子経営塾理事。日本経済大学大学院政策科学研究所特任教授。中央大学経済学部卒業後、企業に勤務しながら大学院に入る。平成14(2002)年3月、博士（経済学）。日本経済大学教授を経て現職。東京海洋大学・HSU講師を務める。戦略研究学会古戦史研究部会代表。著書に『戦略で分析する古戦史 川中島合戦』（原書房）、『環境思想 歴史と体系』（NTT出版）、『本当は誤解だらけの戦国合戦史』『「義経」愚将論』（以上、徳間書店）、『戦略で読み解く日本合戦史』『地政学で読み解く日本合戦史』（以上、PHP新書）など多数。

装丁：斉藤よしのぶ

戦略大全 孫子

2025年1月10日　第1版第1刷発行

著者	海上知明
発行者	永田貴之
発行所	株式会社ＰＨＰ研究所
東京本部 〒135-8137	江東区豊洲5-6-52
ビジネス・教養出版部	☎03-3520-9615(編集)
普及部	☎03-3520-9630(販売)
京都本部 〒601-8411	京都市南区西九条北ノ内町11
PHP INTERFACE	https://www.php.co.jp/
組版	有限会社メディアネット
印刷所	株式会社光邦
製本所	東京美術紙工協業組合

 ISBN978-4-569-85860-9

PHP新書

地政学で読み解く日本合戦史

海上知明 著

勢力均衡やランドパワー、シーパワーの視点から「天下分け目の戦い」を分析。双方の勝因・敗因と戦略・戦術の教訓を明らかにする。